普通高等教育机械类特色专业系列教材

机械设计课程设计

于明礼　李苗苗　朱如鹏　主编

U0221289

科学出版社

北　京

内 容 简 介

本书根据教育部高等学校机械基础课程教学指导分委员会审定的"机械设计课程教学基本要求",结合近年来在机械设计课程设计中的教学经验编写而成。

书中以常见的圆柱、圆锥齿轮减速器和蜗杆减速器为例,系统地介绍机械传动系统的设计内容、方法与步骤,摘编最新的国家标准,给出装配图、零件图的参考图例。全书包括三部分:课程设计指导、机械设计常用资料、课程设计参考图例及设计题目,并在主要章节后面给出了一些典型的思考题。

本书可用作高等院校机械设计及机械设计基础的课程设计教材,也可供其他有关专业师生和工程技术人员参考。

本书为南京航空航天大学规划(重点)教材资助项目。

图书在版编目(CIP)数据

机械设计课程设计 / 于明礼,李苗苗,朱如鹏主编. —北京:科学出版社,2019.9

普通高等教育机械类特色专业系列教材

ISBN 978-7-03-061564-0

Ⅰ. ①机… Ⅱ. ①于… ②李… ③朱… Ⅲ. ①机械设计-课程设计-高等学校-教材 Ⅳ. ①TH122-41

中国版本图书馆 CIP 数据核字(2019)第 112609 号

责任编辑:朱晓颖 邓 静 / 责任校对:张小霞
责任印制:张 伟 / 封面设计:迷底书装

科 学 出 版 社 出版

北京东黄城根北街 16 号
邮政编码:100717
http://www.sciencep.com

北京盛通商印快线网络科技有限公司 印刷

科学出版社发行 各地新华书店经销

*

2019 年 9 月第 一 版 开本:787×1092 1/16
2022 年 7 月第四次印刷 印张:16 1/4
字数:416 000

定价:49.80 元
(如有印装质量问题,我社负责调换)

前　言

机械设计课程设计是高等院校机械类及相关专业学生第一次接受的较为全面、规范的设计训练，也是机械设计课程的重要实践教学环节。本书根据教育部高等学校机械基础课程教学指导分委员会审定的"机械设计课程教学基本要求"，在南京航空航天大学朱如鹏和郭学陶主编的《机械设计课程设计》基础上，结合南京航空航天大学及兄弟院校在机械设计课程设计中的教学经验编写而成。

本书共 3 部分，分为 21 章。第 1 部分为课程设计指导，包括第 1~8 章，以圆柱、圆锥齿轮减速器和蜗杆减速器为例，较为系统地介绍了机械传动系统的设计内容、设计方法与步骤。章节次序基本按照设计过程编写，在内容的取舍上特别强调传动方案和结构的构思、分析比较，以培养学生综合应用所学知识解决实际工程问题的能力。第 2 部分为机械设计常用资料，包括第 9~19 章，给出机械设计中常用的数据、规范和标准。所选用的标准都是最新颁布的国家标准和有关行业(专业)标准，并对相关资料进行摘录和编排。这部分内容一方面可基本满足机械设计和机械设计基础课堂教学以及课程设计的需要，另一方面可以作为简明的机械设计手册，供相关工程技术人员参考。第 3 部分为课程设计参考图例及设计题目，包括第 20、21 章。参考图例精选常用的典型减速器装配图和典型减速器零件的零件图，供教师和学生在课程设计时参考。设计题目给出 16 种方案和 8 套原始数据，便于教师根据不同专业要求选用。

本书在编写过程中力求做到概念清楚、重点突出、方法具体、叙述简明，并充分考虑机械设计课程设计应具有的基础性、启发性和先进性。本书既与机械设计(基础)教材配套，又自成体系，可单独使用，便于教学安排。

本书由朱如鹏编写第 1~8 章，于明礼编写第 9~17 章，李苗苗编写第 18~21 章，全书由于明礼负责统稿。在编写过程中，参考、引用了相关手册、标准以及兄弟院校相关教材的内容，在此对这些文献的编著者致以衷心的感谢。

本书承东南大学钱瑞明教授和南京理工大学范元勋教授细心审阅，他们对本书提出了很多中肯的意见；南京航空航天大学机械设计课程组的教师参与了教材编写讨论，并提出了很多极有价值的建议，在此一并致以衷心的感谢。

限于编者水平，书中不足与疏漏之处在所难免，敬请广大读者予以批评指正。

编　者

2019 年 3 月

目　　录

第1部分　课程设计指导

第 2 部分　机械设计常用资料

第 3 部分　课程设计参考图例及设计题目

第1部分　课程设计指导

第1章 概　　述

1.1　课程设计的目的和内容

1. 课程设计的目的

机械设计课程设计是高等院校机械类及相关专业学生第一次较全面的设计训练,是机械设计课程的一个重要实践教学环节,其基本目的如下。

(1)培养学生综合运用所学理论知识,结合生产实际分析并解决机械设计问题的能力,并使所学知识进一步巩固、加深和扩展。

(2)学习机械设计的一般方法,掌握简单机械传动装置的设计步骤和进行方式,为今后进行机械设计工作打下良好的基础。

(3)熟悉和使用设计资料、手册、标准与规范,对工程技术人员在机械设计方面所必须具备的基本技能进行训练。

2. 课程设计的内容

为保证机械设计课程设计能够达到预期的目的,通常选择一般用途的机械传动装置。传动装置中应包括常用传动和零部件,如闭式齿轮传动、带传动、链传动、开式齿轮传动、蜗杆传动和联轴器等。

机械设计课程设计的主要内容有:

(1)拟定或分析传动系统的总体方案;

(2)选择电动机,确定和计算传动装置的运动与动力参数;

(3)主要零件(由指导教师确定)的设计计算或选择;

(4)绘制传动装置部件(如减速器)装配图(一般用 A0 图纸);

(5)绘制零件工作图 2~3 张(由指导教师确定);

(6)编写设计计算说明书。

1.2　课程设计的一般过程

与机械设计的一般过程相似,机械设计课程设计也大致从方案分析开始,进行必要的计算和结构设计,最后以图纸表达设计结果。由于影响因素很多,机械零件的结构尺寸不可能完全由计算决定,而需要借助画图、初选参数或初估尺寸等手段,并通过边画图、边计算、边修改这样计算与画图交叉进行,来逐步完成设计。

机械设计课程设计大体按以下 8 个阶段进行。

1. 设计准备

(1)设计前应认真研究设计任务书,明确设计内容、条件和要求;

(2)查阅有关资料，参观实物或模型，了解设计对象，并分析各种减速器的结构特点，比较其优缺点，从而选择一种合适的类型和结构，或博采众长；

(3)复习课程有关内容，熟悉有关零件的设计方法和步骤；

(4)准备好设计所需的资料和工具；

(5)拟订进度计划，各阶段时数分配视专业类型和设计时数而定，可参考表 1-1 中的比例进行安排。

表 1-1　设计各阶段时数分配(供参考)

阶段	主要内容	占总学时大致比例/%
1	设计准备	5
2	传动装置的总体设计	6
3	传动零件的设计计算	11
4	设计及绘制减速器装配底图	29
5	完成减速器装配工作图	19
6	绘制零件工作图	8
7	整理、编写设计计算说明书	17
8	答辩或考核	5

2. 传动装置的总体设计

(1)确定传动方案，画出传动系统简图；

(2)计算电动机所需功率；

(3)选择电动机(类型、型号、功率和转速等)；

(4)计算传动系统的总传动比并分配各级传动比；

(5)计算减速器中各轴的转速、功率和转矩。

3. 传动零件的设计计算

按机械设计(基础)相关教材中的有关内容进行齿轮、蜗杆与蜗轮、带与带轮、链与链轮等传动零件的设计计算，包括减速器外的传动零件设计计算和减速器内的传动零件设计计算两大部分。

4. 设计及绘制减速器装配底图

(1)选择比例尺，合理布置视图，确定减速器中各传动零件的相互位置；

(2)初步计算轴径，进行轴的结构设计，选择联轴器、轴承型号以及键的尺寸等；

(3)确定轴上力的作用点及支点距离，进行轴、轴承及键的校核计算；

(4)进行减速器箱体及其附件的部分结构设计。

5. 完成减速器装配工作图

包括完善箱体的设计、减速器辅助零件的选择及绘制。装配工作图通常用三个视图来表达，除将减速器各零件的相互关系表达清楚外，还应将各零件的形状、结构尽可能表达出来。另外主要工作还有：标注尺寸、配合及零件序号，编写明细表、标题栏、减速器技术特性及技术要求。

6. 绘制零件工作图

典型零件工作图主要有轴类零件工作图、齿(蜗)轮类零件工作图、箱体类零件工作图等。具体绘制哪几个零件工作图由指导教师确定。

7. 整理、编写设计计算说明书

按照说明书的格式要求，整理设计计算内容，并对设计计算和结构设计作必要说明。

8. 答辩或考核

全面总结课程设计过程，系统分析设计的优缺点。通过答辩，加深对机械设计一般规律的理解与认识。

必须指出，设计步骤不是一成不变的，进度安排也可根据具体情况作适当调整。图纸及说明书全部完成后，须经指导教师审阅认可，方能参加答辩或考核。

1.3　设计中应注意的事项

1. 明确学习目的，端正学习态度

在设计的全过程中必须严肃认真、刻苦钻研、精益求精。只有这样，才能在设计思想、方法和技能等各方面都获得较好的锻炼和提高。在课程设计过程中，每一个数据、每一条线都要有所依据，不能想当然地随意定，或者盲目地照搬手册或图例中的数据和结构。要意识到，在自己完成的图纸和说明书上签下自己的名字，就代表要为所提交的材料负责。

2. 做好准备工作，科学制定课程设计工作计划

由于机械设计课程设计是学生第一次较全面的设计训练，涉及面广，工作量大，要综合应用多门先修课程的内容，因此要引起足够重视，做好充分的准备工作。首先，明确设计任务与要求，充分理解设计过程和工作程序，在此基础上合理制定工作计划；其次，针对性地复习一些先修课程内容，如理论力学、材料力学、机械原理、机械设计、工程图学(含 CAD)、互换性与技术测量、机械制造技术基础等，补足薄弱环节，否则任何一个环节都可能在设计过程中变成"拦路虎"，影响工作进度与设计效果；最后，准备必要的设计资料与工具，如机械设计手册、绘图工具等。

制定的工作计划要认真执行，要做到"紧张有序、忙而不乱"。在课程设计中养成良好的工作作风与习惯，会对今后的学习与工作产生积极而长远的影响。

机械设计课程设计"麻雀虽小，五脏俱全"，其设计内容、方法和工作规律在机械工程设计中非常具有典型性，在设计过程中要认真体会与总结。

3. 发挥独立工作能力

机械设计课程设计是在教师指导下由学生独立完成的。在设计过程中，提倡独立思考、深入钻研的学习精神。设计中遇到的问题，应该首先自己思考，提出看法和意见，然后与指导教师共同研究，由教师指出解决问题的途径，而具体答案应由自己去找。

本书及其他资料中的减速器结构图仅供设计者参考，对结构图应作仔细的研究和比较，以明确优劣、正误，取长补短，根据特定的设计要求和具体的工作条件进行具体的分析。要在真正理解的基础上合理运用，创造性地进行设计，切忌盲目抄袭。

4. 贯彻"三边"的设计方法

机械设计应贯彻边计算、边画图、边修改的设计方法。产品的设计总是经过多次反复修改才能获得较高的质量。要避免害怕返工，而不愿意修改已发现的不合理之处。

5. 正确处理理论计算与结构、工艺等要求的关系

在设计过程中，需要综合考虑多种因素，进行分析和比较，确定零件的尺寸。理论计算只是为确定零件尺寸考虑了一个方面(如强度、刚度、耐磨性等)的因素，有些经验公式(如齿轮轮缘尺寸的计算公式)也只是考虑了主要影响因素的要求。因此，在设计时要根据具体情况作适当的调整，全面考虑性能、结构和加工工艺等要求。

6. 及时检查和整理计算结果

设计开始时，就应准备一本草稿本，把设计过程中所考虑的主要问题和一切计算过程及结果写在草稿本上，这样便于随时检查、修改。若采用零散稿纸则不易保存，且易散失而造成重新演算，浪费时间。从参考书中摘录的资料和数据，以及指导教师提出的问题和解决方法，也应及时记录在草稿本上，以备查阅。这样，在编写设计计算说明书时也可节省时间。

7. 正确使用标准和规范

机械设计过程中会用到大量的标准和规范，如设计中采用的滚动轴承、带、链条、联轴器、密封件和紧固件等，其参数和尺寸必须严格遵守标准的规定。这些资料是经过实践检验的对以往设计经验与教训的总结。在课程设计中要求遵守这些标准与规范，不是对设计思路的约束，而是为了使设计者可以更好地将主要精力集中于真正需要创造的地方。在设计中用好这些标准与规范，可避免很多重复设计，少走弯路，使其成为设计工作强大的助力。设计中是否采用标准和规范，也是评价设计质量的一项指标。

此外，绘图时图纸的版面及格式、比例、字体、视图表达、尺寸标注等应严格遵守机械制图标准，要求图纸表达正确、清晰，设计计算说明书要求内容完整、计算正确、条理清晰、书写工整。

1.4　计算机辅助设计在课程设计中的应用

计算机技术的快速发展和普及应用使其已渗透到几乎所有专业领域，计算机辅助设计(CAD)已成为现代机械工程设计中必不可少的技术。在机械类和近机类各专业的课程体系中，"掌握计算机应用基础知识和原理，掌握并具有用一门高级语言进行程序设计的能力，掌握 CAD 理论知识并有能力使用一种 CAD 工具进行三维建模和二维工程设计"已成为基本的教学要求。

1. 计算机辅助设计计算

机械零部件设计要进行大量的计算，同时要查阅很多数据、图表，设计过程中还要不断地进行优化、修改。若在设计计算过程中引入 CAD 技术，无疑可以大大缩短周期、提高设计效率和设计质量。虽然现在已有很多成熟的商用通用软件可以选用，但仍建议学生结合相关课程的学习，编写、积累自己的设计计算程序。这样一方面可以加深对机械零部件设计中方案选择、设计步骤和参数选择等问题的理解，另一方面有助于深入了解商用软件的运行机理和计算结果的局限性，为以后在工作中更有效地应用这些工具打下坚实的基础。编写设计计算程序推荐用 MATLAB 语言。

2. 计算机绘图

计算机绘图软件很多，二维设计常用的软件有 AutoCAD、CAXA 等；三维 CAD 设计应用越来越广泛，目前常用的软件有 Creo、SolidWorks、UG、Autodesk Inventor、CATIA 等。三维 CAD 设计是 CAD 技术发展的方向，在条件允许的情况下，应鼓励学生在课程设计中应用三维 CAD 设计。在使用计算机辅助绘图时需要注意以下问题。

(1) 采用计算机绘图完成课程设计时，不宜完全抛弃手工绘图的训练。

计算机绘图的优势和必要性显然无须过多强调，而学生手工绘制结构图能力的训练仍有其必要性，特别是在初学机械设计的阶段。因此，建议学生在完成传动装置总体设计后，先在方格纸上按 1:1 的比例画出装配草图，至少应完成轴系组件结构设计和箱体主要轮廓设计。这里需特别强调一点：绘制装配草图一定要按比例规范作图，"草图"中的"草"，是"草创"和"草拟"的"草"，不是"潦草"和"草草了事"的"草"。认真完成装配草图设计，有助于设计者对设计对象整体与各组成部分的结构特点和设计要求，包括减速器整体和各零部件的功能与结构特征，建立明确、全面的认识；同时，绘制的装配草图还可以弥补直接用计算机绘图时由于屏幕显示的限制而造成的不便兼顾全局的缺陷。这样，在完成装配草图设计后，再应用计算机进行装配工作图和零件工作图设计，自然事半功倍。

(2) 在用计算机绘图前还应做好以下准备工作。

① 认真复习 CAD 软件操作说明书或相关教材，熟悉常用的作图命令，使用时要逐步摸索其使用技巧，提高设计绘图的效率，如图形的生成、复制、镜像、平移、旋转、消隐以及对象捕捉、构造线的应用等。对一些在图中经常反复使用的结构或标准件(如螺纹连接件、滚动轴承等)，可以定义为块(block)，使 CAD 软件成为机械设计快捷高效的工具。

② 规划设置好绘图环境。为提高制图效率，便于图形的维护和修改，首先要对图形进行有效的管理。因此，绘图前要规划好图层，合理设置每个图层的颜色、线型、线宽、字体、字号和线型比例。每种线型都有国家标准规定的用途，相同线型的图形应放置在同一图层上，符号标注、技术要求等文字也应设置相应的图层。机械图样采用粗、细两种线宽，其比例为 2:1。粗线宽度优先选用 0.5mm 或 0.7mm，为保证图样易读，应尽量避免出现线宽小于 0.18mm 的图线。

第2章 传动装置的总体设计

传动装置总体设计的目的是确定传动方案、选定电动机型号、合理分配传动比及计算传动系统的运动和动力参数，为传动件的设计计算准备条件。

2.1 拟定传动方案

机器一般由原动机、传动装置和工作机三部分组成。传动装置在原动机与工作机之间传递运动和动力，并借以改变运动的形式、速度和转矩的大小。传动装置一般包括传动件(齿轮传动、蜗杆传动、带传动、链传动等)和支承件(轴、轴承、机体等)两部分。它们的重量和成本在机器中占很大比例，其性能和质量对机器的工作影响也很大。因此合理设计传动方案具有重要意义。

传动方案用机构运动简图表达，它能简单明了地表示运动和动力的传递方式与路线，以及各部件的组成和连接关系。

满足工作性能要求的传动方案，可以由不同类型的传动机构以不同的组合形式和布置顺序构成。合理的方案应保证工作可靠、结构简单、尺寸紧凑、加工方便、成本低、传动效率高和使用维护方便。一种方案要同时满足这些要求往往是困难的，因此要保证满足重点要求。

图 2-1 是带式运输机的四种传动方案。图 2-1(a)选用了 V 带传动和闭式单级圆柱齿轮传动，V 带传动布置于高速级，能发挥其传动平稳、缓冲吸振和过载保护的作用。但此方案的结构尺寸较大，V 带传动也不适宜用于繁重工作要求的场合及恶劣的工作环境。图 2-1(b)采用了蜗杆传动，结构紧凑。但由于蜗杆传动效率低、功率损失大，不适宜用于长期连续运转的场合。图 2-1(c)采用了闭式两级圆柱齿轮传动，结构尺寸较大。但只采用闭式齿轮传动，能适应在繁重及恶劣的条件下长期工作，且使用维护方便。图 2-1(d)采用了闭式圆锥-圆柱齿轮传动，适合布置在狭窄的通道(如矿井巷道)中工作。但加工圆锥齿轮比圆柱齿轮困难，成本相对较高。这四种方案各有其特点，适用于不同的工作场合。设计时应根据工作条件和主要要求，综合比较，选取其中最优者。

图 2-2 为传递功率(50kW)、低速轴转速(200r/min)、传动比($i=5$)相同时，不同类型传动机构的外廓尺寸对比。由图 2-2 可见，在同样的传动要求条件下，外廓尺寸相差很大，选择传动类型时必须充分考虑这一点。

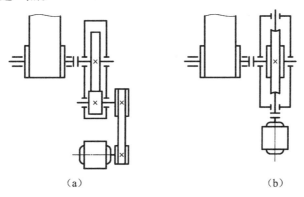

(a)   (b)

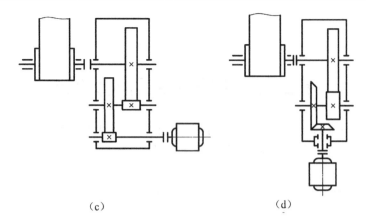

（c）　　　　　　　　　　　　（d）

图 2-1　带式运输机的四种传动方案

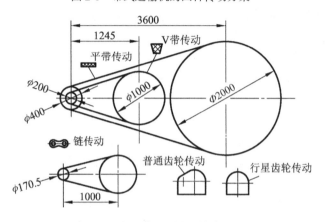

图 2-2　不同类型传动机构的外廓尺寸对比

在采用同类型传动机构条件下，用不同的连接方式时外廓尺寸也会有很大差别。如图 2-3 所示，同样是采用圆柱齿轮减速器传动的带式运输机，图 2-3（a）方案用联轴器将减速器与电动机、工作机连接，轴向尺寸 L 较大；图 2-3（b）方案采用齿轮减速电机并用联轴器与工作机连接，其 L 较图 2-3（a）的小；图 2-3（c）方案也采用齿轮减速电机，但其低速轴直接套装在工作机上，L 最小。

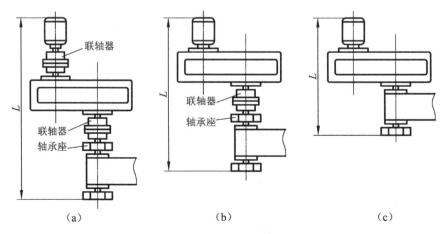

（a）　　　　　　　　　　　　（b）　　　　　　　　　　　　（c）

图 2-3　采用不同连接方式时外廓尺寸的对比

表 2-1 列出了常用传动机构的性能及适用范围，供确定传动方案时参考。

表 2-1　常用传动机构的性能及适用范围

性能指标		传动机构					
		平带传动	V带传动	圆柱摩擦轮传动	链传动	齿轮传动	蜗杆传动
功率 P/kW(常用值)		小(≤20)	中(≤100)	小(≤20)	中(≤100)	大(最大达50000)	小(≤50)
						圆柱　圆锥	
单级传动比	最大值	2~4	2~4	2~4	2~5	3~5　2~3	10~40
	中	5	7	5	7	10　6	80
传动效率		中	中		中	高	低
许用线速度 v/(m/s)		≤25	≤25~30	≤15~25	≤20~40	6级精度直齿≤18 非直齿≤36 5级精度达100	滑动速度 v_s≤15~35
外廓尺寸		大	大	大	大	小	小
传动精度		低	低	低	中	高	高
工作平稳性		好	好	好	差	中	好
自锁能力		无	无	无	无	无	可有
过载保护		有	有	有	无	无	无
使用寿命		短	短	短	中等	长	中
缓冲吸振能力		好	好	好	中等	差	差
制造及安装精度		低	低	中等	中等	高	高
要求润滑条件		不需	不需	一般不需	中等	高	高
环境适应性		不能接触酸、碱、油类和爆炸性气体		一般	好	一般	一般

当采用由几种传动形式组成的多级传动时，要合理布置其传动顺序。以下几点可供参考。

(1)带传动的承载能力较小，传递相同转矩时的结构尺寸较其他传动形式大，但传动平稳，能缓冲减振，因此宜布置在高速级(转速较高，传递相同功率时转矩较小)。

(2)链传动运转不均匀，有冲击，不适于高速传动，应布置在低速级。

(3)蜗杆传动可以实现较大的传动比，尺寸紧凑，传动平稳，但效率较低，适用于中小功率、间歇运转的场合。当与齿轮传动同时使用时，对采用铝铁青铜或铸铁作为蜗轮材料的蜗杆传动，可布置在低速级，使齿面滑动速度较低，以防止产生胶合或严重磨损，并可使减速器结构紧凑；对采用锡青铜作为蜗轮材料的蜗杆传动，由于允许齿面有较高的相对滑动速度，可将蜗杆传动布置在高速级，以利于形成润滑油膜，可以提高承载能力和传动效率。

(4)圆锥齿轮加工较困难，特别是大直径、大模数的圆锥齿轮，所以只在需要改变轴的布置方向时采用，尽量放在高速级并限制传动比，以减小圆锥齿轮的直径和模数。

(5)斜齿轮传动的平稳性较直齿轮传动好，常用在高速级或要求传动平稳的场合。

(6)开式齿轮传动的工作环境较差，润滑条件不好，磨损较严重，寿命较短，应布置在低速级。

(7)一般将改变运动形式的机构(如螺旋传动、连杆机构、凸轮机构)布置在传动系统的最后一级，并且常为工作机的执行机构。

如果设计任务书中已给出传动方案，则学生应分析这种方案的特点，也可以提出改进意见。

2.2 减速器的主要类型及特点

2.2.1 固定轴线式减速器

固定轴线式减速器,简称普通减速器。这类减速器种类很多,应用最广,用以满足不同要求的各种机械传动。减速器大多已有系列标准,并由专业厂家生产。一般情况下应尽量选用标准减速器,在传动布置、结构尺寸、功率、传动比等有特殊要求,由标准减速器中不能选出时,才需要自行设计制造。在机械设计课程设计中,为了达到培养设计能力的目的,一般不允许选用标准减速器,而要自行设计。

常用普通减速器的类型及特性列于表 2-2。

表 2-2 常用普通减速器的类型及特性

名称		简图	传动比范围	结构特点及有关说明
单级圆柱齿轮减速器			$1 \leqslant i \leqslant 8 \sim 10$	轮齿可制成直齿、斜齿或人字齿。直齿用于速度低($v \leqslant 8\text{m/s}$)、负荷轻的传动,斜齿或人字齿用于速度较高($v = 25 \sim 50\text{m/s}$)、负荷较重的传动。箱体通常用铸铁制成,有时也用焊接结构或铸钢件,轴承通常用滚动轴承。i 不宜过大,但大齿轮直接固结在机器上的情况例外(如旋转起重机的回转机构)
两级圆柱齿轮减速器	展开式		$i = i_1 \cdot i_2$ $8 \leqslant i \leqslant 60$	高速级一般用斜齿,低速级用直齿。结构简单,但齿轮相对于轴承位置不对称,受力后沿齿宽载荷分布不均,要求轴有较大的刚度,高速级齿轮应布置在远离转矩输入端,以减轻载荷沿齿宽分布不均的现象,建议用于载荷比较平稳的场合
	分流式		$i = i_1 \cdot i_2$ $8 \leqslant i \leqslant 60$	高速级用斜齿,低速级用人字齿或直齿,结构比较复杂。但低速级齿轮相对于轴承对称分布,载荷沿齿宽分布较均匀,轴承受载也较均匀,能获得较小的外廓尺寸。结构上要能保证两分流级各半边承担负荷,所以齿轮采用等螺旋角不同旋向斜齿,轴承组合设计应使轴能沿轴向自由游动,建议用于变载荷场合
			$i = i_1 \cdot i_2$ $8 \leqslant i \leqslant 60$	高速级用人字齿,低速级用斜齿。高速级齿轮相对于轴承对称布置,故载荷沿齿宽分布较均匀,但低速轴上的齿轮载荷沿齿宽分布仍不均匀,不适于变载荷下工作,其应用不如上栏型式广泛
	同轴式		$i = i_1 \cdot i_2$ $8 \leqslant i \leqslant 60$	减速器的长度较短,但轴向尺寸较大。当两级大齿轮的浸油深度大致相同时,高速级齿轮的承载能力不能充分利用;中间轴承润滑困难;中间轴较长,刚度较差,加剧了载荷沿齿宽分布的不均匀性;仅能有一个输入轴端和输出轴端,限制了传动装置的灵活性
单级圆锥齿轮减速器			$1 \leqslant i \leqslant 8 \sim 10$	为保证两齿轮有稳定的相互位置,均采用滚动轴承,并从结构上保证能进行调整。用于输入轴和输出轴两轴线垂直相交的传动中,可制成卧式或立式。由于圆锥齿轮制造较困难,仅在传动布置需要时才加以采用

续表

名称		简图	传动比范围	结构特点及有关说明
两级圆锥-圆柱齿轮减速器			$i = i_1 \cdot i_2$ $8 \leqslant i \leqslant 22\sim40$	特点与单级圆锥齿轮减速器相同，圆锥齿轮应设在高速级，以使圆锥齿轮尺寸不致太大，利于加工。圆锥齿轮制成直齿时 $i_{max} = 22$；制成圆弧齿时 $i_{max} = 40$，圆柱齿轮可制成直齿或斜齿
三级展开式圆锥-圆柱齿轮减速器			$i = i_1 \cdot i_2 \cdot i_3$ $25 \leqslant i \leqslant 75$	特点与两级圆锥-圆柱齿轮减速器相同
单级蜗杆减速器	蜗杆下置式		$10 \leqslant i \leqslant 80$	蜗杆布置在蜗轮的下面，啮合处冷却和润滑条件均较好，同时蜗杆轴承的润滑也较方便，但当蜗杆圆周速度太高时搅油损失增大，一般用于蜗杆圆周速度较小的场合（$v_s < 10m/s$）
	蜗杆上置式		$10 \leqslant i \leqslant 80$	蜗杆布置在蜗轮的上面，蜗杆的圆周速度允许高一些，但蜗杆轴承的润滑困难
两级蜗杆减速器			$i \leqslant 3600$	可获得很大的传动比，且结构紧凑，但传动效率较低。为使高速级和低速级传动浸油深度大致相等，应使高速级中心距约等于低速级中心距的 1/2，即 $a_1 \approx a_2 / 2$
齿轮-蜗杆减速器			$i \leqslant 480$	有齿轮传动在高速级和蜗杆传动在高速级两种型式，前者结构紧凑，后者传动效率较高

2.2.2　行星减速器

行星减速器较同传动比的普通减速器具有重量轻、外廓尺寸小、结构紧凑等优点，这是因为行星减速器都是分流式传动。其缺点是结构复杂，制造和安装都比较困难。我国已制定了某些类型行星减速器的标准，可供设计时参考。常用行星传动的类型及特性列于表 2-3。

表 2-3 常用行星传动的型式及特性

类型代号	简图	合理的传动比范围	效率概值	特点及用途
NGW 型		$i_{aH}^b = 3 \sim 9$ $i_{bH}^a = 1.14 \sim 1.59$	0.96~0.99	结构简单，效率高，外廓尺寸小，但传动比不大；传递功率范围不限，可用于各种工作条件，大功率行星减速器都采用这种类型，应用最广
NW 型		$i_{aH}^b = 8 \sim 16$ $i_{bH}^a = 1.07 \sim 2$	0.96~0.99	传动比范围比 NGW 型大，但结构复杂，加工装配均较麻烦，用于传递功率
WW 型		$i_{Ha}^b = 1.2$ 至几千	随 $|i_{Ha}^b|$ 的增加效率急剧下降	可获得很大的传动比，但此时效率很低，基本上不用于传递功率，适用于以传递运动为主的轻载装置
NN 型		$i_{Ha}^b = 30 \sim 100$，功率很小时可达 1700	随 $|i_{Ha}^b|$ 的增加而下降，0.40~0.90	可获得很大的传动比，效率比 WW 型稍高，但其值仍然很低，只适用于短期工作的传动装置
N 型		$i_{Ha}^b = 7 \sim 71(100)$	0.80~0.90	传动比大，结构紧凑，体积小，重量轻，效率也较高，但制造精度要求较高，目前只用于中小功率传动 ($P \leqslant 100\text{kW}$)
NGWN 型		$i_{ae}^b = 20 \sim 100$（合理），功率不大时可达 500 以上	随 $|i_{ae}^b|$ 的增加而下降，约 0.8	结构紧凑，传动比范围大，但效率较低，最好不用于长期工作的动力传动
两级 NGW 型		$i_{aH_1}^b = 10 \sim 60$	0.94~0.98	效率高，外廓尺寸小，传动比较大，结构上较单级复杂，适用于在任何工况下的大功率、大传动比的传动装置。但高速级的行星架转速不得很高

注：① 类型代号意义：N 为内齿轮；W 为外齿轮；G 为公用齿轮。
② $|i_{aH}^b|$ 表示当构件 b 固定时主动件 a 对从动件 H 的传动比，其余可类推。

2.2.3 其他类型减速器

除普通减速器、行星减速器外，还有谐波传动减速器、摆线针轮减速器等，同时制定了相应的系列标准或规范，设计时可参阅有关手册及资料。

在设计机械传动装置时，常采用由多种传动形式混合组成的传动系统，如果选择得当，可以得到较高的传动质量。在这种情况下，由于低速段的尺寸和重量是整个传动尺寸和重量的主要组成部分，在选择低速段的传动形式时，应尽可能选用承载能力高的传动形式。

2.3 选择电动机

电动机是专业工厂批量生产的标准部件，设计时要选出具体型号以便购置。选择电动机包括确定类型、结构、容量(功率)和转速等，并在产品目录中查出其型号和尺寸。

2.3.1 选择电动机类型和结构型式

电动机分交流电动机和直流电动机两种。直流电动机需要直流电源，结构较复杂，价格较高，维护比较不便。因此，无特殊要求时不宜采用。

生产单位一般用三相交流电源，因此，若无特殊要求都应选用交流电动机。交流电动机有异步电动机和同步电动机两类。异步电动机有笼型和绕线型两种，其中以笼型异步电动机应用最多。YE3 系列三相异步电动机是根据国家节能减排目标要求开发的超高效率电动机产品，其结构简单、工作可靠、维护方便，适用于不易燃、不易爆、无腐蚀性气体和无特殊要求的机械中，如金属切削机床、运输机、风机、搅拌机等，由于起动性能较好，也适用于某些要求起动转矩较高的机械，如压缩机等。在经常起动、制动和反转的场合(如起重机等)，要求电动机转动惯量小和过载能力大，应选用起重及冶金用三相异步电动机。电动机除按功率、转速排成系列之外，为满足不同的输出轴要求和安装需要，电动机机体又有几种安装结构型式。根据不同防护要求，电动机结构还有开启式、防护式、封闭式和防爆式等区别。电动机的额定电压一般为 380V。

电动机类型要根据电源种类(交流或直流)，工作条件(温度、环境、空间位置尺寸等)，载荷特点(变化性质、大小和过载情况)，起动性能和起动、制动、反转的频繁程度，转速和调速性能要求等条件来确定。

2.3.2 选择电动机容量

电动机的容量(功率)选得合适与否，对电动机的工作和经济性都有影响。容量小于工作要求，就不能保证工作机的正常工作，或使电动机长期过载而过早损坏；容量过大则电动机价格高，能力又不能充分利用，由于经常不满载运行，效率和功率因数都较低，增加电能消耗，造成很大浪费。

电动机的容量主要根据电动机运行时的发热条件来决定。电动机的发热与其运行状态有关。运行状态有三类，即长期连续运行、短时运行和重复短时运行。变载下长期连续运行的电动机、短时运行的电动机(工作时间短、停歇时间长)和重复短时运行的电动机(工作时间和停歇时间都不长)的容量要按等效功率法计算并校验过载能力与起动转矩，其计算方法可参看有关电力拖动的书籍。课程设计题目一般为设计不变(或变化很小)载荷下长期连续运行的电动机，只要所选电动机的额定功率 P_{cd} 等于或稍大于所需的电动机工作功率 P_d，即 $P_{cd} \geqslant P_d$，电动机在工作时就不会过热，通常可以不必校验发热和起动力矩。

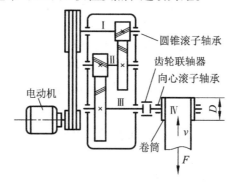

图 2-4　带式运输机传动方案

如图 2-4 所示的带式运输机，其电动机所需的工作功率为

$$P_d = \frac{P_w}{\eta_a}, \text{ kW} \qquad (2\text{-}1)$$

式中，P_w 为工作机所需工作功率，指工作机主动端运输带所需功率，kW；η_a 为由电动机至工作机主动端运输带的总效率。

工作机所需工作功率 P_w 应由机器工作阻力和运动参数(线速度或转速、角速度)计算求得，不同专业机械有不同计算方法。在课程设计中，可由设计任务书给定的工作机参数(F、v；T、n；T、ω 等)，按式(2-2)~式(2-4)计算：

$$P_w = \frac{Fv}{1000}, \text{ kW} \qquad (2\text{-}2)$$

或

$$P_w = \frac{Tn}{9550}, \text{ kW} \qquad (2\text{-}3)$$

或

$$P_w = \frac{T\omega}{1000}, \text{ kW} \qquad (2\text{-}4)$$

式中，F 为工作机的工作阻力，N；v 为工作机卷筒的线速度，m/s；T 为工作机的阻力矩，N·m；n 为工作机卷筒的转速，r/min；ω 为工作机卷筒的角速度，rad/s。

传动装置的总效率 η_a 应为组成传动装置的各部分运动副效率的乘积，即

$$\eta_a = \eta_1 \times \eta_2 \times \eta_3 \times \cdots \eta_n \qquad (2\text{-}5)$$

式中，$\eta_1, \eta_2, \cdots, \eta_n$ 分别为每一传动副(齿轮、蜗杆、带或链)、每对轴承、每个联轴器及卷筒的效率，其效率的概略数值可按表 9-5 选择。

计算总效率时要注意以下几点。

(1)在资料中查出的效率数值为一个范围时，一般可取中间值。若工作条件差、加工精度低、用润滑脂润滑或维护不良，则应取低值，反之可取高值。

(2)同类型的几对传动副、轴承或联轴器，要分别考虑效率，例如，有两级齿轮传动副时，效率为 η^2 (η 为一级齿轮副的效率)。

（3）轴承效率均指一对轴承。

（4）蜗杆传动效率与蜗杆头数及材料有关，应初选头数，按表 9-5 估计效率。初步设计出蜗杆、蜗轮参数后，应校核效率并校验电动机所需功率。

2.3.3 确定电动机转速

容量相同的同类型电动机有不同的转速系列供使用者选择，如三相异步电动机常用的有三种同步转速，即 3000r/min、1500r/min、1000r/min（相应的电动机定子绕组的极对数为 2、4、6）。同步转速为由电流频率与极对数而定的磁场转速，电动机空载时才可能达到同步转速，负载时的转速都低于同步转速。

低转速电动机的极对数多，转矩也大，因此外廓尺寸及重量都较大，价格较高，但可以使传动装置总传动比减小，使传动装置的体积、重量较小；高转速电动机则相反。因此确定电动机转速时要综合考虑，分析并比较电动机及传动装置的性能、尺寸、重量和价格等因素。通常选用同步转速为 1500r/min 和 1000r/min 的电动机。

为合理设计传动装置，根据工作机主动轴转速要求和各传动副的合理传动比范围，可推算出电动机转速的可选范围，即

$$n_{\mathrm{d}} = i_{\mathrm{a}}' n = (i_1' \times i_2' \times i_3' \times \cdots \times i_n')n \tag{2-6}$$

式中，n_{d} 为电动机可选转速范围，r/min；i_{a}' 为传动装置总传动比的合理范围；$i_1', i_2', i_3', \cdots, i_n'$ 为各级传动副传动比的合理范围；n 为工作机主动轴转速，r/min。

选定电动机类型、结构，对电动机可选的转速进行比较，选定电动机转速并计算出所需容量后，即可在电动机产品目录中查出其型号、性能参数和主要尺寸。这时应将电动机型号、额定功率、满载转速、外形尺寸、电动机中心高、轴伸尺寸和键连接尺寸等记下备用。

YE3 系列电动机（GB/T 28575—2012）的型号表示方法如下。例如，YE3-100L2-4 的电动机型号表示异步电动机，机座中心高为 100mm，长机座，功率序号 2（功率为 3kW），4 级。电动机型号的意义如下：

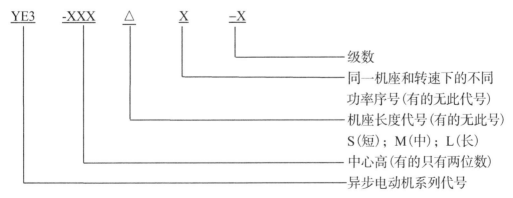

设计计算传动装置时，通常用实际需要的电动机工作功率 P_{d}。如果按电动机额定功率 P_{cd} 设计，则传动装置的工作能力可能超过工作机的要求而造成浪费。有些通用设备为留有储备能力，以备发展或满足不同工作的需要，也可以按额定功率 P_{cd} 设计传动装置。传动装置的转速则可按电动机额定功率时的转速 n_{m}（满载转速，它比同步转速低）计算，这一转速与实际工作时的转速相差不大。

例 2-1 如图 2-4 所示带式运输机传动方案，已知卷筒直径 $D = 500\text{mm}$，运输带的有效拉力 $F = 10000\text{N}$，卷筒效率(不包括轴承) $\eta_5 = 0.96$，运输带速度 $v = 0.3\text{m/s}$，在室温下长期连续工作，环境有灰尘，电源为三相交流，电压为 380V，试选择合适的电动机。

解：

(1)选择电动机类型。

按工作要求和条件，选用三相笼型异步电动机，封闭式结构，电压为 380V，YE3 型。

(2)选择电动机容量。

电动机所需工作功率按式(2-1)为

$$P_\text{d} = \frac{P_\text{w}}{\eta_\text{a}} \ (\text{kW})$$

由式(2-2)

$$P_\text{w} = \frac{Fv}{1000}(\text{kW})$$

因此

$$P_\text{d} = \frac{Fv}{1000\eta_\text{a}}(\text{kW})$$

由电动机至运输带的传动总效率为

$$\eta_\text{a} = \eta_1 \cdot \eta_2^4 \cdot \eta_3^2 \cdot \eta_4 \cdot \eta_5$$

式中，η_1、η_2、η_3、η_4、η_5 分别为带传动、轴承、齿轮传动、联轴器和卷筒的传动效率。

参考表 9-5 取 $\eta_1 = 0.95$，$\eta_2 = 0.98$(滚子轴承)，$\eta_3 = 0.97$(齿轮精度为 8 级，不包括轴承效率)，$\eta_4 = 0.99$(齿轮联轴器)，$\eta_5 = 0.96$，则

$$\eta_\text{a} = 0.95 \times 0.98^4 \times 0.97^2 \times 0.99 \times 0.96 = 0.78$$

所以

$$P_\text{d} = \frac{Fv}{1000\eta_\text{a}} = \frac{10000 \times 0.3}{1000 \times 0.78} = 3.8(\text{kW})$$

(3)确定电动机转速。

卷筒轴工作转速为

$$n = \frac{60 \times 1000v}{\pi D} = \frac{60 \times 1000 \times 0.3}{\pi \times 500} = 11.46(\text{r/min})$$

按表 9-5 推荐的传动比合理范围，取 V 带传动的传动比 $i_1' = 2\sim4$，二级圆柱齿轮减速器传动比 $i_2' = 9\sim36$，则总传动比合理范围为 $i_\text{a}' = 18\sim144$，故电动机转速可选范围为

$$n_\text{d}' = i_\text{a}' \cdot n = (18\sim144) \times 11.46 = 206\sim1650(\text{r/min})$$

符合这一范围的同步转速有 1000r/min 和 1500r/min。

根据容量和转速，由有关手册查出有两种适用的电动机型号，因此有两种传动比方案，如表 2-4 所示。

综合考虑电动机和传动装置的尺寸、质量及带传动、减速器的传动比，可见方案 2 比较合适。因此选定电动机型号为 YE3-132M1-6，其主要性能如表 2-5 所示。电动机主要外形和安装尺寸列于表 2-6。

表 2-4　可选的三种传动比方案

方案	电动机型号	额定功率/kW	电动机转速/(r/min)		电动机质量/kg	传动装置的传动比		
			同步转速	满载转速		总传动比	V 带传动	减速器
1	YE3-112M-4	4	1500	1450	63	126.53	3.5	36.15
2	YE3-132M1-6	4	1000	970	88	84.64	2.8	30.23

表 2-5　YE3-132M1-6 电动机的主要性能

型号	额定功率/kW	满载转速/(r/min)	效率/%	功率因数	堵转电流 / 额定电流	堵转转矩 / 额定转矩	最大转矩 / 额定转矩
YE3-132M1-6	4	970	86.8	0.74	6.8	2.0	2.1

表 2-6　YE3-132M1-6 电动机主要外形和安装尺寸　　　　　（单位：mm）

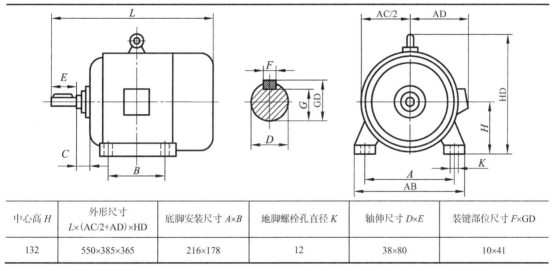

中心高 H	外形尺寸 L×(AC/2+AD)×HD	底脚安装尺寸 A×B	地脚螺栓孔直径 K	轴伸尺寸 D×E	装键部位尺寸 F×GD
132	550×385×365	216×178	12	38×80	10×41

2.4　确定传动装置的总传动比和分配传动比

由选定的电动机满载转速 n_m 和工作机主动轴转速 n，可得传动装置总传动比为

$$i_a = \frac{n_m}{n} \tag{2-7}$$

总传动比为各级传动比 $i_1, i_2, i_3, \cdots, i_n$ 的乘积，即

$$i_a = i_1 \times i_2 \times i_3 \times \cdots \times i_n \tag{2-8}$$

分配总传动比，即各级传动比如何取值，是设计中的重要问题。传动比分配得合理，可使传动装置得到较小的外廓尺寸或较轻的重量，以实现降低成本和结构紧凑的目的；也可以使传

动零件获得较低的圆周速度以减小动载荷或降低传动精度等级；还可以得到较好的润滑条件。要同时达到这几方面的要求比较困难，因此应按设计要求考虑传动比分配方案，满足某些主要要求。

分配传动比时考虑以下原则。

(1)各级传动的传动比应在合理范围内(表9-5)，不超出允许的最大值，以符合各种传动形式的工作特点，并使结构比较紧凑。

(2)应注意使各级传动件尺寸协调，结构匀称合理。例如，由带传动和单级圆柱齿轮减速器组成的传动装置中(图2-1(a))，一般应使带传动比小于齿轮传动的传动比。如果带传动的传动比过大，就有可能使大带轮半径大于减速器中心高，使带轮与底架相碰(图2-5)。

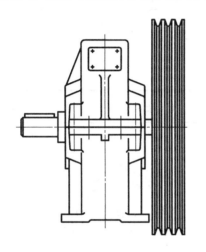

图 2-5 不合理的传动比分配

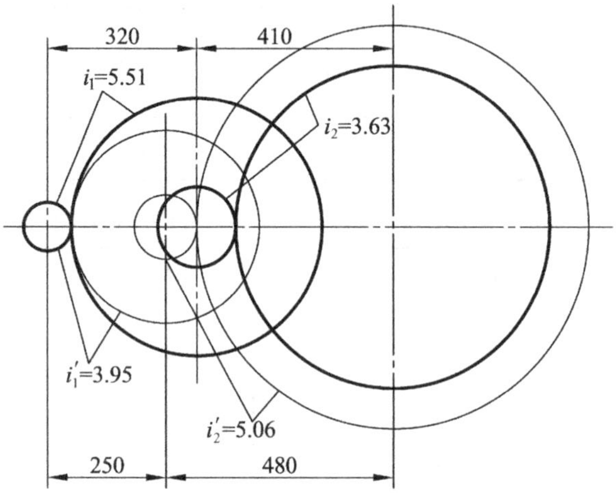

图 2-6 传动比分配方案比较

(3)尽量使传动装置外廓尺寸紧凑或重量较小。如图2-6所示二级圆柱齿轮减速器，在总中心距和总传动比相同时，粗实线所示方案(高速级传动比 $i_1 = 5.51$，低速级传动比 $i_2 = 3.63$)具有较小的外廓尺寸，这是 i_2 较小时低速级大齿轮直径较小的缘故。

(4)尽量使各级大齿轮浸油深度合理(低速级大齿轮浸油稍深，高速级大齿轮能浸到油)。在卧式减速器设计中，希望各级大齿轮直径相近，以避免为了各级齿轮都能浸到油，而使某级大齿轮浸油过深造成搅油损失增加。通常二级圆柱齿轮减速器中低速级中心距大于高速级，因而为使二级大齿轮直径相近，应使高速级传动比大于低速级(图2-6粗实线方案)。

(5)要考虑传动零件之间不会干涉碰撞。图 2-7(a)的卷扬机开式齿轮的传动比比较合适。如果传动比太小以致大齿轮直径 d_2 小于卷筒直径 D，则将使小齿轮与卷筒产生干涉，且不便于大齿轮齿圈与卷筒的连接；图 2-7(b)的二级圆柱齿轮传动中，由于高速级传动比太大，如 $i_1 > 2i_2$，所以高速级大齿轮与低速轴相碰。

根据上述分配原则分配传动比，是一项较烦琐的工作。往往要经过多次计算，拟定多种方案进行比较，最后确定一个比较合理的方案。现给出以下几种常见非标准减速器传动比分配的经验公式和数据，供参考。

(1)对于带传动-单级齿轮减速器系统，设带传动的传动比为 i_1，单级齿轮减速器的传动比

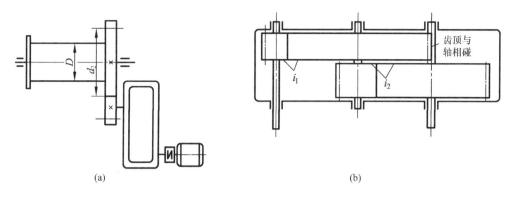

图 2-7　避免传动零件发生干涉

为 i_2 ，应使 $i_1 < i_2$ ，以便使整个传动系统的尺寸较小，结构紧凑。同时，可避免使大带轮的外圆半径大于减速器的中心高造成安装困难的情况。

(2)对于展开式二级圆柱齿轮减速器，主要考虑满足浸油润滑的要求，如图 2-8 所示，应使两个大齿轮直径 d_2 和 d_4 相近。在两对齿轮配对材料相同、两级齿宽系数 ψ_{d_1} 和 ψ_{d_2} 相等情况下，其传动比分配推荐按图 2-9 中的展开式曲线选取。这时结构也比较紧凑。

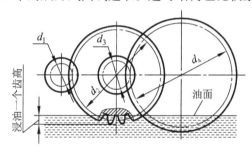

图 2-8　展开式二级圆柱齿轮减速器浸油润滑

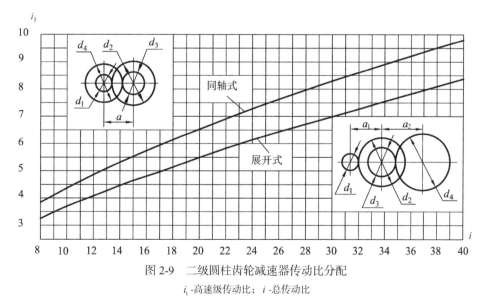

图 2-9　二级圆柱齿轮减速器传动比分配

i_1 -高速级传动比；i -总传动比

(3)对于同轴式二级圆柱齿轮减速器，为使两级齿轮传动在中心距相等情况下，能达到两对齿轮的接触强度相等的要求，在两对齿轮配对材料相同、齿宽系数 $\psi_{d_2} = 1.2\psi_{d_1}$ 的条件下，其传动比分配推荐按图 2-9 中同轴式曲线选取。这种传动比分配的结果是 d_2 会略大于 d_4(图 2-10 粗实线)，高速级大齿轮浸油深度较大，搅油损耗略有增加。

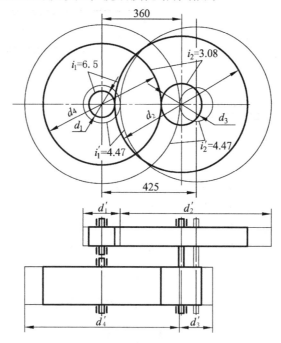

图 2-10　同轴式二级圆柱齿轮减速器传动比分配的两种方法比较

同轴式二级圆柱齿轮减速器两级的传动比也可以取为 $i_1 \approx i_2 = \sqrt{i}$（$i$ 为总传动比）。这时 $d_2 = d_4$，润滑条件较好，但不能做到两级齿轮等强度，即使 $\psi_{d_2} = 2\psi_{d_1}$，高速级强度仍有富裕，所以其减速器外廓尺寸会比较大，如图 2-10 中细实线所示。

(4)对于圆锥-圆柱齿轮减速器，可取圆锥齿轮传动比为 $i_1 \approx 0.25i$，并尽量使 $i_1 \leqslant 3$，最大允许到 4，以使圆锥齿轮直径较小。

(5)对于蜗杆-齿轮减速器，可取齿轮传动的传动比 $i_2 \approx (0.03 \sim 0.06)i$。

(6)对于齿轮-蜗杆减速器，可取齿轮传动的传动比 $i_1 < 2 \sim 2.5$，以使结构比较紧凑。

(7)对于二级蜗杆减速器，为使两级传动浸油深度大致相等，常使低速级中心距 $a_2 \approx 2a_1$（a_1 为高速级中心距），这时可取 $i_1 \approx i_2 = \sqrt{i}$。

应当指出，合理分配传动比是设计传动装置应考虑的重要问题，但为了获得更合理的结构，有时单从传动比分配这一点出发还不能得到完善的结果。此时就应采取调整其他参数或适当改变材料等办法，以满足预定的设计要求。

分配的各级传动比只是初步选定的数值，实际传动比要由传动件参数准确计算，例如，齿轮传动为齿数比，带传动为带轮直径比。因此，工作机的实际转速要在传动件设计计算完成后进行核算，若不在允许误差范围内，则应重新调整传动件参数，甚至重新分配传动比。设计要求中未规定转速(或速度)的允许误差时，传动比一般允许在 ±(3～5)% 变化。

例 2-2　数据同例 2-1，试计算传动装置的总传动比，并分配各级传动比。

解：

电动机型号为 YE3-132M1-6，满载转速 $n_m = 970\text{r/min}$。

(1)总传动比。

由式(2-7)得
$$i_a = \frac{n_m}{n} = \frac{970}{11.46} = 84.64$$

(2)分配传动装置传动比。

由式(2-8)
$$i_a = i_0 \cdot i$$

式中，i_0、i 分别为带传动和减速器的传动比。

为使 V 带传动的外廓尺寸不致过大，初步取 $i_0 = 2.8$（实际的传动比要在设计 V 带传动时，由所选大、小带轮的标准直径之比计算），则减速器传动比为
$$i = \frac{i_a}{i_0} = \frac{84.64}{2.8} = 30.23$$

(3)分配减速器的各级传动比。

按展开布置。考虑润滑条件，为使两级大齿轮直径相近，可由图 2-9 展开式曲线查得 $i_1 = 6.95$，则
$$i_2 = i / i_1 = 30.23 / 6.95 = 4.35$$

2.5　计算传动装置的运动和动力参数

为了进行传动零件的设计计算，应计算传动装置的运动和动力参数，即各轴的转速、功率和转矩。例如，将各轴由高速至低速依次定为 I 轴、II 轴……（电动机轴定为 0 轴），并设（参见图 2-4）：

$i_0, i_1, \cdots$ 为相邻两轴间的传动比；

$\eta_{01}, \eta_{12}, \cdots$ 为相邻两轴间的传动效率；

$P_I, P_{II}, \cdots$ 为各轴的输入功率，kW；

$T_I, T_{II}, \cdots$ 为各轴的输入转矩，N·m；

$n_I, n_{II}, \cdots$ 为各轴的转速，r/min。

则可按电动机轴至工作机运动传递路线推算，得到各轴的运动和动力参数。

(1)各轴转速。
$$n_I = \frac{n_m}{i_0} \tag{2-9}$$

式中，n_m 为电动机满载转速；i_0 为电动机至 I 轴的传动比；以及
$$n_{II} = \frac{n_I}{i_1} \tag{2-10}$$

$$n_{III} = \frac{n_{II}}{i_2} \tag{2-11}$$

$$n_{IV} = n_{III} \tag{2-12}$$

(2)各轴输入功率。

如图 2-4 所示，设带传动的效率为 η_1，一对轴承的传动效率为 η_2，一对齿轮的啮合效率为 η_3，齿轮联轴器的效率为 η_4，则各轴间功率关系为

$$\begin{cases} P_I = P_d \cdot \eta_{01} \\ \eta_{01} = \eta_1 \end{cases} \tag{2-13}$$

式中，P_d 为电动机实际输出功率，kW。

$$\begin{cases} P_{II} = P_I \cdot \eta_{12} \\ \eta_{12} = \eta_2 \cdot \eta_3 \end{cases} \tag{2-14}$$

$$\begin{cases} P_{III} = P_{II} \cdot \eta_{23} \\ \eta_{23} = \eta_2 \cdot \eta_3 \end{cases} \tag{2-15}$$

$$\begin{cases} P_{IV} = P_{III} \cdot \eta_{34} \\ \eta_{34} = \eta_2 \cdot \eta_4 \end{cases} \tag{2-16}$$

(3)各轴输入转矩。

$$T_I = T_d \cdot i_0 \cdot \eta_{01} \tag{2-17}$$

式中，T_d 为电动机轴的输出转矩，按下式计算：

$$T_d = 9550 \frac{P_d}{n_m} \tag{2-18}$$

同理，

$$T_{II} = T_I \cdot i_1 \cdot \eta_{12} \tag{2-19}$$

$$T_{III} = T_{II} \cdot i_2 \cdot \eta_{23} \tag{2-20}$$

$$T_{IV} = T_{III} \cdot \eta_{34} \tag{2-21}$$

同一根轴的输出功率(或转矩)与输入功率(或转矩)数值不同(因为有轴承损耗功率)，需要精确计算时应取不同数值。

一根轴的输出功率(或转矩)与下一根轴的输入功率(或转矩)的数值也不相同(因为有传动功率损耗)。例如，I 轴输出功率为 $P_I' = P_I \cdot \eta_2$，而 II 轴的输入功率则为 $P_{II} = P_I \cdot \eta_2 \cdot \eta_3$，计算时也必须注意区分。

由计算得到的各轴运动和动力参数的数据，可以列表整理备用(表 2-7)。

例 2-3 条件同例 2-2，计算传动装置各轴的运动和动力参数。

解：

(1)各轴转速。

由式(2-9)~式(2-12)得

I 轴
$$n_I = \frac{n_m}{i_0} = \frac{970}{2.8} = 346.43 (\text{r/min})$$

II 轴
$$n_{II} = \frac{n_I}{i_1} = \frac{346.43}{6.95} = 49.85 (\text{r/min})$$

III 轴
$$n_{III} = \frac{n_{II}}{i_2} = \frac{49.85}{4.35} = 11.46 (\text{r/min})$$

IV 轴
$$n_{IV} = n_{III} = 11.46 (\text{r/min})$$

(2)各轴输入功率。

由式(2-13)~式(2-16)得

$$\eta_{01} = \eta_1 = 0.96$$
$$\eta_{12} = \eta_2 \cdot \eta_3 = 0.98 \times 0.97 = 0.95$$
$$\eta_{23} = \eta_2 \cdot \eta_3 = 0.98 \times 0.97 = 0.95$$
$$\eta_{34} = \eta_2 \cdot \eta_4 = 0.98 \times 0.99 = 0.97$$

Ⅰ 轴　　　　　$P_{\mathrm{I}} = P_{\mathrm{d}} \cdot \eta_{01} = 3.8 \times 0.96 = 3.65(\mathrm{kW})$

Ⅱ 轴　　　　　$P_{\mathrm{II}} = P_{\mathrm{I}} \cdot \eta_{12} = 3.65 \times 0.95 = 3.47(\mathrm{kW})$

Ⅲ 轴　　　　　$P_{\mathrm{III}} = P_{\mathrm{II}} \cdot \eta_{23} = 3.47 \times 0.95 = 3.30(\mathrm{kW})$

Ⅳ 轴　　　　　$P_{\mathrm{IV}} = P_{\mathrm{III}} \cdot \eta_{34} = 3.30 \times 0.97 = 3.20(\mathrm{kW})$

Ⅰ轴～Ⅲ轴的输出功率分别为输入功率乘以轴承效率(0.98)。例如，Ⅰ轴输出功率为 $P_{\mathrm{I}}' = P_{\mathrm{I}} \times 0.98 = 3.65 \times 0.98 = 3.58(\mathrm{kW})$，其余类推。

(3)各轴输入转矩。

由式(2-17)～式(2-21)得电动机轴输出转矩为

$$T_{\mathrm{d}} = 9550 \frac{P_{\mathrm{d}}}{n_{\mathrm{m}}} = 9550 \times \frac{3.80}{970} = 37.41(\mathrm{N \cdot m})$$

Ⅰ 轴　　　　　$T_{\mathrm{I}} = T_{\mathrm{d}} \cdot i_0 \cdot \eta_{01} = 37.41 \times 2.8 \times 0.96 = 100.56(\mathrm{N \cdot m})$

Ⅱ 轴　　　　　$T_{\mathrm{II}} = T_{\mathrm{I}} \cdot i_1 \cdot \eta_{12} = 100.56 \times 6.95 \times 0.95 = 633.93(\mathrm{N \cdot m})$

Ⅲ 轴　　　　　$T_{\mathrm{III}} = T_{\mathrm{II}} \cdot i_2 \cdot \eta_{23} = 663.93 \times 4.35 \times 0.95 = 2743.71(\mathrm{N \cdot m})$

Ⅳ 轴　　　　　$T_{\mathrm{IV}} = T_{\mathrm{III}} \cdot \eta_{34} = 2743.71 \times 0.97 = 2661.40(\mathrm{N \cdot m})$

Ⅰ轴～Ⅲ轴的输出转矩分别为各轴的输入转矩乘以轴承效率(0.98)。例如，Ⅰ轴的输出转矩为 $T_{\mathrm{I}}' = T_{\mathrm{I}} \times 0.98 = 100.56 \times 0.98 = 98.55(\mathrm{N \cdot m})$，其余类推。

各轴运动和动力参数的计算结果汇总于表2-7。

表 2-7　各轴运动和动力参数

轴名	功率 P/kW		转矩 $T/\mathrm{N \cdot m}$		转速 $n/(\mathrm{r/min})$	传动比 i	效率 η
	输入	输出	输入	输出			
电动机轴	—	3.80	—	37.41	970	2.8	0.96
Ⅰ 轴	3.65	3.58	100.56	98.55	346.43	6.95	0.95
Ⅱ 轴	3.47	3.40	663.93	650.65	49.85	4.35	0.95
Ⅲ 轴	3.30	3.23	2743.71	2688.84	11.46	1.00	0.97
Ⅳ 轴	3.20	3.14	2661.40	2608.17	11.46		

思　考　题

2-1　常用的机械传动形式有哪些特点？其适用范围怎样？

2-2　为什么一般带传动布置在高速级，链传动布置在低速级？

2-3　圆锥齿轮传动为什么布置在高速级？

2-4　蜗杆传动在多级传动中怎样布置较好？

2-5　选择电动机包括哪些内容？选用高转速电动机与低转速电动机各有什么优缺点？传动装置设计中所需的电动机参数有哪些？

2-6　计算传动装置的总效率要注意哪些问题？

2-7　合理分配传动比有什么意义？分配的原则是什么？

2-8　传动装置中各相邻轴间的功率、转矩、转速关系如何确定？同一轴的输入功率与输出功率是否相同？设计计算时用哪个功率？

第3章 减速器结构

齿轮减速器通常包括四部分：①齿轮、轴及轴承组合；②箱体；③附件；④润滑与密封。通过前修课程的学习，对齿轮、轴及轴承组合这部分已经有所了解。因此，本章主要介绍减速器的箱体、附件、润滑与密封这些和课程设计相关的基本知识。

3.1 减速器的箱体

减速器箱体用以支持和固定轴系零件，是保证传动零件的啮合精度、良好润滑及密封的重要零件，其重量约占减速器总重量的50%。因此，箱体结构对减速器的工作性能、加工工艺、材料消耗、重量及成本等有很大影响，设计时必须全面考虑。

减速器箱体可以制成剖分式或整体式。图 3-1 和图 3-2 都是剖分式箱体。卧式减速器多以轴的中面为分箱面，将箱体分为箱座和箱盖两部分(在大型立式减速器中也有采用两个剖分面的)。分箱面可制成水平的(图 3-1(a))或倾斜的(图 3-1(b))。水平的分箱面易于加工，倾斜的分箱面不利于加工，但对多级传动则又便于各级传动的浸油润滑。图 3-3(a)为齿轮传动的整体式箱体，图 3-3(b)为蜗杆传动的整体式箱体。整体式箱体加工量少、重量轻、零件少，但装配比较麻烦。

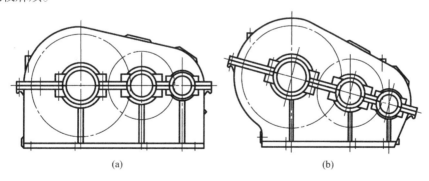

(a)   (b)

图 3-1 剖分式铸造箱体

减速器的箱体通常用 HT150 或 HT200 灰铸铁铸造而成(图 3-1 和图 3-3)，单件生产时也用钢板焊接而成(图 3-2)。也有箱座仍用铸件，而箱盖则用焊接件的箱体。铸造箱体刚性好，易得到美观的外形，适合成批生产，特别是用灰铸铁制造的箱体还易切削，但铸造箱体较重。焊接箱体重量轻、省材料、生产周期短，但要求较高的焊接技术，仅适用于单件生产。

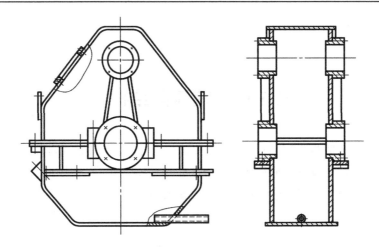

图 3-2　剖分式焊接箱体

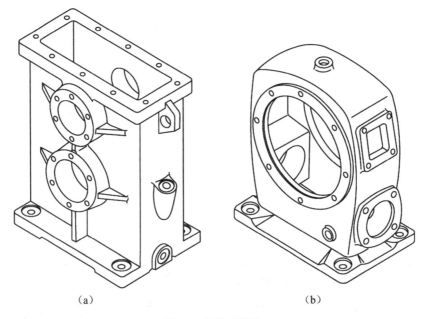

（a）　　　　　　　　　　　　　　　（b）

图 3-3　整体式箱体

　　减速器的箱体可制成直壁（图 3-1（a））或曲壁（图 3-1（b））等型式。前者结构简单，但重量较大；后者结构较复杂，但重量较轻。

　　各类铸造箱体减速器的结构见图 3-4～图 3-6。箱体是减速器中结构和受力最复杂的零件，目前尚无完整的理论设计方法，因此都是在满足强度、刚度的前提下，同时考虑结构紧凑、制造方便、重量轻及使用方便等方面的要求进行经验设计。图 3-7 及表 3-1、表 3-2 中的经验数据和公式可供设计箱体时参考，此外应注意以下几点。

　　（1）圆锥齿轮减速器最好以过小锥齿轮轴的轴心线的铅垂面作为减速器箱体的对称面。

　　（2）轴承螺栓孔的轴线应尽量与轴承座孔的轴线靠近（即图 3-4～图 3-6 所示尺寸 S 或图 3-7 所示尺寸 l_8 应尽可能小），以求增强轴承装置部分的强度与刚度，但应注意不要使轴承两边的螺栓孔与端盖的螺钉（或螺钉孔）发生干涉。

（3）连接箱体、箱盖的螺栓组应对称布置，螺栓数目由减速器结构及尺寸而定。钉距可大到 150～180mm，但不应小于扳手空间尺寸（即图 3-4～图 3-6 所示尺寸 C_1 和 C_2，见表 3-2，更多的结构情况见表 12-26）。

（4）减速器各轴承座孔的外端面应位于同一平面内，以利于加工。

（5）最终确定箱体深度 H_d 时，要综合考虑润滑、散热等方面的要求。当减速器输入轴与电机轴用联轴器直接相联时，减速器的轴心高最好与电机的轴心高一样，这样有利于制造机座及安装。一般要求 $H_d \geqslant d_a / 2 + (30 \sim 50)\,\mathrm{mm}$，其中 d_a 为浸入油池内的最大旋转零件的外径。

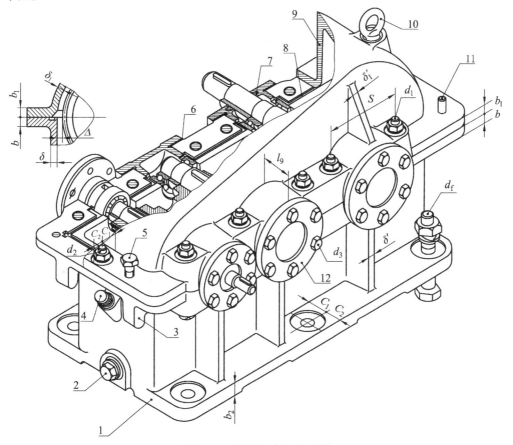

图 3-4　二级圆柱齿轮减速器

1-箱座；2-螺塞；3-吊钩；4-油标尺；5-启盖螺钉；6-油封垫片；
7-密封圈；8-油沟；9-箱盖；10-吊环螺钉；11-定位销；12-轴承盖

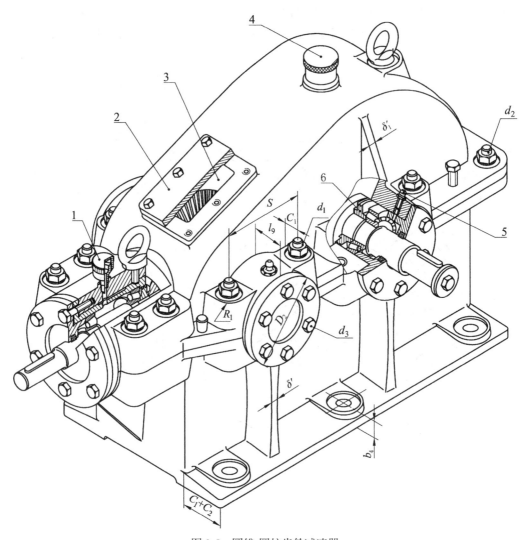

图 3-5　圆锥-圆柱齿轮减速器

1-油杯；2-检查孔盖板；3-检查孔；4-通气器；5-压注油杯；6-封油环

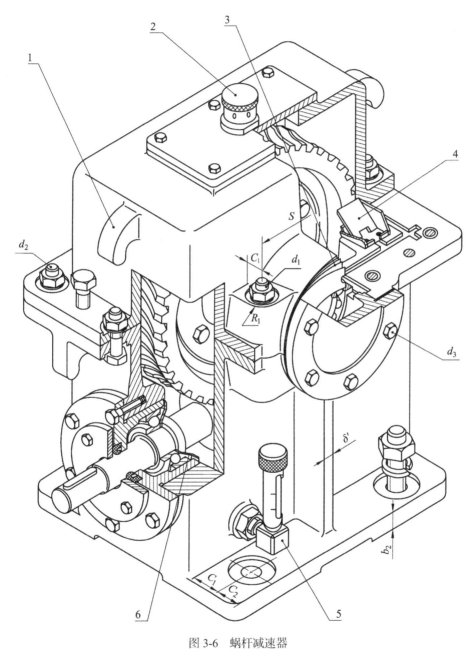

图 3-6 蜗杆减速器

1-吊钩；2-通气器；3-调整垫片；4-刮油板；5-管式油标；6-甩油板

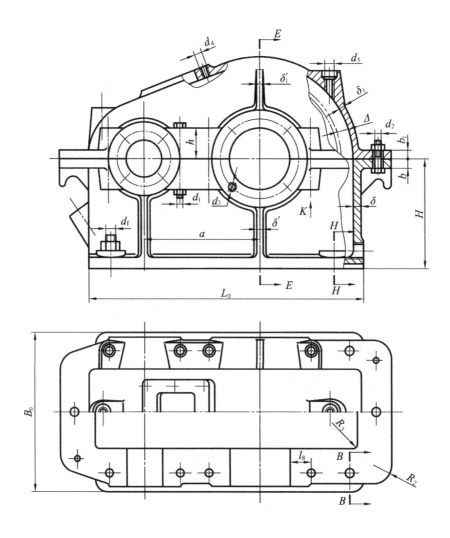

图 3-7 箱体

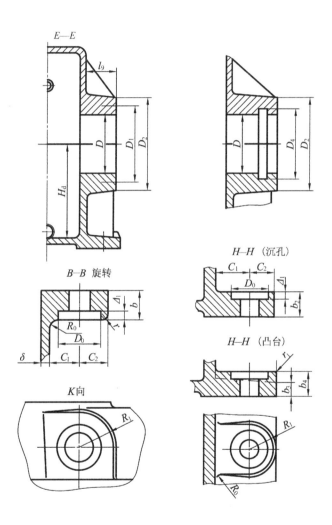

结构与尺寸

表 3-1　铸铁减速器的结构尺寸(图 3-7)　　　　　　　　(单位：mm)

代号	名称	减速器类型		
		一级(齿轮)	二级(齿轮)	蜗杆
δ	箱座壁厚	$a \leqslant 200$：$\delta \geqslant 6$；$a > 200$：$\delta \approx 0.025a+1$	$\delta \approx 0.025a_S+3 \geqslant 6$	$\delta \approx 0.04a+3 \geqslant 6$
δ_1	箱盖壁厚	$\delta_1 \approx (0.85 \sim 1)\delta \geqslant 6$		上蜗杆：$\delta_1 \approx \delta$；下蜗杆：$\delta_1 \approx 0.85\delta \geqslant 6$
δ'	箱座加强肋厚	$\delta' \approx 0.85\delta$		
δ_1'	箱盖加强肋厚	$\delta_1' \approx 0.85\delta_1$		
b	箱座分箱面凸缘厚	$b \approx 1.5\delta$		
b_1	箱盖分箱面凸缘厚	$b_1 \approx 1.5\delta_1$		
b_2	平凸缘底座厚	$b_2 \approx 2.35\delta$		
b_3, b_4	斜凸缘底座厚	$b_3 \approx 1.5\delta$，$b_4 \approx (2.25 \sim 2.75)\delta$		
d_f	地脚螺栓	$d_f \approx 0.036a+12$(多级传动以 a_S 代 a)		
d_1	轴承螺栓	$d_1 \approx 0.7d_f$		
d_2	连接分箱面的螺栓	$d_2 \approx (0.6 \sim 0.7)d_f$		
d_3	轴承盖螺钉	按轴承盖结构及尺寸确定(表 16-11)		
d_4	检查孔盖螺钉	参见表 16-1		
d_5	吊环螺钉	根据减速器的重量(表 16-3)按 GB 825—1988(表 16-2)确定		
n	地脚螺栓数	$n \approx \dfrac{L_0 + B_0}{200 \sim 300} \geqslant 4$；$L_0$、$B_0$ 分别为箱座底面的长和宽，其值由设计确定		
C_1, C_2 D_0, R_0 $R_1, r, r_1,$ Δ_1	凸缘上螺栓凸台的结构尺寸	参照表 3-2 的推荐值确定		
l_8	轴承座孔边缘至轴承螺栓轴线的距离	$l_8 \approx (1 \sim 1.2)d_1$		
l_9	轴承座孔外端面至箱外壁的距离	$l_9 \approx C_1 + R_1 + 3 \sim 5$		
$D_1, D_2,$ D_4	轴承座孔(D)处的直径	凸缘式轴承盖：D_1 按轴承盖相应的尺寸确定；D_2 应较轴承盖凸缘的外径大 5～8；嵌入式轴承盖：$D_2 \approx 1.35D$；D_4 应较轴承盖相应的尺寸大 1～2		
h	轴承螺栓的凸台高	根据低速级轴承座外径确定，以保证足够的螺母扳手空间为准		
H_d	箱座的深度	$H_d \geqslant r_a + 30$，r_a 为浸入油池内的最大旋转零件的半径		
R_2	箱体分箱面凸缘圆角半径	$R_2 \approx 0.7(\delta + C_1 + C_2)$		
R_3	箱体内壁圆角半径	$R_3 \approx \delta$		

注：①a_S 为低速级传动的中心距；
②圆锥齿轮减速器以两个锥齿轮的平均分度圆半径之和作为中心距 a 进行计算；
③轴承盖的尺寸见表 16-11 及表 16-12 或机械设计手册。

表 3-2　减速器凸缘上螺栓凸台的结构尺寸(图 3-7)　　　　　　　(单位：mm)

螺栓直径	尺寸代号										
	M6	M8	M10	M12	M14	M16	M18	M20	M24	M27	M30
C_{1min}	12	13	18	20	22	24	26	28	36	38	40
C_{2min}	10	11	14	16	18	20	22	24	30	34	35
D_0	15	18	25	28	30	35	38	40	45	55	60
R_{0max}	5						8			10	
r_{max}	3						5		8		
R_1	$\approx C_1$										
r_1	$\approx 0.2C_2$										
Δ_1	锪坑深度，以底面全部光洁平整为准										

3.2　减速器的附件

为了保证减速器的正常工作，除了对齿轮、轴、轴承组合和箱体的结构设计应给予足够重视，还应考虑到为减速器润滑油池注油、排油、检查油面高度、检修拆装时上下箱的精确定位、吊运等辅助零部件的合理选择和设计。现将减速器的主要附件分述如下(图 20-1)。

1. 检查孔和检查孔盖

为了检查传动零件的啮合情况，并向箱体内注入润滑油，应在箱体的适当位置设置检查孔。检查孔设在上箱盖顶部能够直接观察到齿轮啮合部位的地方。检查孔为长方形，其大小应允许将手伸入箱内，以便检验齿轮啮合情况。检查孔盖可用铸铁、钢板或有机玻璃制成，它与箱盖之间应加密封垫片。平时，检查孔的盖板用螺钉固定在箱盖上。检查孔及检查孔盖的主要尺寸见表 16-1。

2. 通气器

减速器工作时，箱体内温度升高，气体膨胀，压力增大。为使箱内受热膨胀的空气能自由地排出，以保持箱体内外压力平衡，不致使润滑油沿分箱面和轴伸或其他缝隙渗漏，通常在箱体顶部装设通气器。图 20-1 中采用的通气器是具有垂直相通气孔的通气螺塞，这种通气器结构较简单，用于工作环境较为清洁的场合。若环境多尘可采用有滤网的、防尘效果更好的通气器。通气螺塞旋紧在上箱盖顶部的螺孔中，也可设置在检查孔盖上。通气器的常见类型及其主要尺寸见表 16-10。

3. 轴承盖

为了固定轴系部件的轴向位置并承受轴向载荷，轴承座孔两端用轴承盖封闭。轴承盖有凸缘式和嵌入式两种(表 16-11 和表 16-12)。图 20-1 中采用的是凸缘式轴承盖，利用六角螺钉固定在箱体上。在轴伸处的轴承盖是有通孔的透盖，透盖中装有密封装置。凸缘式轴承盖的优点是拆装、调整轴承比较方便，但和嵌入式轴承盖相比，零件数目较多、尺寸较大，外观不够平整。

4. 定位销

为了精确地加工轴承座孔，并保证每次拆装后轴承座的上下半孔始终保持制造加工时的位置精度，应在精加工轴承座孔前，在上箱盖和下箱座的连接凸缘上配装定位销。图 20-1 中采用的两定位圆锥销分别安置在箱体纵向和横向两侧连接凸缘上，呈非对称布置以加强定位效果。圆锥销的标准见表 12-29。

5. 油面指示器

为了检查减速器内油池油面的高度，以便经常保证油池内有适当的油量，一般在箱体便于观察、油面较稳定的部位，装设油面指示器。图 20-1 中采用的油面指示器是油标尺。各种常用油面指示器结构与尺寸见表 16-6～表 16-9。

6. 放油螺塞

换油时，为了排放污油和清洗剂，应在箱体底部、油池的最低位置处开设放油孔，平时放油孔用带有细牙螺纹的螺塞堵住。放油螺塞和箱体接合面间应加防漏用的封油圈，封油圈的材料可以是防油橡胶、工业用革或石棉橡胶纸。外六角螺塞和封油圈见表 16-5。

7. 启盖螺钉

为了加强密封效果，通常在装配时于箱体剖分面上涂以水玻璃或密封胶，因而在拆卸时往往胶结紧密使分开困难。为此常在箱盖连接凸缘的适当位置加工出 1 或 2 个螺纹孔，旋入启箱用启盖螺钉，旋动启盖螺钉便可将上箱盖顶起。启盖螺钉的钉杆端部应制成圆柱形、大倒角或半圆形，以免启盖时损坏螺纹。为保证将箱盖顶起，启盖螺钉应有足够的螺纹长度。小型减速器也可不设启盖螺丝钉，启盖时用螺丝刀撬开箱盖。

8. 起吊装置

当减速器的重量超过 250N 时，为了便于搬运，常需在箱体上设置起吊装置，如在箱体上安装吊环螺钉(图 3-4)，用吊环螺钉时将增加箱体的机加工工序，所以常在箱体上直接铸出吊耳或吊钩等。图 20-1 中上箱盖铸有两个吊耳，下箱座铸出两个吊钩。吊环螺钉、吊耳和吊钩见表 16-2 和表 16-4。

3.3　减速器的润滑与密封

减速器传动件和轴承都需要良好的润滑，其目的是减少摩擦、磨损，提高效率，防锈，冷却和散热。减速器润滑对减速器的结构设计有直接影响，如油面高度和需油量的确定关系到箱体高度的设计，润滑方式影响滚动轴承的轴向位置和阶梯轴的轴向尺寸等。因此，在设计减速器结构前应先确定减速器润滑的有关主要问题。

3.3.1　传动件的润滑

减速器的齿轮和蜗杆传动除少数低速（$v < 0.5\text{m/s}$）小型减速器采用脂润滑外，绝大多数采

用油润滑，其主要润滑方式为浸油润滑。对于高速传动，则为喷油润滑。

1. 浸油润滑

浸油润滑是将齿轮、蜗杆或蜗轮等浸入油中，当传动件回转时，粘在上面的油液被带到啮合面进行润滑，同时油池中的油也被甩到箱壁，借以散热。这种润滑方式适用于齿轮圆周速度 $v \leqslant 12\text{m/s}$、蜗杆圆周速度 $v \leqslant 10\text{m/s}$ 的场合。

为了保证轮齿啮合的充分润滑，控制搅油的功耗和热量，传动件浸入油中不宜太浅或太深，合适的浸油深度见表 3-3 及图 3-8。

表 3-3　传动件浸油深度推荐值

减速器类型		传动件浸油深度
单级圆柱齿轮减速器(图 3-8(a))		$m \leqslant 20$ 时，h 约为 1 个齿高但不小于 10mm；$m>20$ 时，h 约为 0.5 个齿高(这里 m 为齿轮模数)
两级或多级圆柱齿轮减速器(图 3-8(b))		高速级大齿轮，h_f 约为 0.7 个齿高，但不小于 10mm；低速级大齿轮，h_s 按圆周速度而定，速度大取小值。当 $v=0.8\sim12\text{m/s}$ 时，h_s 为 1 个齿高(但不小于 10mm)～1/6 个齿轮半径；当 $v \leqslant 0.5\sim0.8\text{m/s}$ 时，$h_s \leqslant (1/6\sim1/3)$ 个齿轮半径
圆锥齿轮减速器(图 3-8(c))		整个齿宽浸入油中(至少半个齿宽)
蜗杆减速器	蜗杆下置(图 3-8(d))	$h_1=(0.75\sim1)h$，h 为蜗杆螺牙高，但油面不应高于蜗杆轴承最低一个滚动体中心
	蜗杆上置(图 3-8(e))	h_2 同低速级圆柱大齿轮浸油深度

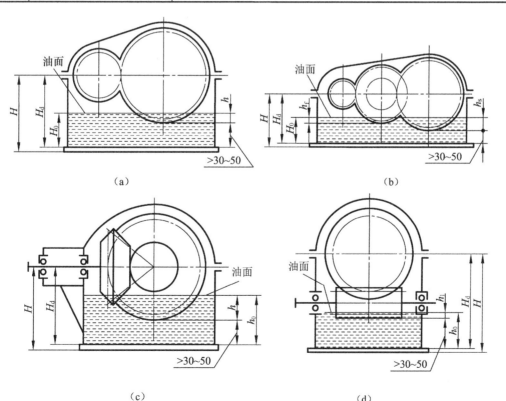

（a）　　　　　　　　　　　　　　　　　（b）

（c）　　　　　　　　　　　　　　　　　（d）

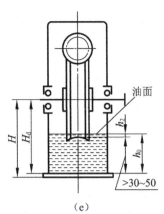

图 3-8　浸油润滑及浸油深度

对二级或多级齿轮减速器,设计时应选择合适的传动比,使各级大齿轮的直径大致相等,以便浸油深度相近。如果高、低速级大齿轮浸油深度不能满足表 3-3 的要求,则可采用以下方法。

(1)带油轮润滑(图 3-9),带油轮常用塑料制成,宽度为齿轮宽度的 $1/3\sim1/2$,浸油深度约为 0.7 个齿高,但不小于 10mm。

(2)带油环润滑(图 3-10),常用于立式减速器中。

(3)分隔式油池(图 3-11),即把高速级和低速级的油池隔开,分别确定相应的油面高度。

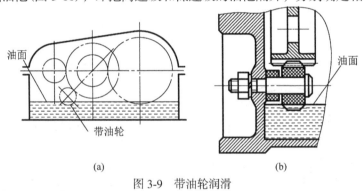

(a)　　　　　　　　　　　　　　　　　(b)

图 3-9　带油轮润滑

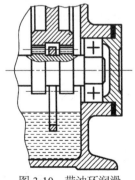

图 3-10　带油环润滑

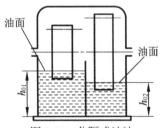

图 3-11　分隔式油池

对蜗杆减速器,当蜗杆圆周速度 $v<4\sim5\mathrm{m/s}$ 时,建议蜗杆置箱体下方(下置式蜗杆);当 $v>5\mathrm{m/s}$ 时,建议蜗杆置箱体上方(上置式蜗杆); $v>10\mathrm{m/s}$ 时,必须采用喷油润滑,以保证充分的润滑和散热。下置式蜗杆的油面浸到轴承最下面滚动体中心而蜗杆齿未能浸入油中(或浸油深度不足)时,可在直轴两侧分别装上溅油轮(图 3-12),以便能将油溅到蜗轮端面上,而后流入啮合面进行润滑。

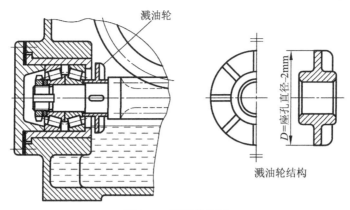

图 3-12　溅油轮润滑

浸油润滑时，为了避免大齿轮回转时将油池底部的沉积物搅起，大齿轮齿顶圆到油池底面的距离不应小于 30～50mm（图 3-8）。由此，在图上即可绘出合适的油面位置，然后量出油池的高度 h_0 及箱座底面的面积 S，从而能算出实际的装油量 V。V 应大于或等于传动的需油量 V_0，即 $V \geqslant V_0$。若 $V < V_0$，应将箱座底面向下移，增大油池高度，使满足 $V \geqslant V_0$ 的润滑条件。对于单级传动，每传递 1kW 的功率时，需油量 $V_0 \approx 350～700\text{cm}^3$。多级传动的需油量则按级数成倍地增加。

2. 喷油润滑

当齿轮圆周速度 $v > 12\text{m/s}$ 或蜗杆圆周速度 $v > 10\text{m/s}$ 时，不能采用浸油润滑，因为粘在轮齿上的油会被离心力甩掉而送不到啮合面，而且油被搅动过甚，致使油温升高、油起泡沫或氧化等。此时宜用喷油润滑，即利用油泵（压力为 0.05～0.3MPa）将润滑油从喷嘴直喷到啮合面上，如图 3-13 所示（图 3-13（b）适用于齿宽较大时的喷嘴）。当 $v \leqslant 25\text{m/s}$ 时，喷嘴位于轮齿啮出或啮入一边皆可；当 $v > 25\text{m/s}$ 时，喷嘴应位于轮齿啮出的一边，以借润滑油冷却刚啮合过的轮齿，同时对轮齿进行润滑。

喷油润滑也常用于速度并不高但工作繁重的重型减速器或需要借润滑油进行冷却的重要减速器。

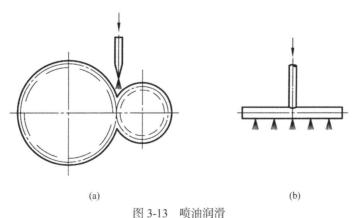

(a)　　　　　　　　　　　　　　　　(b)

图 3-13　喷油润滑

3.3.2　滚动轴承的润滑

1. 飞溅润滑

减速器只要有一个浸入油池的齿轮的圆周速度 $v \geqslant 1.5～2\text{ m/s}$，即可采用飞溅润滑来润滑轴承。当圆周速度较大(如 $v>3$ m/s)时，飞溅的油可形成油雾，直接溅入轴承室。有时由于圆周速度尚不够大或油的黏度较大，不易形成油雾，此时为了润滑可靠，常在箱座结合面上制出(铣或铸造)输油沟，让溅到箱盖内壁上的油汇集在油沟内，而后流入轴承进行润滑，如图 3-14 所示。在箱盖接合面与内壁相接的边缘处须制出倒棱，以便于油流入油沟，分箱面上油沟的断面尺寸见图 3-15。

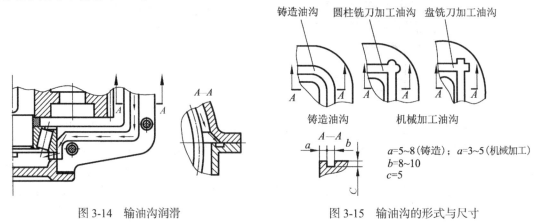

图 3-14 输油沟润滑　　　　　　　　图 3-15 输油沟的形式与尺寸

2. 刮油润滑

当浸入油池的传动零件的圆周速度 $v<1.5\sim2$ m/s 时，溅油效果不大，为了保证轴承的用油量，可用图 3-16 和图 3-17 所示的刮油板装置将油从浸油的旋转零件上刮下来，前者将刮下的油经输油沟流入轴承，后者则把刮下的油直接送入轴承。

刮油板装置中，固定的刮油板与传动零件的轮缘应保持 0.5mm 的间隙。因此传动零件轮缘的端面跳动就应小于 0.5mm，轴的轴向窜动也应加以限制。

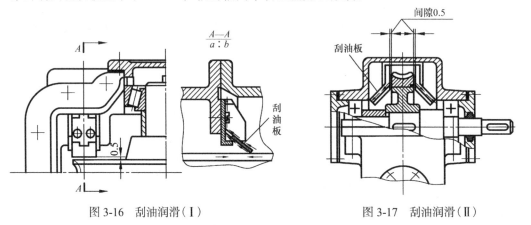

图 3-16 刮油润滑(Ⅰ)　　　　　　　　图 3-17 刮油润滑(Ⅱ)

3. 油浴润滑

下置式蜗杆的轴承由于位置较低，可以利用箱内油池中的润滑油直接浸浴轴承进行润滑，但油面不应高于轴承最低滚动体的中心线，以免搅油损失过大引起轴承发热。

4. 润滑脂润滑

当浸于油池中的传动件(高速级)的圆周速度 $v<2$ m/s 时，轴承宜采用润滑脂润滑，润滑

脂的充填量为轴承室的 1/3～1/2，每隔半年左右补充更换一次。

选择轴承润滑方式时，dn 值是重要参数，表 3-4 列出各种润滑方式容许的 dn 值的大致范围，供选择轴承润滑方式时参考。

表 3-4 滚动轴承在不同润滑方式下的 dn 容许值 （单位：mm·r/min）

轴承类型	脂润滑	油润滑			
		油浴、飞溅润滑	滴油润滑	喷油润滑	油雾润滑
深沟球轴承、调心球轴承、 角接球触轴承、圆柱滚子轴承	<180000	250000	400000	600000	>600000
圆锥滚子轴承	100000	160000	230000	300000	—
推力球轴承	40000	60000	120000	150000	—

注：d 为轴承内径，mm；n 为转速，r/min。

关于齿轮、蜗杆及轴承所用的润滑油(脂)的选择见表 14-1 和表 14-2 或机械设计教材及手册。

3.3.3 减速器的密封

1. 箱体的密封

为了保证箱盖与箱座接合面的密封，对接合面的几何精度和表面粗糙度应有一定要求，一般要精刨到 $Ra \leqslant 1.6\mu m$，重要的需刮研。凸缘处连接螺栓的间距不宜过大，小型减速器应小于 100～150mm。为了提高接合面的密封性，在箱座凸缘上面可铣出回油沟，使渗向接合面的润滑油流回油池，见图 3-18，回油沟尺寸见图 3-15。

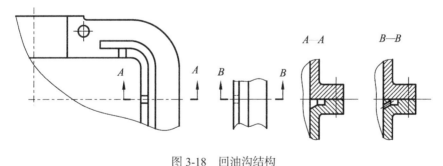

图 3-18 回油沟结构

2. 轴承的密封

轴承的密封主要是轴承端面与箱体内部及外部的密封。轴承与箱体内部的密封主要采用挡油盘(表 16-13)，这样做有两个目的：第一，轴承采用脂润滑，为防止箱内润滑油进入轴承，使润滑脂稀释而流出；第二，轴承采用油润滑，当小齿轮布置在轴承近旁，而且直径小于轴承座孔直径时，为防止齿轮啮合过程中挤出的润滑油大量进入轴承，应在小齿轮与轴承端面之间装设挡油盘。

轴承与外界的密封主要在输入轴或输出轴的外伸处，为防止润滑剂外漏及外界的灰尘、水分和其他介质渗入，造成轴承的磨损或腐蚀，要求设置密封装置。这种情况下的密封型式很多，可参考第 14 章中各表及机械设计教材或手册。

思　考　题

3-1　减速器箱体有哪些结构型式？各自有何特点？

3-2　减速器箱体上有关尺寸如何确定？需要考虑哪些主要问题？

3-3　减速器有哪些主要附件？各自的作用和结构特点如何？

3-4　减速器的润滑与密封包括哪些主要方面？它们是如何实现的？

第4章　传动零件设计计算

传动零件的设计计算包括确定传动零件的材料、热处理方法、参数、尺寸和主要结构。完成这些工作的目的是为装配图的设计做好准备。

由传动装置运动及动力参数计算得出的数据及设计任务书给定的工作条件,即为传动零件设计计算的原始数据。

关于各传动零件的设计计算方法,已在机械设计(基础)教材中学过,可参考教材复习有关内容。下面就传动零件设计计算的要求和应注意的问题进行简要的提示。

4.1　减速器外传动零件的设计计算

当所设计的传动装置中除减速器外还有其他传动零件(如带传动、链传动、开式齿轮传动等)时,通常首先设计计算这些零件。在这些传动零件的参数(如带轮的基准直径、链轮齿数、开式齿轮齿数等)确定后,外部传动的实际传动比便可确定,然后修改减速器的传动比,再进行减速器内传动零件的设计,这样会使整个传动装置的传动比累积误差减小。

通常,由于学时的限制,减速器以外的传动零件只需确定主要参数和尺寸,而不进行详细的结构设计。装配图只画减速器部分,一般不画外部传动零件。

1. 开式齿轮传动

设计开式齿轮传动须确定出模数、齿数、分度圆直径、齿顶圆直径、齿宽、轮毂长度以及作用在轴上力的大小和方向。

在选择和计算开式齿轮传动的参数时,应根据开式齿轮传动的承载能力(主要取决于轮齿弯曲疲劳强度)的特点,首先按照弯曲疲劳强度计算所需模数,在取标准值后,再选择计算其他参数。

开式齿轮应用于低速传动,通常采用直齿。由于工作环境一般较差,灰尘大、润滑不良,故应注意材料配对的选择,使之具有较好的减摩和耐磨性能。

开式齿轮轴的支承刚度较小。为减轻齿轮轮齿偏载的程度,齿宽系数宜取得小些。

尺寸参数确定后,应检查传动的外廓尺寸,若与其他零件发生干涉或碰撞,则应修改参数重新计算。在齿数确定后,应将开式齿轮传动的实际传动比计算出来。

2. 普通 V 带传动

设计普通 V 带传动须确定带的型号、带轮直径和宽度、中心距、带的根数及作用在轴上力的大小和方向。

在带轮尺寸确定后,应检查带传动的尺寸在传动装置中是否合适,例如,直接装在电动机轴上的小带轮,其外圆半径是否小于电动机的中心高;其轮毂孔径是否与电动机轴直径相等;大带轮外圆是否与其他零部件相碰等。如果有不合适的情况,应考虑改选带轮直径 d_{d1} 及

d_{d2} 重新设计计算。在带轮直径确定后应验算带传动的实际传动比。

在确定轮毂孔直径时，应根据带轮的安装情况分别考虑。当带轮直接装在电动机轴或减速器轴上时，应取毂孔直径等于电动机或减速器的轴伸直径；当带轮装在其他轴(如开式齿轮轴端或滚筒轴端等)上时，应根据轴端直径来确定。无论按哪种情况确定的毂孔直径一般均应符合标准规定，见表 10-6。

3. 链传动

设计链传动须确定链节距、齿数、链轮直径、轮毂宽度、中心距及作用在轴上力的大小和方向。

大、小链轮的齿数最好为奇数或不能整除链节数的数。为不使大链轮尺寸过大，以控制传动的外廓尺寸，速度较低的链传动齿数不宜取得过多。当采用单排链传动而计算出的链节距过大时，可改用双排链。为避免使用过渡链节，链节数最好取为偶数。

4.2　减速器内传动零件的设计计算

在减速器外部的传动零件设计完成后，应检验开始所计算的运动及动力参数有无变动。如果有变动，应进行相应的修改后，再进行减速器内传动零件的设计计算。

齿轮的设计计算可参考机械设计(基础)教材所示的步骤和公式进行。设计中应注意以下几点。

(1)齿轮材料及热处理方法的选择，要考虑到齿轮毛坯的制造方法。当齿轮的顶圆直径 $d_a \leqslant 500mm$ 时，一般采用锻造毛坯；当 $d_a > 500mm$ 时，因受锻造设备能力的限制，一般采用铸铁或铸钢铸造。当齿轮直径和轴的直径相差不大时，如图 4-1 所示，$d_a < 2d$ 或齿轮的齿根至键槽的距离小于两倍齿轮的模数，即 $X < 2m$ 时，齿轮和轴可制成一体，称为齿轮轴。同一减速器内各级大小齿轮的材料最好相同，以减少材料牌号和简化工艺要求。齿轮的结构及参考尺寸见机械设计(基础)教材或机械设计手册。

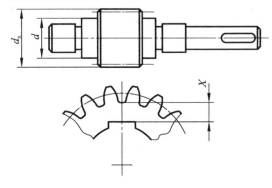

图 4-1　小齿轮的结构

(2)设计的减速器若为大批生产，为提高零件的互换性，中心距参数可参考标准减速器选取；若为单件或小批生产，中心距参数可不必取标准减速器数值。但为了制造、安装方便，最好使中心距的尾数为 0 或 5mm。直齿圆柱齿轮传动可通过改变齿数、模数或变位，斜齿圆柱齿轮传动除可通过改变齿数或变位，还可通过改变螺旋角，满足中心距尾数圆整的要求。

为保证计算和制造的准确性，斜齿轮的螺旋角 β 的数值必须精确到"秒"，齿轮分度圆直径必须精确到小数点后三位，绝对不允许随意圆整。

直齿圆锥齿轮的节锥距不要求圆整，按模数和齿数精确到小数点后三位数值，节锥角 δ 的数值精确到"秒"。

(3)蜗杆传动副材料的选择和滑动速度有关，一般在初步估计滑动速度的基础上选择材料，待参数计算确定后再验算滑动速度。蜗杆和蜗轮的结构可参见机械设计(基础)教材。为了便于加工，蜗杆和蜗轮的螺旋线方向应尽量选为右旋。在蜗杆传动几何参数确定后，应校核其滑动速度和传动效率，如果与初步估计有较大出入，应重新修正计算。

思 考 题

4-1　传动装置设计中，为什么一般要先计算传动零件?

4-2　在常用传动(带传动、链传动、齿轮传动、蜗杆传动等)的设计中，各自的设计计算准则、原始数据、必须取标准值的参数、圆整的参数及需要精确计算的参数有哪些?

4-3　如果要对圆柱齿轮传动的中心距数值进行圆整，有哪些途径?

第5章　减速器装配底图设计

5.1　设计前的资料和设计内容

装配图是设计者用来表达机器或部件的总体结构，以及零件、部件之间装配连接关系的图样，它在设计零件和装配生产过程中起着重要的作用，它是拆绘零件图的依据。

由于装配图的设计过程往往比较复杂，所以必须先从画底图着手，经过反复修改，逐步完善。在条件允许时，先做一次减速器拆装实验，了解减速器箱体的结构，以及轴和齿轮等的结构；了解轴上零件的定位和固定，齿轮和轴承的润滑、密封，以及减速器附属零件的作用、构造和安装位置等。装配底图的设计过程也是"边画图、边计算、边修改"的过程。画图与计算往往是交错进行的，不是所有的尺寸均由计算确定，计算仅仅确定零件的主要尺寸，其他尺寸则根据结构工艺或由经验公式确定。

5.1.1　设计前的资料

设计减速器装配底图前应准备好如下一些资料。

(1)电动机型号，查出电动机伸出轴的直径和长度、电动机的中心高和外形尺寸。

(2)各传动零件的主要尺寸，如齿轮或蜗杆传动的中心距、齿顶圆直径、齿宽等；带传动或链传动的中心距、轮子外缘直径和轮缘宽度等。

(3)减速器中各轴传递的转矩。

(4)根据轴传递的计算转矩$(T_c=K_A T)$，选出联轴器的型号，并查出联轴器毂孔直径范围、半联轴器毂孔长度，以及有关安装尺寸。

(5)根据轴承的工作要求，初选轴承的类型，确定滚动轴承的润滑方式。

(6)确定箱体的结构型式(如剖分式铸造箱体或焊接箱体等)。

5.1.2　设计内容

这一阶段的设计工作一般包括下列内容。

1. 初绘装配底图

(1)选择图纸幅面和比例尺，合理布置图面。

(2)选择便于表达主要零件装配关系的视图，确定传动零件与箱体之间的位置关系。

2. 轴系零部件设计与校核

(1)按扭转强度估算出轴的直径，并设计成阶梯轴。

(2)初步选择各轴的轴承型号，确定轴的跨距，分析轴所受的力，画出弯矩、转矩图。

(3)根据作用在轴承上的载荷，确定轴承的型号。

(4)选择并验算键连接。

(5)校核轴的弯、扭复合强度或精确验算轴的安全系数。

3. 完成齿轮等传动零件的结构设计以及轴承的润滑与密封结构设计

4. 完成减速器箱体及附件的结构设计

5.2　齿轮减速器装配底图设计

本节以图 5-1 所示带式输送机传动系统中的减速器为例,详细介绍装配底图的设计过程与步骤。以单级和两级展开式圆柱齿轮减速器为主要设计对象,同时对其他类型的齿轮减速器设计中需要注意的问题进行简要说明。

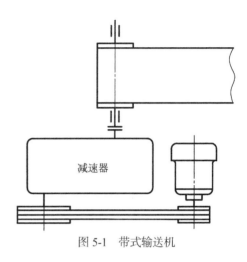

传动零件、轴、轴承和箱体是减速器的主要零件,其他零件的结构与尺寸都是随这些零件而定的。因此,在设计装配底图时,应按照先主要零件后次要零件,由箱体内到箱体外,先主体轮廓后局部细节的次序进行。绘图时要以一个视图为主,兼顾其他视图。

图 5-1　带式输送机

5.2.1　初绘装配底图

1. 按选定的图纸幅面和比例尺,合理布置图面

减速器装配图一般采用 A0 图纸绘制,对于尺寸较小的单级减速器也可采用 A1 图纸。绘图时先按标准图纸的规格画出图框线和标题栏,确定绘图的有效面积。在绘图的有效面积内,要能妥善布置视图、尺寸线、零件明细表、技术要求和减速器技术特性等内容,既不能显得过于拥挤,也不能太偏于图纸一侧。在全面考虑这些因素的基础上合理确定绘图的比例尺。为了增强真实感,方便绘图,优先选用 1∶1 的比例尺。

减速器装配图一般需要 2 或 3 个基本视图(主视图、俯视图和侧视图),辅以必要的局部视图或向视图来表达,主视图通常选择减速器的工作位置。

在主视图上画出减速器内部齿轮的中心线及轮廓线以及箱座的内壁线,估出减速器的中心高 H($H \approx$ 大齿轮顶圆半径+(30~50)mm+20mm,并将 H 值圆整),检查各传动件尺寸是否协调(图 5-2 和图 5-3)。

2. 确定传动零件与箱体之间的位置关系

为实现某一局部功能或动作装配在一起的一串零件称为装配线,其中,实现主要局部功能和主要动作,或含有较多零件的装配线为主要装配线。减速器主要装配线要在基本视图上取剖视来表达。减速器中各包含传动零件的轴系部件都是主要装配线,卧式齿轮减速器的各轴系部件轴线都与水平投影面平行。因此,齿轮减速器通常从画俯视图着手,以便于确定主要零件的位置,集中表达其装配关系。

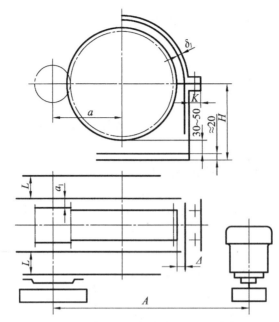

图 5-2　单级圆柱齿轮减速器底图绘制

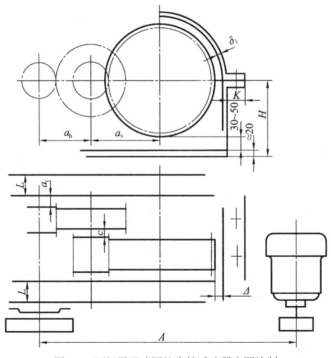

图 5-3　两级展开式圆柱齿轮减速器底图绘制

确定传动零件与箱体之间的位置关系，先从画俯视图着手，线条由内及外，先画出齿轮的中心线及轮廓线，其他细节结构暂不画出。小齿轮应比大齿轮宽 5~10mm，以免安装误差而减少轮齿的接触宽度。画箱体内壁线前，先确定大齿轮顶圆与箱内壁之间的距离 Δ，以及小齿轮端面与箱内壁之间的距离 a_1。对于两级展开式圆柱齿轮传动，要确定高速级大齿轮与低速级小齿轮之间的轴向距离 c。Δ、a_1 和 c 的值可查表 5-1。小齿轮顶圆与箱体内壁之间的距离因与箱体的结构设计有关，故暂时不画，以后由主视图上箱体结构的投影确定。这样，箱体内部各传动零件之间以及传动零件与箱体之间的位置基本确定。

在分箱面上，应设置分箱面连接螺栓和轴承旁连接螺栓。分箱面凸缘宽度 K，即其外缘到箱座外壁的距离，取决于分箱面连接螺栓的扳手空间，$K=C_1+C_2$。为保证轴承的支撑刚度，轴承螺栓处应设置凸台，其尺寸取决于轴承螺栓的扳手空间(图 3-7 及表 3-1)。轴承座孔外端面需要机械加工，为与非加工面分开，需设 3～5mm 的凸台。考虑轴承螺栓的扳手空间、轴承座孔外端面凸台高度和箱体壁厚，确定轴承座孔外端面位置，即可定出轴承座孔的深度 L(图 5-2 和图 5-3)。各轴承座的外端面应在同一平面内，以利于机械加工。这样，在俯视图上即可画出分箱面三个侧面的外边线。

初估轴承端盖凸缘及螺钉头厚度，考虑减速器伸出轴上旋转零件的内端面至端盖螺钉头顶面的距离 l_4(查表 5-1 和图 5-4、图 5-5)即可定出箱体外传动零件的位置。这样，减速器主要零件的相对位置基本确定。

画出带传动的中心距 A、带轮及电动机轮廓。检查带轮尺寸与传动装置外廓尺寸之间的相互关系：考虑电动机伸出轴的直径及电动机的中心高、小带轮的直径是否太小或过大，以及大带轮直径是否会过大而与底座相碰。如果检查后发现尺寸不合适，应重新分配传动比或重选小带轮直径，修改带传动计算。如果箱体外有链传动或开式齿轮传动，同样应检查相互之间有关的尺寸关系，同时要检查电动机和减速器之间是否留有足够的空间尺寸。

表 5-1　减速器零件的位置尺寸

符号	尺寸名称	大致数值
a_1	旋转零件端面至箱体内壁的距离	$a_1 \approx 10 \sim 15\text{mm}$；对于大型减速器，还可取得大一些。确定 a_1 值时应考虑铸造和安装精度
b，b_1	齿轮的宽度	由计算确定
B	轴承的宽度	根据轴承型号确定
c	旋转零件之间的距离	$c \approx 10 \sim 15\text{mm}$；对于大型减速器，还可取大些
Δ	齿轮顶圆至箱体内壁的距离	$\Delta \geqslant 1.2\delta$，其中 δ 为箱座壁厚
L	轴承座孔深度	$L=\delta+l_9$，l_9 为轴承座孔外端面至箱外壁的距离，见表 3-1
l	轴承之间的间距	由设计确定，对于锥齿轮悬臂轴支承距 $l \approx (2.5 \sim 3.0)d$，$d$ 为轴径
l_1	伸出轴上旋转零件的中面到最近支承点的距离	$l_1 = \dfrac{B}{2} + l_3 + l_4 + \dfrac{l_5}{2}$
l_2	滚动轴承的内端面至箱体内壁的距离	轴承用润滑油润滑时，$l_2 \approx 0 \sim 10$ mm；用润滑脂润滑时，在轴承内端面与箱壁之间要装封油环，要根据封油环结构而定，一般 $l_2 \approx 10 \sim 15$ mm
l_3	轴承盖内端面至端盖螺钉头顶面的距离	按端盖的结构、尺寸和密封形式而定
l_4	伸出轴上旋转零件的内端面至端盖螺钉头顶面的距离	$l_4 \approx 15 \sim 20$ mm
l_5	伸出轴上装旋转零件的轴段长度	按轴上零件的轮毂宽度和固定方法而定，可取 $l_5 \approx (1.2 \sim 1.5)d$，$d$ 为轴径
l_6	联轴器至端盖螺钉头顶面的距离	按联轴器的类型和安装尺寸而定
l_7	齿轮顶面(或端面)与轴外圆之间的距离	$l_7 \geqslant 20\text{mm}$

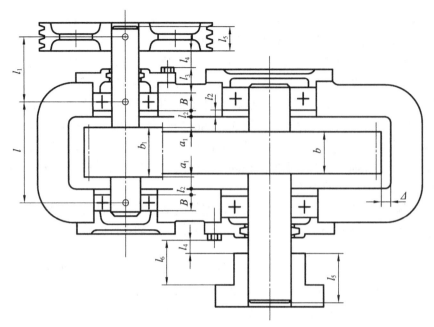

图 5-4　单级圆柱齿轮减速器零件的位置尺寸示意

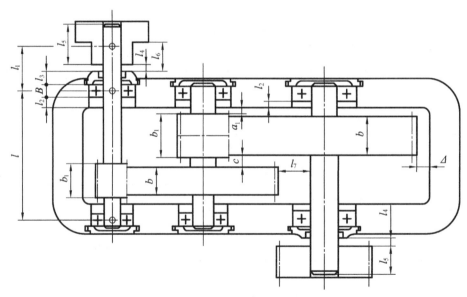

图 5-5　两级展开式圆柱齿轮减速器零件的位置尺寸示意

5.2.2　轴系零部件设计与校核

由于在这一阶段很多尺寸和参数要经过不断试算与反复改进才能逐步确定，所以在画图时对有些零件主要画出关键位置和主要轮廓，结构细节可以在校核完成后再画。例如，齿轮可先选择结构方案，只画出轮毂孔、端面、分度圆柱和齿顶圆柱轮廓；滚动轴承只画出外轮廓和支点位置；轴承的润滑和密封结构只画出外轮廓。

1. 按扭转强度初步确定各轴的直径和设计阶梯轴

减速器的轴通常既承受弯矩又传递转矩，但当轴的支点距离尚未确定时，先按扭转强度初步估算各轴的直径 d，然后以此 d 为基础将轴设计成阶梯轴，最后校核弯、扭复合强度或精确验算安全系数。按扭转强度估算直径 d 的公式为

$$d = C\sqrt[3]{\frac{P}{n}}(\text{mm})$$

式中，C 为与轴的材料有关的许用扭剪应力系数，按机械设计(基础)教材确定；P 为轴传递的功率，kW；n 为轴的转速，r/min；d 为承受转矩处轴的最小直径，为补偿键槽对轴的削弱，应把算出的直径 d 增大 3%(单键)或 7%(双键)。当初定的直径为轴的外伸段直径时，要使之与相配合的零件毂孔尺寸相协调。例如，减速器的高速轴若与电动机轴直接用联轴器连接，则高速轴伸出端的直径与电动机轴的直径不能相差太大，应考虑联轴器毂孔的最大、最小直径的允许范围。

　　轴的结构设计主要是合理确定各轴段的直径和各轴段的长度。现以单级圆柱齿轮减速器的输入轴为例，详细说明应如何考虑阶梯轴的设计(图 5-6)。中心线上(图 5-6(a))、中心线下(图 5-6(b))分别表示两种结构方案。

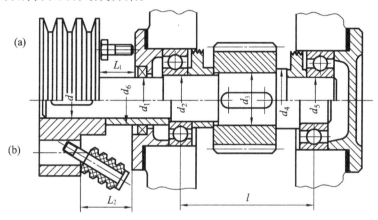

图 5-6　阶梯轴各段直径和长度的确定

　　如图 5-6(a)所示，若根据初步计算确定轴的最小直径 d=30mm，则其余各轴段的径向尺寸可确定为：d_1=40mm，d_2=45mm，d_3=48mm，d_4=56mm，d_5=45mm。图中 d 向 d_1 的变化考虑 V 带轮的轴向定位和轴向固定，故 d_1 较 d 相差大些，d_1 向 d_2 的变化是为了热配轴承时能顺利地通过 d_1 轴段，使轴承装拆方便，而装拆时又不致擦伤 d_1 轴段，且 d_2 轴段因与滚动轴承配合，故加工要求高，这样可减少精加工面。必须指出，d_2 的数值应符合滚动轴承的标准内径，不能任意选取。d_2 向 d_3 的变化是为了在装拆齿轮时能顺利通过轴段，且不致擦伤 d_2 轴段的表面，d_3 轴段的左端面不进行轴向定位及固定，不受轴向力，故 d_3 与 d_2 的直径差可小些，这样可减少切削加工量和材料消耗，并可降低应力集中。轴环的径向尺寸为 d_4，其左端面为齿轮的定位和轴向固定面，这时 d_4 的直径应足够大，以保证可靠地定位和传递轴向载荷，一般取轴径差为 5~10mm。d_5 应与 d_2 的直径相同，一般在两个支点采用相同型号的轴承。图 5-6 采用凸缘式轴承盖，轴承用润滑脂润滑，滚动轴承的内端面处装有内密封零件，对滚动轴承起到轴向定位和轴向固定作用。确定轴的外伸长度时，除应考虑外伸轴上零件的轴向尺寸外，还应考虑到拆装轴承盖螺钉所需的足够尺寸 L_1，以便能开启轴承盖添加润滑脂。

　　如图 5-6(b)所示，若按扭转强度初步估算轴的最小直径为 $d = 30$mm，则其他尺寸可定为：

$d_2 = 35mm$，$d_3 = 38mm$，$d_4 = 46mm$（查滚动轴承的安装尺寸），$d_5 = 35mm$，V 带轮采用轴套轴向定位和固定，轴套外径 $d_6 = 40mm$。当轴的伸出段装有弹性圆柱销联轴器时，应留有足够的装配用尺寸 L_2。

轴上有配合处的各段直径应取标准值，当轴上装有滚动轴承和密封件等标准件时，轴径应取相应的标准值。

图 5-6 中齿轮的右端面应与轴环（直径为 d_4）的左端面贴紧，当用轴套等零件来传递轴向载荷及轴向定位时，轴径变化的端面应比轴套、轮毂的接触面缩进一小段（1～3mm）轴向距离，以保证零件可靠地定位。例如，图 5-6 中的 d_3 轴段，其左端面比轴套、齿轮的接触面缩进一小段距离，以保证轴套或内密封零件能顶靠在轴承和齿轮轮毂的端面上。

2. 初步选择减速器中各轴的轴承型号，确定轴的跨距

根据对滚动轴承的工作要求，首先选择减速器中各根轴上滚动轴承的类型，然后根据安装轴承处轴的直径，初步选择滚动轴承的型号。

滚动轴承的内端面至箱体内壁之间的距离 l_2（图 5-4 和图 5-5）与滚动轴承的润滑方式有关。当减速器中有一个齿轮的圆周速度 $v \geqslant 2m/s$ 时，滚动轴承就可以靠飞溅来的油润滑，此时 l_2 的值取得较小。如果齿轮的圆周速度较低，工作时不能把箱体内润滑齿轮的油带到轴承中，则轴承一般采用润滑脂润滑，即在装配时将润滑脂填入轴承孔中。为防止当齿轮运转时箱体内润滑油可能进入轴承，同时为防止润滑脂流失，轴承的内侧端面应安装密封件（图 5-6），此时轴承内侧端面至箱体内壁之间的距离应考虑滚动轴承内密封零件的安装尺寸。轴承在轴上的位置确定后，就可定出轴的跨距 l。

减速器中其余各轴的结构设计，以及确定轴跨距的方法与上述基本相同。这样，就可以由图 5-2 和图 5-3 进一步设计成图 5-7 和图 5-8 的结构形状。

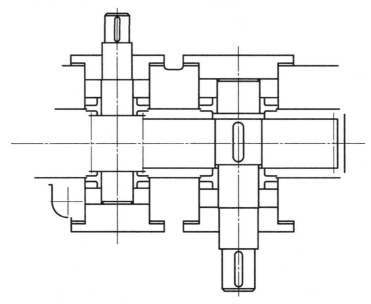

图 5-7 单级圆柱齿轮减速器轴的结构设计

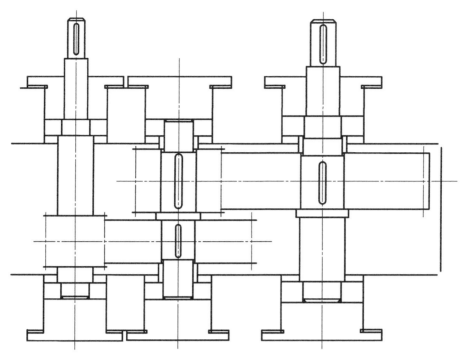

图 5-8　两级展开式圆柱齿轮减速器轴的结构设计

3. 计算轴承所受的载荷，确定轴承的型号

底图中的轴承型号开始是初步选定的，不一定适用。当轴的跨距确定以后，根据轴上传动零件的作用力，就能计算轴承所受的载荷，然后验算轴承的额定动载荷或进行寿命计算。滚动轴承的寿命可根据轴承要求的使用年限折算成小时数，轴承的使用寿命可参考有关设备的滚动轴承使用寿命的推荐值。当轴承寿命低于减速器中齿轮的使用周期时，可取轴承的寿命作为减速器的检修期，到期更换轴承。

当通过计算需要改变初步选定的轴承型号(如改变轴承类型或直径系列)时，有可能要修改轴承的轴向位置，改变轴的跨距。

4. 选择联轴器，选择并验算键连接

当在外伸轴段上安装联轴器时，先根据工作要求及联轴器的特点，选择联轴器的类型，然后根据计算转矩，确定联轴器的型号。

减速器中的传动零件与轴一般采用普通平键连接。键连接按挤压强度进行校核。

5. 校核轴的强度

分析计算轴所受的力，画弯矩、转矩图，校核轴的弯、扭复合强度或精确验算轴的安全系数。校核轴的强度时，根据轴径和载荷，考虑影响轴疲劳强度的因素(精确验算时)，确定1 或 2 个危险剖面，按弯、扭复合强度进行校核或精确验算轴的安全系数。具体计算方法可参见机械设计(基础)教材。

6. 其他齿轮减速器轴系部件设计

同轴式圆柱齿轮减速器、单级圆锥齿轮减速器，以及两级圆锥-圆柱齿轮减速器底图的设计过程与上面大致相同。

确定同轴式圆柱齿轮减速器零件之间的相互位置时，先从减速器里面的支承考虑起，然后在该支承的两侧画齿轮的轮廓线和箱体的内壁线，确定箱体凸缘尺寸和轴承座凸缘宽度尺寸，以及定出滚动轴承的内端面至箱体内壁之间的距离，确定轴的跨距 l，如图 5-9 所示。

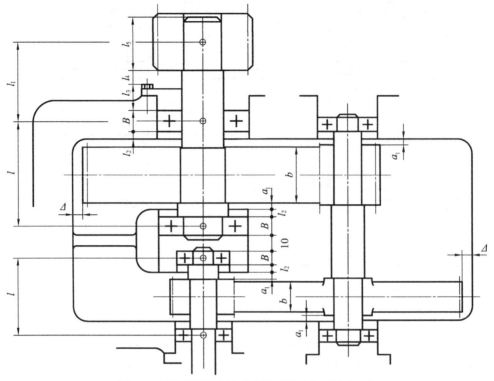

图 5-9　同轴式圆柱齿轮减速器零件的位置尺寸示意

对于单级圆锥齿轮减速器和两级圆锥-圆柱齿轮减速器，多以小圆锥齿轮的轴心线作为减速器箱体的对称中心线。小圆锥齿轮轴的组合结构设计可参见机械设计(基础)教材，底图设计时确定零件间位置关系见图 5-10 和图 5-11，图中零件之间的位置尺寸见表 5-1。图 5-12 给出了轴的结构设计阶段两级圆锥-圆柱齿轮减速器底图。

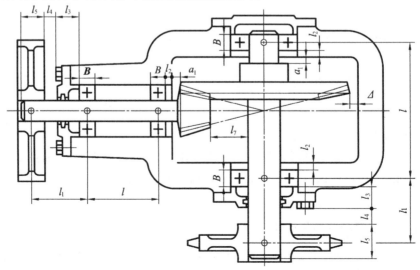

图 5-10　单级圆锥齿轮减速器零件的位置尺寸示意

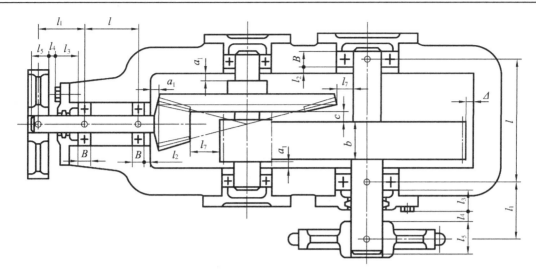

图 5-11　两级圆锥-圆柱齿轮减速器零件的位置尺寸示意

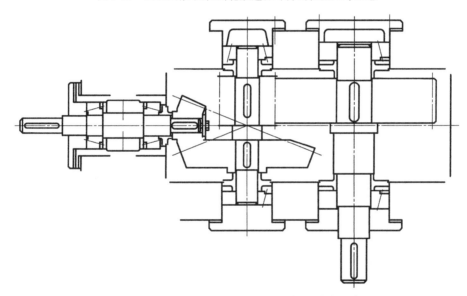

图 5-12　两级圆锥-圆柱齿轮减速器轴的结构设计

5.2.3　齿轮的结构设计及轴承的润滑和密封结构设计

齿轮的结构设计在机械设计(基础)教材中已有较为详细的介绍,此处不再赘述;滚动轴承的润滑与密封结构设计可参照 3.3 节及第 14 章,挡油盘结构参见表 16-13。至此,轴系部分结构设计基本完成,图 5-13～图 5-15 分别给出了这一阶段所绘制的单级圆柱齿轮减速器、两级展开式圆柱齿轮减速器和两级圆锥-圆柱齿轮减速器底图。

5.2.4　箱体及附件的结构设计

在设计箱体和附件结构时,应注意次序:先箱体、后附件,先主体、后局部,先轮廓、后细节。有关箱体的结构尺寸可见图 3-7 及表 3-1,附件的结构与尺寸可参见表 16-1～表 16-12。

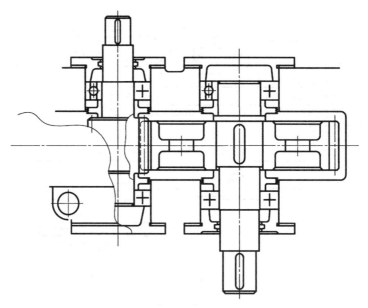

图 5-13　单级圆柱齿轮减速器轴系结构设计

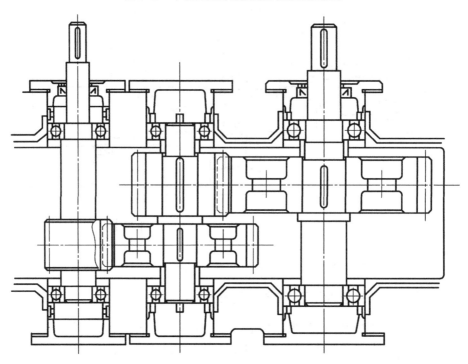

图 5-14　两级展开式圆柱齿轮减速器轴系结构设计

　　箱体是减速器中结构和受力情况最为复杂的零件，设计过程中要特别注意处理好功能、结构特征与加工工艺性之间的关系，绘图时要注意各视图之间的对应关系，主视图、俯视图和左视图协调进行。图 5-16 和图 5-17 给出了油标尺安装凸台和高速轴一侧轴承螺栓凸台的投影关系示意。

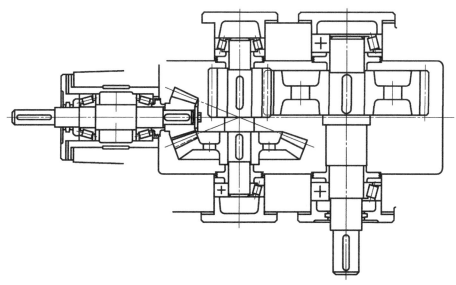

图 5-15   两级圆锥-圆柱齿轮减速器轴系结构设计

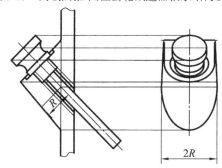

图 5-16   油标尺安装凸台投影关系示意

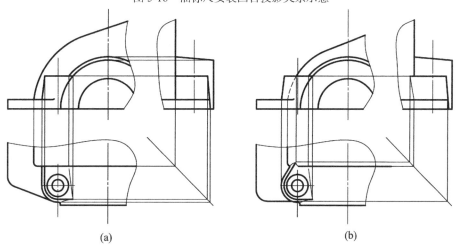

(a)   (b)

图 5-17   轴承螺栓凸台投影关系示意

5.3   蜗杆减速器装配底图设计

蜗杆减速器装配底图的设计方法和步骤与齿轮减速器基本相同。由于蜗杆减速器中蜗杆和蜗轮的轴线是交错布置的，难以在一个视图上同时表达主要零件装配关系，所以在设计时，一般先从主视图和左视图着手(图5-18),在两个视图中分别画蜗杆和蜗轮的中心线与轮廓线,零件之间的相互位置尺寸可查表5-1。现以单级蜗杆减速器为例,说明其设计特点。

(1)下置式蜗杆减速器润滑条件较好,应优先采用。当蜗杆圆周速度太高($v > 4 \text{m/s}$)时,搅油损失大,才设计成上置式蜗杆减速器,蜗杆传动采用蜗轮轮齿浸油润滑,但蜗杆轴承难以用减速器中的润滑油润滑,故一般采用润滑脂润滑。

(2)为提高蜗杆轴的刚度,应尽可能地缩短其支点距离。因此,蜗杆轴的轴承座体常伸入箱体的内部,确定其内部尺寸时,应使轴承座与蜗轮外圆保持距离 Δ(图5-18)。

(3)画左视图时,先画蜗轮齿宽和蜗轮轮毂宽度。蜗轮两端面至箱体内壁的距离 a_1 根据表5-1 为 10~15mm,但在设计蜗杆减速器时不能依此数据来确定箱体内壁的宽度。这样将太窄,不仅散热面积太小,而且箱座下部的结构形状会复杂(图5-18)。因此,可根据要求的散热面积或蜗杆轴承盖的尺寸来确定箱体的宽度。

蜗杆和蜗轮轴跨距的确定方法与齿轮轴跨距类同。

(4)蜗杆减速器的箱体结构除采用剖分式外,也可采用整体式。具体结构可参考有关资料。

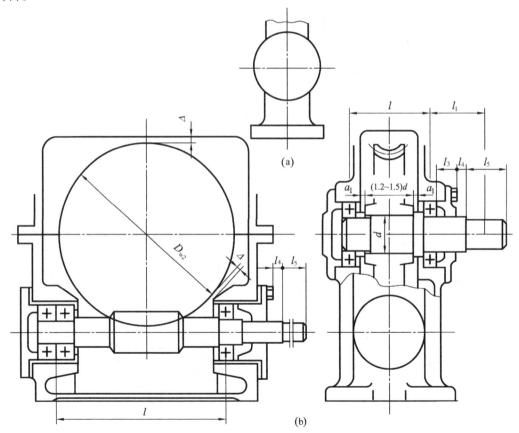

图 5-18 蜗杆减速器零件的位置尺寸示意

5.4 减速器装配底图示例

图 5-19~图 5-21 分别给出了单级圆柱齿轮减速器、圆锥-圆柱齿轮减速器和蜗杆减速器的装配底图。

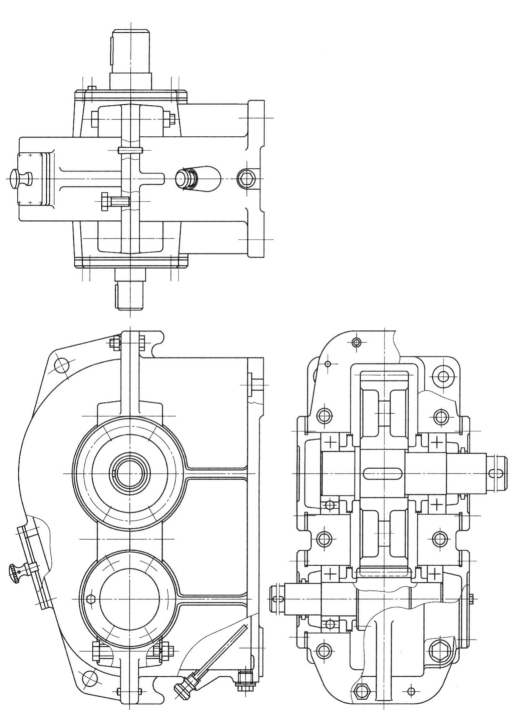

图5-19　单级圆柱齿轮减速器装配底图

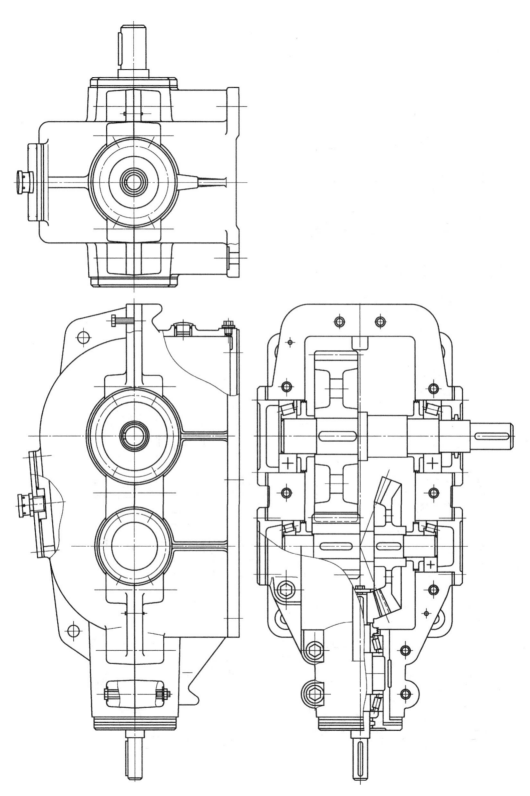

图5-20　圆锥-圆柱齿轮减速器装配底图

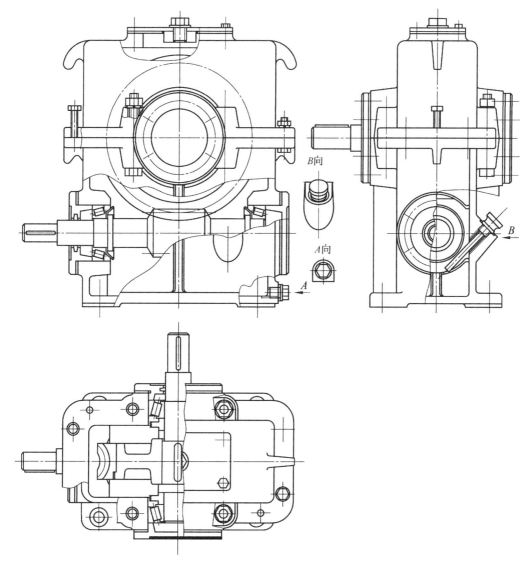

图 5-21　蜗杆减速器装配底图

5.5　正误结构分析及装配底图的审查

完成减速器装配底图后，应认真地进行审查，并进行必要的修改。圆柱齿轮减速器装配底图设计阶段中常见的正误结构对比见图 5-22、图 5-23 及表 5-2。

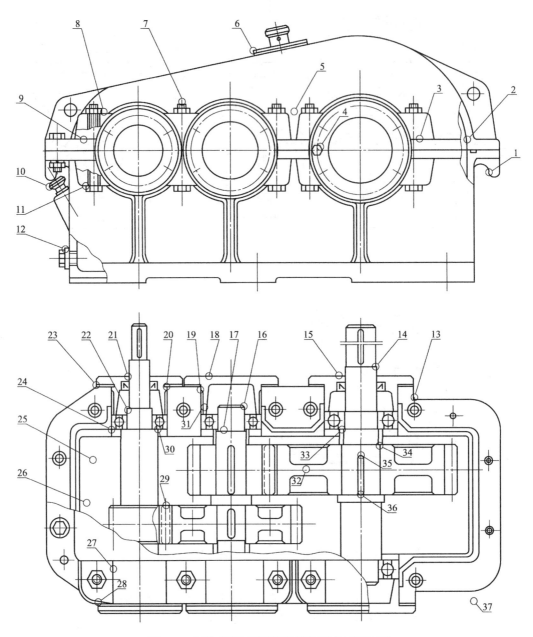

图 5-22　圆柱齿轮减速器装配底图常见错误示例

各序号见表 5-2

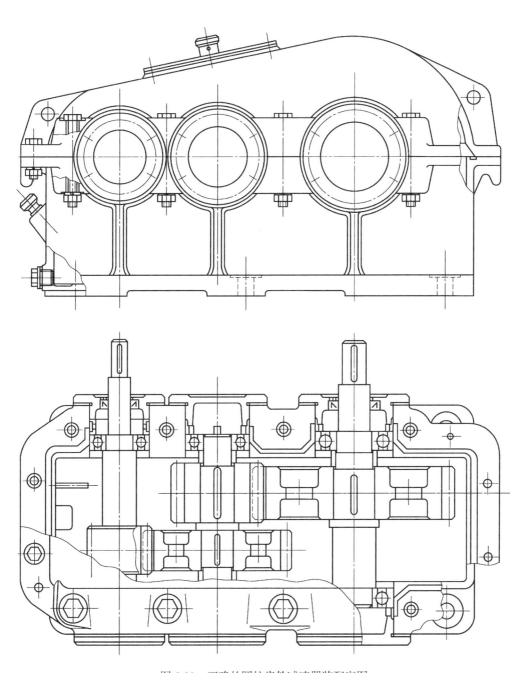

图 5-23　正确的圆柱齿轮减速器装配底图

表 5-2　圆柱齿轮减速器装配底图常见错误分析

序号	错误(或不好)的原因
1	吊钩的形状使铸造工艺性不好
2	轴承采用油润滑，但箱盖内侧与箱座接合面处未倒边，油不能流入输油沟内
3	凸台与箱体凸缘相贯的表达方法不对
4	固定轴承盖的螺钉不应设在箱体结合面处
5	两凸台间形成狭缝，铸造工艺性不好
6	窥视孔太小，位置也不合理，不便于观察齿轮的啮合情况，且无密封垫片
7	螺栓长而箱座矮，螺栓无法从下面装入
8	螺母支承面处应进行加工(锪平或设沉头座)，并考虑防松措施
9	同 3
10	油尺座孔不够倾斜，无法进行加工和装拆油标尺
11	螺栓支承面处应进行加工
12	放油孔位置高，油污不能排尽。此处箱体应设有凸台，并考虑密封
13	箱体凸缘太窄，无法加工凸台的沉头座
14	轴肩太矮，不能保证轴上零件的轴向定位
15	轴承盖上应设有工艺孔，以便于拆卸密封件
16	轴端伸出太长，不利于轴承装拆(图 5-22 其他支承处也有类似弊病)
17	轴的阶梯应设置在与齿轮配合处的末端，以便于齿轮装拆
18	轴承盖外端面加工面大
19	轴承盖与轴承座孔的配合面小，拧紧螺钉时不易保证轴承盖的对中性
20	垫片孔径太小，不能装入轴承盖
21	轴承盖(不动件)与轴(转动件)之间应留有间隙
22	轴颈过长，不便于轴承装拆
23	轴承孔端面处无凸起的加工面
24	输油沟中的油易直接流回油池，流不进油室，达不到润滑轴承的目的
25	漏画油标尺在俯视图上的投影
26	漏画集油槽在俯视图上的投影
27	相贯线画法不对
28	同 23

续表

序号	错误(或不好)的原因
29	大小齿轮同宽，难以保证两齿轮沿全齿宽啮合(低速级齿轮也存在这个问题)
30	轴肩过高，轴承无法拆卸
31	轴承盖没有开槽，输油沟中的油无法进入轴承
32	大齿轮的腹板没有开孔
33	套筒的长度应大于配合轴段的长度，以保证轴上零件的轴向定位
34	齿轮轮毂长度应大于配合轴段长度，以保证齿轮的轴向定位
35	轴上键槽离台阶太远，装配时轮毂上的键槽不易对准轴上的键
36	键槽离轴肩过渡圆角太近，加剧应力集中
37	漏画箱座底凸缘的投影

思　考　题

5-1　装配底图的作用是什么？绘制减速器装配底图前应确定哪些参数？

5-2　绘制减速器装配底图从何处入手？为什么？

5-3　减速器装配底图的主要设计步骤是什么？

5-4　二级同轴式圆柱齿轮减速器、圆锥-圆柱齿轮减速器及蜗杆减速器装配底图的设计有哪些特点？

5-5　在减速器装配底图设计过程中要进行哪些设计计算？

5-6　在轴系部件的组合设计中，轴上零件的定位、轴的各段直径及长度、轴直径过渡处圆角半径是如何确定的？

5-7　退刀槽的作用是什么？尺寸如何确定？

5-8　减速器装配底图上常见的结构错误有哪些？

第6章 装配工作图设计

经过装配底图设计，减速器各零件的结构及其装配关系已经确定。但是作为完整的装配工作图，还有许多内容需要完成。

在装配工作图设计阶段中，仍从设计的基本原则出发，对装配底图设计的结构进行认真的分析和改进。因为在设计中可能会发现零件之间或者部件之间存在某些不协调、制造或装配工艺方面的欠妥之处，这些需要在装配工作图设计中得到改进。

机械设备的装配工作图是制造、安装、使用和维护等环节的指导性技术文件，同时是供技术人员熟悉和研究机械内部结构原理的重要资料。因此，装配工作图应当清晰、准确地表示出机械的构造、所有零部件的形状和尺寸、相关件间的连接性质，以及整个机械的工作原理等。此外，还应表示出机械中各零部件的装配和拆卸的可能性及次序，以及调整和使用维护方法等。

装配工作图的主要内容有：按国家机械制图标准规定画法绘制各视图；标注必要的尺寸及配合关系；编注零件、部件的序号；绘制标题栏及明细表；编制减速器技术特性表；编注技术条件等，现分别说明如下。

6.1 装配工作图各视图的绘制

装配工作图应选择 2 或 3 个基本视图为主，和必要的剖视、剖面或局部视图加以辅助。要尽量将减速器的工作原理和主要装配关系集中表达在一个基本视图上。例如，齿轮减速器可取拆掉箱盖的俯视图作为集中表达的基本视图；蜗杆减速器可取主视图和左视图(或俯视图)作为集中表达主要装配关系的基本视图。

装配工作图各视图都应当完整、清晰，避免采用虚线表示零件的结构形状。必须表达的内部结构或某些附件的细部结构，可以采用局部剖视图表示。

画剖视图时，相邻接的零件的剖面线方向或剖面线的间距应取不同，以便区别。对于剖面宽度较小(≤2mm)的零件，其剖面线允许采用涂黑表示。应该特别注意同一零件在各视图上，其剖面线方向和间距应取一致。

装配工作图上某些结构允许采用机械制图标准规定的简化画法。

6.2 装配工作图上的尺寸标注

装配工作图是安装减速器时所依据的图样，因此在装配工作图上应标注相关零件的定位尺寸、减速器的外廓尺寸、零件间的配合关系及配合尺寸等。至于各零件的结构形状尺寸及公差，则不标在装配工作图上，而应在零件工作图上加以标注。装配工作图上应该标注的尺寸如下。

1. 特征尺寸

特征尺寸是指表明减速器的性能、规格和特性的尺寸，如传动零件的中心距及偏差等。

2. 配合尺寸

传动零件与轴，联轴器与轴，轴承与轴，轴套与轴，挡油盘与轴，轴承外圈、轴承端盖与箱体轴承座孔等的连接尺寸均属配合尺寸。上述这些配合尺寸应在装配工作图上标出，为零件工作图设计提供依据。

配合和精度等级选择得是否适当对减速器的工作性能、加工工艺、制造成本均有很大影响，应根据《互换性与技术测量》教材及其他有关资料认真选定。减速器主要零件的荐用配合见表 6-1。

表 6-1　减速器主要零件的荐用配合

配合零件	荐用配合	装拆方法
一般情况下的齿轮、蜗轮、带轮、链轮、联轴器与轴的配合	$\dfrac{H7}{r6}$ ，$\dfrac{H7}{n6}$	用压力机
圆锥小齿轮及常拆卸的齿轮、带轮、链轮、联轴器与轴的配合	$\dfrac{H7}{m6}$ ，$\dfrac{H7}{k6}$	用压力机或手锤打入
蜗轮轮缘与轮芯的配合	轮箍式：H7/s6 螺栓连接式：H7/h6	加热轮缘或用压力机
滚动轴承内圈与轴、外圈与箱体孔的配合	内圈与轴：j6，k6 外圈与孔：H7	温差法或用压力机
轴套、挡油盘、溅油轮与轴的配合	$\dfrac{D11}{k6}$ ，$\dfrac{F9}{k6}$ ，$\dfrac{F9}{m6}$ ，$\dfrac{H8}{h7}$ ，$\dfrac{H8}{h8}$	徒手装配与拆卸
轴承套杯与箱体孔的配合	$\dfrac{H7}{js6}$ ，$\dfrac{H7}{h6}$	
轴承盖与箱体孔(或套杯)的配合	$\dfrac{H7}{d11}$ ，$\dfrac{H7}{h8}$	
嵌入式轴承盖的凸缘厚与箱体孔凹槽之间的配合	$\dfrac{H11}{h11}$	
与密封件相接触轴段的公差带	f9，h11	

3. 安装尺寸

减速器本身需要安装在基础上或机械设备的某部位上，减速器还要与电动机或与其他传动部分相连接，这就需要标注一些安装尺寸。例如，箱体底面的尺寸，地脚螺栓孔的直径和中心距，地脚螺栓孔的定位尺寸，主动轴与从动轴外伸端直径及配合长度，外伸端的中心高，伸出轴端面距箱体某基准面的外伸长度等。

4. 外形尺寸

外形尺寸表明减速器占有的空间尺寸，如减速器的总长、总宽及总高，以供包装运输和布置安装场所参考。

标注尺寸时，尺寸线的布置应力求整齐、清晰，并尽可能集中标注在反映主要结构关系的视图上。多数尺寸应注在视图图形的外边。

6.3 零件序号、标题栏和明细表

为了便于读图、装配和做好生产准备工作，必须对装配工作图上每个不同的零件、部件进行编号，同时编制出相应的标题栏和明细表。

1. 零件序号的编注

零件序号的编注应符合我国机械制图标准的有关规定，避免出现遗漏和重复。编号应将所有零件按顺序整齐排列。形状、尺寸及材质完全相同的零件应编为一个序号。编号用细实线引到视图的外面，引线之间不应相交，也不要平行，更不应与视图中剖面线相平行，对于装配关系明显的零件组，如螺栓、螺母及垫圈等零件组，可利用一个公用的指引线，但应分别给予编号，见图 6-1。

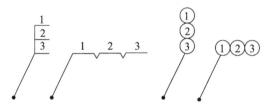

图 6-1 公用指引线序号编注

各独立部件，如滚动轴承、通气器和油标等，虽然由几个零件组成，也只编一个序号。序号应安排在视图的外边，并沿水平方向及垂直方向以顺时针或逆时针顺序排列整齐，要求字体工整且字高要比尺寸数字高度大一两号。

2. 标题栏和明细表

标题栏应布置在图纸的右下角，用以说明减速器的名称、视图比例、件数、重量和图号。

明细表是减速器所有零部件的详细目录。应注明各零部件的序号、名称、数量、材质及标准规格等。填写明细表的过程，也是最后确定各零部件的材质和选定标准件的过程，应尽量减少材料的品种和标准件的规格种类。

明细表应自下而上按顺序填写。各标准件均须按规定标记书写。材料应注明牌号。明细表和标题栏的格式见表 10-3 和表 10-4。

6.4 减速器的技术特性

减速器的技术特性通常采用表格形式布置在装配工作图的空白处，所列项目见表 6-2。

表 6-2 减速器的技术特性

输入功率 /kW	输入轴转速 /(r/min)	效率 /%	总传动比 i	传动特性					
				传动级	m_n	z_1	z_2	β	精度等级
				高速级					小齿轮
									大齿轮
				低速级					小齿轮
									大齿轮

6.5　编写技术要求

技术要求(或技术条件)是根据设计要求而决定的。应该运用文字或符号注写在装配工作图的适当位置上。一般应包括关于装配、调整、检查和维护等方面的内容，兹简述如下。

1. 对齿轮接触斑点的要求

接触斑点是由传动件的精度等级所决定的，各具体数值可查表 18-24、表 18-34 和表 18-51。接触斑点的检查，通常是在主动轮齿面上涂色，当主动轮回转 2~3 周后，观察从动齿轮的着色情况，分析接触区的位置和接触面积，看其是否符合要求。

当接触斑点没有达到精度要求时，应该调整传动件的啮合位置，或进行负载跑合以提高接触精度。

2. 对滚动轴承安装和调整的要求

滚动轴承工作过程中必须保证一定的游隙。游隙过大将使轴承松动，轴系发生窜动；若游隙过小，轴系运转的阻力增加，影响其正常工作，严重时会将轴承卡死，致使轴承损坏。对于游隙不可调的轴承(深沟球轴承)，可在轴承外圈端面与轴承盖间留有适当间隙 Δ($\Delta = 0.2\sim$ 0.5mm)，跨度尺寸越大，此间隙应越大，反之应取较小值。当采用可调游隙的轴承(角接触球轴承和圆锥滚子轴承)时，其游隙值较小，应仔细调整。

轴向游隙的调整方法简述如下：如图 6-2 所示，在将轴承组合装入箱体轴承座孔后，先不加调整垫片将端盖装在轴承座上，再拧紧轴承端盖的连接螺钉使端盖的端面顶紧轴承外套圈的端面，使轴转动感到困难，即完全消除轴承内部游隙。这时利用塞尺测出轴承端盖凸缘和箱体轴承座端面的间隙 δ，如图 6-2 (a) 所示。然后拆下端盖，将厚度等于 $\delta+\Delta$ 的调整垫片置于轴承端盖和箱体之间，重新装上端盖拧紧螺钉，这时轴承组合便具有膨胀需要的轴向游隙 Δ，如图 6-2(b) 所示。轴向游隙的其他调整方法可参见机械设计(基础)教材或机械设计手册。

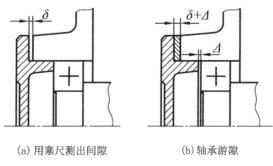

(a) 用塞尺测出间隙　　　　　　(b) 轴承游隙

图 6-2　滚动轴承游隙的调整

3. 对齿轮啮合侧隙的要求

齿轮副的侧隙要求应根据工作条件用最大极限侧隙 j_{nmax}(或 j_{tmax})与最小极限侧隙 j_{nmin}(或 j_{tmin})来规定。j_{nmax} 与 j_{nmin} 值可参考互换性与技术测量教材或机械设计手册计算出来。

侧隙的检查可以用塞尺或压铅法进行。压铅法是将铅丝放在齿槽上，然后转动齿轮压扁铅丝，测量出被压扁的铅丝厚度即侧隙。

当侧隙不符合要求时，可通过调整传动件的位置来满足要求。对于圆锥齿轮的传动，可通过增减垫片的厚度调整大小圆锥齿轮的位置，使两轮锥顶重合。对于蜗杆传动，可调整蜗轮轴轴承盖与箱体之间的垫片(一端加垫片，另一端减垫片)，使蜗轮中间平面通过蜗杆的轴线。

4. 对箱盖与箱座接合面的要求

接合面严禁用垫片。必要时允许涂密封胶或水玻璃。在拧紧连接螺栓前，应用 0.05mm 的塞尺检查其密封性。运转过程中不允许有漏油和渗油现象。

5. 试验要求

(1)空载试验。在额定转速下正、反转各回转 1～2 小时，要求运转平稳、响声均匀且小，连接不松动，不漏油不渗油等。

(2)负载试验。在额定转速及额定功率下进行试验至油温稳定。油池温升不得超过 35℃，轴承温升不得超过 40℃。

6. 擦洗及涂漆要求

经试运转检验合格后，用煤油擦洗所有零部件，并用汽油洗净滚动轴承待装。如果滚动轴承采用润滑脂润滑，则应向轴承空腔内加入适量的(约为空腔体积的 1/2)润滑脂，然后进行装配。

箱体未经切削加工的外表面应清除砂粒，并涂以某种颜色油漆。

7. 起吊要求

搬动、起吊减速器时应用底座上的吊钩。箱盖上的吊环螺钉(或吊耳)只供起吊箱盖时用。

8. 润滑剂要求

润滑剂要求包括减速器中传动零件及轴承使用的润滑剂品种、用量及更换时间。

选择润滑剂时，应综合考虑传动类型、载荷性质以及运转速度等因素。闭式齿轮传动的特点是齿面接触应力较高，因此要求润滑油具有较高的抗压能力。常用润滑油品种类及黏度的选择见表 14-1 和表 14-2。

当传动件与轴承采用同一润滑剂时，应优先满足传动件的要求，并适当兼顾轴承的要求。对多级传动，应按高速级和低速级对润滑剂黏度的平均值来选择润滑剂。

润滑油应装至油面规定高度(见第 3 章)，换油时间取决于油中杂质的含量及氧化与污染的程度，一般半年左右更换一次。

6.6　装配工作图的检查

待上述工作完成之后，应按下列各项内容检查图纸的质量。

(1)检查视图，看其是否清楚地表达了减速器的工作原理和装配关系，投影关系是否正确，是否符合机械制图国家标准。

(2)检查各零、部件的结构，看其是否有错误，装拆、调整、维修等是否可行和方便。

(3)检查各项尺寸的标注是否正确，重要零件的位置及尺寸(如齿轮、轴承、轴等)是否与设计计算相一致。相应的其他零件的尺寸是否协调一致，各处配合与精度的选择是否适当。

(4)编注的技术特性表内各项数据是否准确无误，技术条件中所列的各项是否合理。

(5)仔细检查零件的编号，看是否重复或者遗漏。标题栏和明细表的格式、项目是否正确，填写内容是否有错误等。

(6)在绘制零件工作图中，如果发现装配工作图里某些结构、尺寸等不合理，应及时加以修正。

对于装配工作图，要仔细检查修改。所有文字和数字均应按机械制图国家标准规定的格式与字体清晰且工整书写，并保持图面整洁美观。

思 考 题

6-1 装配工作图包含哪些内容?

6-2 装配工作图上应标注的尺寸有哪几类? 这些尺寸起什么作用?

6-3 如何选择减速器主要零件的配合和精度? 滚动轴承与轴和座孔的配合如何标注?

6-4 装配工作图中的技术要求有哪些内容?

6-5 检查装配工作图应从哪几方面考虑?

第7章　零件工作图设计

零件工作图是制造、检验和制定零件工艺规程的基本技术文件。它是在装配工作图的基础上拆绘和设计而成的。它既要反映设计者的意图，又要考虑制造、装拆的可能性和结构的合理性。零件工作图应该包括制造和检验零件所需的全部详细内容。例如，视图、尺寸与公差、几何公差、表面粗糙度、材料及热处理要求，以及上述各项中尚未表明的技术条件等说明。根据课程设计的教学要求，可绘制零件工作图 2 或 3 张(由指导教师规定)。

7.1　零件工作图设计的要求

1. 视图的安排

每个零件必须单独绘制在一张标准图纸中。应合理地选用一组视图(包括基本视图、剖面图、局部剖视图和其他规定画法)，将零件的结构形状和尺寸都完整、准确而清晰地表达出来。比例尺应尽量采用 1：1，以增强零件的真实感。必要时，可适当放大或缩小，放大或缩小的比例尺也必须符合标准规定。对于零件的细部结构(如退刀槽、圆角过渡和需要保留的中心孔等)，如有必要，可以采用局部放大图。

图面的布置应根据视图的轮廓大小，考虑标注尺寸、书写技术条件，以及绘制标题栏等占据的位置进行全盘安排。

零件的基本结构与主要尺寸均应根据装配图来绘制，即与装配图相一致，不得随意改变。如果必须改动，则应对装配图进行相应的修改。

2. 尺寸的标注

在零件工作图上标注的尺寸和公差是加工与检验零件的依据，必须完整、准确而且合理。尺寸和公差的标注方法应该符合标准规定，符合加工工序要求，还应便于检验。标注尺寸与公差时应注意下列各点。

(1)正确选定基准面和基准线。

(2)零件的大部分尺寸尽量集中标注在最能反映该零件结构特征的一个视图上。

(3)图面上应有供加工与检测所需要的足够尺寸和公差，以避免在加工过程中进行任何换算。

(4)所有尺寸应尽量标注在视图的轮廓之外，尺寸引出线只能引到可见轮廓线上。尺寸线之间最好不交叉，以免看错尺寸。

(5)对于配合处的尺寸及精度较高部位的几何尺寸，均应根据装配图中已经确定了的配合性质和精度等级，查有关公差表，注出各自尺寸的极限偏差。例如，装配图上注出的齿轮与轴的配合部分尺寸和配合性质为 $\phi 60H7/n6$，由公差表按 n6 查出轴上、下极限偏差为+0.039和+0.020，则轴的该部分直径尺寸记为 $\phi 60^{+0.039}_{+0.020}$。齿轮的零件工作图中孔的极限偏差则应按

H7 查公差表得到上、下极限偏差为+0.030 和 0，所以齿轮零件工作图中孔的直径应该记为 $\phi 60^{+0.030}_{0}$。此外，轴颈的直径尺寸，箱体上的中心距尺寸、轴与键相配合的键槽尺寸等都须在零件工作图上标注尺寸及相应的极限偏差值。

3. 表面粗糙度的标注

零件表面的粗糙度选择得恰当与否，将影响零件表面的耐磨性、耐腐蚀性、零件的抗疲劳能力及其配合性质等，也直接影响零件工艺和制造成本。因此，确定零件表面粗糙度时，应根据零件的工作要求、精度等级和加工方法等综合考虑，慎重选定。在不影响零件正常工作的前提下，尽量选用 Ra 值较大的粗糙度，否则将使零件的加工费用增高。

零件粗糙度的选择通常采用类比法。表 7-2、表 7-3 和表 7-5 可供选用时参考。

零件的所有表面均应注明其粗糙度。若有较多的表面具有相同的粗糙度，可在零件工作图的标题栏附近统一标注，以避免在图形中出现多处同样标注，使图形更加清晰、整洁。表面粗糙度标注方法见表 17-22。

4. 几何公差的标注

零件工作图上应标注必要的几何公差，以保证减速器的装配质量和工作性能。这也是评定零件加工质量的重要指标之一。不同零件的工作性能要求不同，所需标注的形位公差项目及等级也不相同。

轴、齿轮和箱体零件工作图中应标注的形位公差项目和荐用精度等级见表 7-1、表 7-4、表 18-15 和表 18-16、表 18-36～表 18-38、表 18-52 和表 18-53。

5. 技术条件

当零件在制造时必须保证的技术要求不便用图形或符号表示时，均可用文字简明扼要地书写在技术条件中。不同零件的技术条件也不尽相同，通常按照如下方面进行编制。

(1) 对铸造或锻造毛坯的要求。例如，要求毛坯表面不允许有毛刺、氧化皮；箱体件在机械加工前必须经时效处理等。

(2) 对材料热处理方法及达到的硬度等要求。

(3) 对机械加工的要求。例如，是否要求保留中心孔，若要求保留中心孔，则零件工作图上应当画出；若不允许保留，则在技术条件中写明；若图中未画出，技术条件中又未写明，则表示加工后中心孔可有可无。又如，对于箱体上的定位销孔，一般要求上、下箱体配钻和配铰，也应在技术条件中写明。

(4) 其他要求。例如，对未注明的倒角、圆角的说明；对零件局部修饰的要求，如要求涂色、镀铬等；对于高速、大尺寸的回转零件，常要求做静、动平衡的试验等。

此外，是否有允许替代的材料，如果有，则应写明替代材料的牌号及热处理要求等；是否要打钢印及打印的位置；对于检验、包装和运输等方面有否要求等。总之，技术条件的内容很广，课程设计中可由指导教师酌情指定编写几项即可。

6. 标题栏

零件工作图的标题栏位置布置在图幅的右下角，用以说明该零件的名称、材料、数量、图号、比例及责任者姓名等。其规格尺寸如表 10-4 所示。

7.2 轴类零件工作图设计

1. 视图的安排

轴类零件的结构特点是各组成部分常为同轴线的圆柱体及圆锥体,带有键槽、退刀槽、轴环、轴肩、螺纹段及中心孔等。因此,一般只画一个基本视图,即将轴线水平横置,且使键槽朝上,便能全面表达轴类零件的外形与尺寸。再在键槽、圆孔等处加画辅助的断面图。对零件的细部结构,如退刀槽、砂轮越程槽、中心孔等处,必要时可画出局部放大图加以辅助。

2. 尺寸的标注

轴类零件应该标注各段直径尺寸、长度尺寸、键槽和细部结构尺寸等。

为了保证轴上所装零件的轴向定位,标注轴各段的长度尺寸时,应根据设计和工艺要求确定主要基准和辅助基准,并选择合理的标注形式。在安装齿轮的轴上常选用齿轮的定位轴肩、轴环或以滚动轴承的轴肩作为标注轴向尺寸的基准。要避免标注成封闭形式,长度尺寸精度要求较高的部分应当直接注出,精度要求不高的某一长度尺寸可不予标注。轴的直径尺寸和轴的长度尺寸的标注如图 7-1 所示。

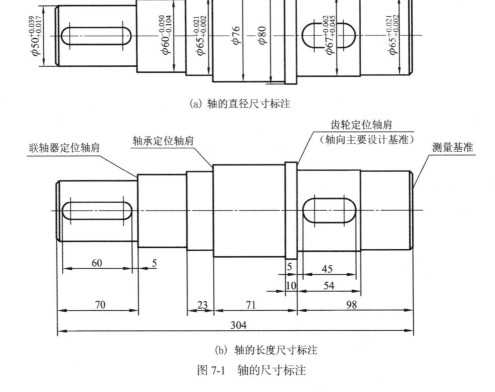

(a) 轴的直径尺寸标注

(b) 轴的长度尺寸标注

图 7-1 轴的尺寸标注

3. 公差及表面粗糙度的标注

轴的重要尺寸(如安装齿轮、链轮及联轴器部位的直径)均应依据装配图上所选定的配合性质查出公差值并标注在零件图上;轴上装轴承部位直径公差,应根据轴承的配合性质查公差表后加以标注；键槽尺寸及公差也应依键连接公差的规定进行标注。

轴类零件工作图除须标注上述各项尺寸公差之外，还须标注必要的几何公差，以保证轴的加工精度和装配质量。表 7-1 给出了轴几何公差的推荐标注项目和精度等级。几何公差的具体数值由表 17-10～表 17-13 查取。标注方法见轴的零件工作图(图 20-13)及表 17-10～表 17-13 标注示例。

表 7-1　轴的形位公差推荐标注项目和精度等级

类别	标注项目	精度等级	对工作效能的影响
形状公差	与滚动轴承相配合的直径的圆柱度	6	影响轴承与轴配合松紧及对中性，也会改变轴承内圈跑道的几何形状，缩短轴承寿命
跳动公差、位置公差与方向公差	与滚动轴承相配合的轴颈表面对中心线的圆跳动	6	影响传动件及轴承的运动(偏心)
	轴承定位端面对中心线的垂直度或端面圆跳动	6	影响轴承的定位，造成轴承套圈歪斜；改变跑道的几何形状，恶化轴承的工作条件
	与齿轮等传动零件相配合表面对中心线的圆跳动	6～8	影响传动件运动(偏心)
	齿轮等传动零件的定位端面对中心线的垂直度或端面圆跳动	6～8	影响齿轮等传动零件的定位及其受载均匀性
	键槽对轴心线的对称度(要求不高时可不注)	7～9	影响键受载的均匀性及装拆的难易

由于轴的各部分精度不同，加工方法不同，表面粗糙度也不同。轴加工表面粗糙度的选择见表 7-2，其标注方法见表 17-22 及图 20-13。

表 7-2　轴加工表面粗糙度 Ra 推荐值　　　　　　　　　　(单位：μm)

类别	表面粗糙度			
与传动件及联轴器等轮毂相配合的表面	0.8 或 1.6			
与滚动轴承相配合的表面	1.0(轴承内径 $d \leqslant 80$mm) 或 1.6(轴承内径 $d > 80$mm)			
与传动件及联轴器相配合的轴肩端面	3.2			
与滚动轴承相配合的轴肩端面	2.0			
平键键槽	3.2 (工作面)、6.3 (非工作面)			
密封处的表面	毡圈式	橡胶油封式		油沟及迷宫式
	与轴接触处的圆周速度			3.2 或 1.6
	≤3m/s	>3～5m/s	>5～10m/s	
	1.6 或 0.8	0.8 或 0.4	0.4 或 0.2	

4. 技术条件

轴类零件工作图上的技术条件包括如下内容。

(1)对材料和表面性能的要求，如所选材料牌号及热处理方法、热处理后应达到的硬度值等。

(2)中心孔的要求应写明。如果零件工作图上未画中心孔，应在技术条件中注明中心孔的类型及国标代号，或在图上作指引线标出。

(3)对图中未注明的圆角、倒角尺寸及其他特殊要求的说明等。

图 20-13 为轴的零件工作图图例，供参考。

7.3 齿(蜗)轮类零件工作图设计

1. 视图的安排

齿(蜗)轮可视为回转体，一般用 1 或 2 个基本视图即可表达清楚。选择主视图时，常把齿(蜗)轮的轴线水平横置，且用全剖或半剖视图表示孔、键槽、轮毂、轮辐及轮缘的结构；左或右视图可以全部画出，以表示齿(蜗)轮的轮廓形状和轴孔、键槽、轮毂、轮缘等整体结构；也可以只表示轴孔和键槽的形状与尺寸，而绘成局部视图。总之，齿(蜗)轮类零件工作图的视图安排与轴类零件工作图很相似。

2. 尺寸、公差与表面粗糙度的标注

齿(蜗)轮类零件工作图上的尺寸标注按回转体尺寸的标注方法进行。以轴线为基准线，轮毂孔的端面为轴向的尺寸基准。既要注意不要遗漏，如圆角、倒角、斜度、锥度、键槽尺寸等，又要避免重复。

齿(蜗)轮的分度圆直径是设计计算的公称尺寸，齿顶圆直径、轮毂直径、轮辐(或腹板)等尺寸都是加工生产中不可缺少的尺寸，都应该标注在图纸上。齿根圆直径则是根据其他尺寸参数加工的结果，按规定应不予标注。

齿(蜗)轮类零件工作图上所有配合尺寸或精度要求较高的尺寸均应标注尺寸公差、形位公差。齿(蜗)轮的毛坯公差对齿轮、蜗杆传动精度影响很大，也应根据齿轮的精度等级，查表 18-15 和表 18-16、表 18-36～表 18-38、表 18-50 和表 18-51 进行标注。齿(蜗)轮的轴孔是加工、检验和装配时的重要基准，其直径尺寸精度要求较高。应根据装配图上选定的配合性质和公差精度等级，查公差表，标出各极限偏差值。齿(蜗)轮的形位公差还包括键槽两个侧面对中心线的对称度公差，按 7～9 级精度选取，查表 17-13。

此外，还要标注齿(蜗)轮所有表面相应的表面粗糙度值，见表 7-3，标注方式见表 17-22。

表 7-3 齿(蜗)轮加工表面粗糙度 Ra 推荐值 (单位：μm)

加工表面		齿轮工作面与齿顶圆	轮毂孔	定位端面	轮圈与轮芯的配合表面	平键键槽	自由端面、倒角表面
精度等级	7	见表 18-25、表 18-39 及表 18-54	0.8	1.6	0.8	工作表面：3.2 或 6.3 非工作表面：6.3 或 12.5	12.5 或 6.3
	8		1.6	3.2	1.6		
	9		3.2	3.2	1.6		

3. 啮合特性表

齿(蜗)轮的啮合特性表应布置在零件工作图幅的右上角。其内容包括齿(蜗)轮的基本参数(模数 m_n、齿数 z、齿形角 α 及斜齿轮的螺旋角 β 等)、精度等级和相应各检验项目的公差值(参见第 18 章，或互换性与技术测量教材、机械设计手册)。

图 20-14～图 20-18 是齿(蜗)轮类零件工作图，供设计时参考。

7.4　箱体零件工作图设计

1. 视图的安排

箱体(箱盖或箱座)零件的结构较复杂。为了把它的各部分结构表达清楚，通常不能少于三个基本视图，另外还应增加必要的剖视图、向视图和局部放大图。

2. 尺寸的标注

箱体的尺寸标注比轴、齿轮等零件要复杂得多。标注尺寸时，应注意下列各点。

(1)要选好基准。最好采用加工基准作为标注尺寸的基准，这样便于加工和测量。例如，箱座和箱盖的高度尺寸最好以分箱面(加工基准面)为基础。箱体宽度尺寸应采用宽度对称中心线作为基准。箱体长度尺寸可取轴孔中心线作为基准。

(2)机体尺寸可分为形状尺寸和定位尺寸。形状尺寸是箱体各部位形状的尺寸，如壁厚、圆角半径、槽的深宽、箱体的长宽高、各种孔的直径和深度及螺纹孔的尺寸等，这类尺寸应直接标出，而不应有任何运算。定位尺寸是确定箱体各部位相对于基准的位置尺寸，如孔的中心线、曲线的中心位置及其他有关部位的平面与基准的距离等，这类尺寸都应从基准或辅助基准)直接标注。

(3)影响机械工作性能的尺寸(如箱体孔的中心距及其偏差)应直接标出，以保证加工准确性。

(4)配合尺寸都应标出其偏差。标注尺寸时应避免出现封闭尺寸链。

(5)所有圆角、倒角、拔模斜度等都必须标注或者在技术条件中加以说明。

(6)各基本形体部分的尺寸，在基本形体的定位尺寸标出后，其形状尺寸都应从自己的基准进行标注。

3. 形位公差的标注

箱体几何公差推荐标注项目见表 7-4。

表 7-4　箱体几何公差推荐标注项目

类别	标注项目名称	荐用精度等级	对工作性能的影响
形状公差	轴承座孔的圆柱度	7	影响箱体与轴承的配合性能及对中性
	分箱面的平面度	7	影响箱体剖分面的防渗漏性能及密合性
跳动公差、位置公差与方向公差	轴承座孔中心线相互间的平行度	6	影响传动零件中的接触斑点及传动的平稳性
	轴承座孔的端面对其中心线的垂直度	7~8	影响轴承固定及轴向受载的均匀性
	圆锥齿轮减速器轴承孔中心线相互间的垂直度	7	影响传动零件的传动平稳性和载荷分布的均匀性
	两轴承孔中心线的同轴度	6~7	影响减速器的装配及传动零件载荷分布的均匀性

4. 表面粗糙度的标注

箱体加工表面粗糙度的推荐值见表 7-5。

表 7-5　箱体加工表面粗糙度 *Ra* 推荐值　　　　　　　　　（单位：μm）

加工表面	表面粗糙度
箱体剖分面	3.2 或 1.6(磨削或刮研)
与滚动轴承配合的轴承座孔	1.6(轴承孔径 D≤80mm)
轴承座外端面	2.5(轴承孔径 D>80mm)
箱体底面	3.2 或 1.6
油沟及检查孔的接触面	12.5 或 6.3
螺栓孔、沉头座	25
圆锥销孔	1.6 或 0.8
轴承盖及套杯的其他配合面	6.3~1.6

5. 技术条件

技术条件应包括下列一些内容：
(1)清砂及时效处理；
(2)箱盖与箱座的轴承孔应在连接并装入定位销后镗孔；
(3)箱盖与箱座合箱后边缘的平齐性及错位量允许值；
(4)剖分面上的定位销孔加工，应将箱盖和箱座固定配钻、配铰；
(5)铸造斜度及圆角半径；
(6)箱体内表面需用煤油清洗，并涂防腐漆。
图 20-9～图 20-12 为箱体零件工作图图例，供设计时参考。

思　考　题

7-1　零件工作图设计包括哪些内容？

7-2　标注尺寸时如何选取基准？为什么尺寸链不能封闭？

7-3　轴的几何公差和表面粗糙度如何选择？几何公差对工作特性有什么影响？

7-4　齿(蜗)轮类零件的误差检验项目如何确定？其几何公差和表面粗糙度如何选择？

7-5　箱体零件的几何公差和表面粗糙度如何选择？其几何公差对工作特性有什么影响？

第8章 编写设计计算说明书及准备答辩

设计计算说明书是设计计算的整理和总结，是图纸设计的理论根据，是审核设计的技术文件之一。因此编写设计计算说明书是设计工作的一个重要组成部分。

8.1 设计计算说明书的内容

设计计算说明书的内容视设计对象而定，以齿轮减速器为主的传动装置大致包括以下内容：

(1) 目录（标题及页次）；

(2) 设计任务书；

(3) 传动方案的拟定（简要说明，附传动方案简图）；

(4) 电动机的选择及传动装置的运动和动力参数计算（计算电动机所需功率，选择电动机，分配各级传动比，计算各轴转速、功率和转矩）；

(5) 传动零件的设计计算；

(6) 轴的计算；

(7) 键连接的选择和计算；

(8) 滚动轴承的选择和计算；

(9) 联轴器的选择；

(10) 润滑与密封的选择，润滑剂牌号和装油量；

(11) 其他技术说明（如减速器附件的选择和说明，装配、拆卸、安装时的注意事项等）；

(12) 设计小结（简要说明课程设计的体会，对机械设计原则与规律的理解和认识，本设计的优缺点及改进意见等）；

(13) 参考资料（资料的编号、作者名、书名、出版单位、出版地点、出版年）。

8.2 对设计计算说明书的要求

设计计算说明书应简要说明设计中所考虑的主要问题和全部计算项目，且应满足以下要求。

(1) 计算部分书写，首先列出用文字符号表达的计算公式，然后代入各文字符号的数值（不进行任何运算和简化），最后写下计算结果（标明单位，注意单位的统一，并且单位写法应一致，即全用汉字或全用符号，不要混用）。

(2) 对所引用的计算公式和数据，应注明来源——参考资料的编号和页次。

(3) 对计算结果，应有简短的结论。例如，关于强度计算中应力计算的结论："低于许用应力""在规定范围内"等，也可用不等式表示。如果计算结果与实际所取值相差较大，应进行简短的解释，说明原因。

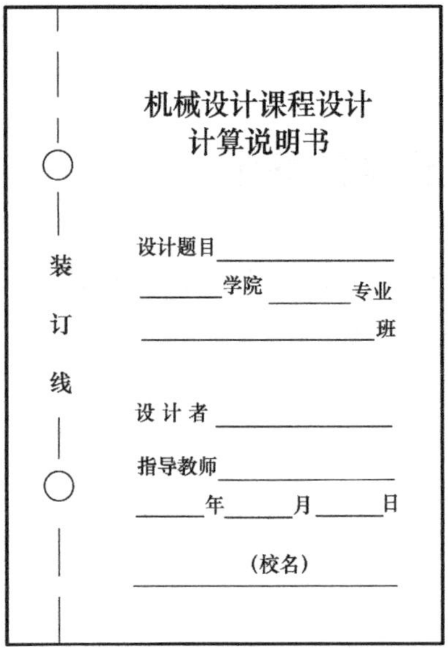

图 8-1　设计计算说明书封面格式

文字精练，插图简明，书写整洁。

(4)计算部分可用校核形式书写。

(5)为了清楚说明计算内容，应附有必要的插图。例如，传动方案简图、轴的结构简图、受力图、弯矩和扭矩图以及键连接受力图等。在传动方案简图中，对齿轮、轴等零件应统一编号，以便在计算中称呼或作脚注用(注意在全部计算中所使用的符号和脚注必须前后一致，不要混乱)。

(6)对每一自成单元的内容，都应有大小标题，使其醒目、突出。

(7)所选主要参数、尺寸和规格以及主要的计算结果等，可写在每页右侧留出的约 25mm 宽的长框内，或集中写在相应的计算中，也可采用表格形式，例如，各轴的运动和动力参数等数据可列表写出。

(8)设计计算说明书不得用铅笔或除蓝、黑以外的其他彩色笔书写，一般用 A4 纸并加上封面装订成册(封面的格式见图 8-1)，要求计算正确，内容完整，论述清楚，

8.3　设计计算说明书书写格式举例

计算及说明	结果
5　低速级齿轮传动设计 P_1=5.5 kW, n_1=480 r/min, T_1=109.4 N·m, u=3.2 **5.1　选择齿轮材料、精度等级和确定许用应力** (1)齿轮材料。 　　小齿轮选用 45 钢，调质，HBW_1=220 　　大齿轮选用 45 钢，常化，HBW_2=180 　　HBW_1-HBW_2=220-180=40，合适 (2)齿轮的精度等级。 　　…… (3)许用应力。 　　…… **5.2　选择齿轮的参数** 大齿轮的齿数　　　　z_1=28 大齿轮的齿数　　　　z_2=uz_1=3.2×28=89.6，取 z_2=89 初选螺旋角　　　　　β=12° **5.3　按齿面接触疲劳强度设计** (1)计算小齿轮分度圆直径。 $$d_{1t} \geqslant \sqrt[3]{\frac{2K_tT_1}{\phi_a\varepsilon_a}\cdot\frac{u+1}{u}\left(\frac{Z_HZ_E}{[\sigma]_H}\right)^2} = \cdots = 70.13 \text{ mm}$$ (2)计算圆周速度。 $$v=\frac{\pi d_1 n_1}{60\times1000}=\cdots=1.76 \text{ m/s}$$ 　　……	 z_1=28 z_2=89 v=1.76 m/s

续表

5.4　主要尺寸计算	
法面模数　$m_n = \dfrac{d_1 \cos\beta}{z_1} = \dfrac{70.13 \times \cos 12°}{28} = 2.45 \text{(mm)}$	$m_n = 2.5\text{mm}$
取标准值 $m_n = 2.5\text{mm}$	
中心距 a　　$a = \dfrac{m_n(z_1 + z_2)}{2\cos\beta} = \dfrac{2.5(28+89)}{2\times\cos 12°} = 149.5\text{(mm)}$	$a = 150\text{mm}$
圆整为 $a = 150$ mm	
螺旋角　　$\beta = \arccos\dfrac{m_n(z_1+z_2)}{2a} = \arccos\dfrac{2.5(28+89)}{2\times 150} = 12°50'19''$	$\beta = 12°50'19''$
分度圆直径	
$d_1 = \dfrac{z_1 m_n}{\cos\beta} = \dfrac{28\times 2.5}{\cos 12°50'19''} = 71.795\text{(mm)}$	$d_1 = 71.795\text{mm}$
$d_2 = \dfrac{z_2 m_n}{\cos\beta} = \dfrac{89\times 2.5}{\cos 12°50'19''} = 228.205\text{(mm)}$	$d_2 = 228.205\text{mm}$
齿宽 $b = \phi_d d_1 = 1.1 \times 71.79 = 78.97\text{(mm)}$，圆整取 $b_1 = 85\text{mm}$，$b_2 = 80\text{mm}$	$b_1 = 85\text{mm}$　　$b_2 = 80\text{mm}$
5.5　按齿根弯曲疲劳强度校核	
……	
$\sigma_{F1} = \dfrac{KF_t Y_{Fa1} Y_{sa1} Y_\beta}{b m_n \varepsilon_a} = \cdots = 78.52\text{MPa} < [\sigma]_{F1}$	
$\sigma_{F2} = \cdots = 74.95\text{MPa} < [\sigma]_{F2}$	
……	

8.4　课程设计的总结和答辩

完成设计后，应及时做好总结和答辩的准备。

总结和答辩是课程设计最后一个重要环节。通过总结和答辩，可以系统地分析设计的优缺点，发现今后在设计工作中应注意的问题，总结初步掌握的设计方法和步骤，巩固分析和解决工程实际问题的能力。

在答辩前，应做好以下两方面的工作。

(1)按要求完成规定的作业并经指导教师签字，然后把图纸叠好(图 8-2)，设计计算说明书装订好，一同放在图纸袋内，图纸袋封面见图 8-3。

(2)做好总结、巩固和提高收获。平时的认真努力固然是首要的，但最后的总结也是非常重要的。把从确定方案直至结构设计中各方面的基本问题(例如，各零、部件的构造形状和作用，各零、部件间的相互关系，受力分析，承载能力计算，主要参数尺寸的确定，材料选择，资料、手册和标准的应用，工艺性，使用，维护等)进行比较系统全面的回顾和总结，进一步把还不懂的、不甚懂的或尚未考虑到的问题弄懂、弄透，以取得更大的收获，更好地达到在"概述"中提出的机械设计课程设计的目的和要求。

课程设计成绩应以设计计算说明书、设计图纸和在答辩中回答问题的情况为根据，参考设计过程中的表现进行评定。

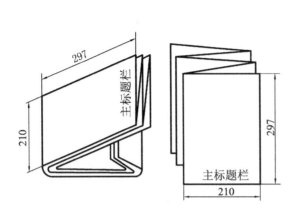

图 8-2　图纸折叠方式

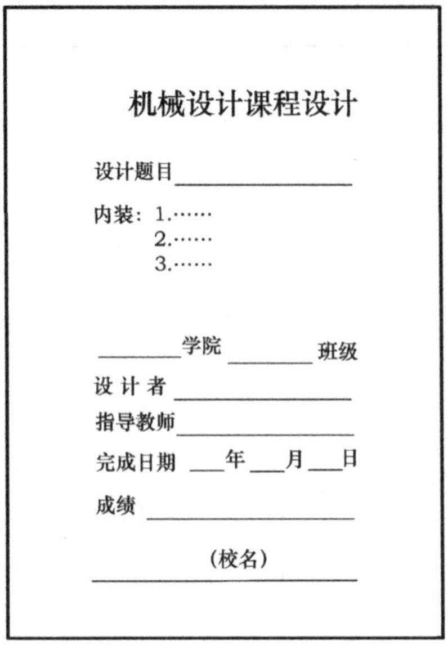

机械设计课程设计

设计题目＿＿＿＿＿＿＿＿＿

内装: 1.……

　　　 2.……

　　　 3.……

＿＿＿＿＿学院＿＿＿＿＿班级

设 计 者 ＿＿＿＿＿＿＿＿

指导教师＿＿＿＿＿＿＿＿

完成日期 ＿＿年＿＿月＿＿日

成绩 ＿＿＿＿＿＿＿＿＿＿

（校名）

＿＿＿＿＿＿＿＿＿＿＿＿＿

图 8-3　图纸袋封面形式

第 2 部分　机械设计常用资料

第9章 常 用 数 据

机械设计常用数据见表 9-1～表 9-5。

表 9-1　常用材料的弹性模量及泊松比

名称	弹性模量 E/GPa	剪切模量 G/GPa	泊松比 μ	名称	弹性模量 E/GPa	剪切模量 G/GPa	泊松比 μ
灰铸铁、白口铸铁	113～157	44	0.23～0.27	轧制磷锡青铜	113	41	0.32～0.35
球墨铸铁	140～154	73～76	0.3	轧制锰黄铜	110	40	0.35
碳钢	196～206	79	0.3	有机玻璃	2.35～29.4		
镍铬钢、合金钢	206	79.38	0.3	电木	1.96～2.94	0.69～2.06	0.35～0.38
铸钢	172～202	70～84	0.3	夹布酚醛塑料	4～8.8		
铸铝青铜	103	41	0.3	尼龙 1010	1.07		
铸锡青铜	103		0.3	聚四氟乙烯	1.14～1.42		

表 9-2　常用材料极限强度的近似关系

材料名称	极限强度					
	对称应力疲劳极限			脉动应力疲劳极限		
	拉压疲劳极限 σ_{-1t}	弯曲疲劳极限 σ_{-1}	扭转疲劳极限 τ_{-1}	拉压脉动疲劳极限 σ_{0t}	弯曲脉动疲劳极限 σ_0	扭转脉动疲劳极限 τ_0
结构钢	$\approx 0.3\sigma_b$	$\approx 0.43\sigma_b$	$\approx 0.25\sigma_b$	$\approx 1.42\sigma_{-1t}$	$\approx 1.33\sigma_{-1}$	$\approx 1.5\tau_{-1}$
铸铁	$\approx 0.225\sigma_b$	$\approx 0.45\sigma_b$	$\approx 0.36\sigma_b$	$\approx 1.42\sigma_{-1t}$	$\approx 1.35\sigma_{-1}$	$\approx 1.35\tau_{-1}$
铝合金	$\approx \dfrac{\sigma_b}{6}+73.5\ \text{MPa}$	$\approx \dfrac{\sigma_b}{6}+73.5\ \text{MPa}$	$\approx (0.55\sim0.58)\sigma_{-1}$	$\approx 1.5\sigma_{-1t}$	—	—

注：结构钢 $\sigma_b = (3.2\sim3.5)\text{HBW MPa}$ ，　$\sigma_s = (0.52\sim0.65)\sigma_b$ ，　σ_b 为抗拉强度。

表 9-3　常用材料的密度　　　　　　　　　　（单位：g/cm³）

材料名称	密度	材料名称	密度
碳钢	7.8～7.85	锡基轴承合金	7.34～7.75
铸钢	7.8	铅基轴承合金	9.33～10.67
合金钢	7.9	纯橡胶	0.93
镍铬钢	7.9	皮革	0.4～1.2
灰铸铁	7.0	聚氯乙烯	1.35～1.40
铸造黄铜	8.62	有机玻璃	1.18～1.19
锡青铜	8.7～8.9	尼龙 6	1.13～1.14
无锡青铜	7.5～8.2	尼龙 66	1.14～1.15
轧制磷青铜	8.8	尼龙 1010	1.04～1.06
硅钢片	7.55～7.8	橡胶夹布传动带	0.8～1.2

表 9-4　黑色金属硬度对照表(GB/T 1172—1999 摘录)

洛氏 HRC	维氏 HV	布氏 $F/D^2=30$ HBW	洛氏 HRC	维氏 HV	布氏 $F/D^2=30$ HBW	洛氏 HRC	维氏 HV	布氏 $F/D^2=30$ HBW	洛氏 HRC	维氏 HV	布氏 $F/D^2=30$ HBW
68	909	—	55	596	585	42	404	392	29	280	276
67	879	—	54	578	569	41	393	381	28	273	269
66	850	—	53	561	552	40	381	370	27	266	263
65	822	—	52	544	535	39	371	360	26	259	257
64	795	—	51	527	518	38	360	350	25	253	251
63	770	—	50	512	502	37	350	341	24	247	245
62	745	—	49	497	486	36	340	332	23	241	240
61	721	—	48	482	470	35	331	323	22	235	234
60	698	647	47	468	455	34	321	314	21	230	229
59	676	639	46	454	441	33	313	306	20	226	225
58	655	628	45	441	428	32	304	298			
57	635	616	44	428	415	31	296	291			
56	615	601	43	416	403	30	288	283			

注: F 为实验力, kgf; D 为实验用球的直径, mm; 用硬质合金球作压头, 布氏硬度用符号"HBW"表示。

表 9-5　机械传动效率和传动比概略值

类别	传动类别	效率	单级传动比	
			最大	常用
圆柱齿轮传动	7 级精度(稀油润滑) 8 级精度(稀油润滑)	0.98 0.97	10	3～6
	开式传动(脂润滑)	0.94～0.96	15	4～6
锥齿轮传动	7 级精度(稀油润滑) 8 级精度(稀油润滑) 开式传动(脂润滑)	0.97 0.94～0.97 0.92～0.95	6 6 6	2～3 2～3 4
带传动	V 带传动	0.94～0.97	7	2～4
链传动	开式 闭式	0.90～0.93 0.95～0.97	7	2～4
蜗杆传动	自锁	0.40～0.45	开式 100	15～60
	单头	0.70～0.75		
	双头	0.75～0.82	闭式 80	10～40
	四头	0.82～0.92		
一对滚动轴承	球轴承 滚子轴承	0.99 0.98		
一对滑动轴承	润滑不良 正常润滑 液体摩擦	0.94 0.97 0.99		
	联轴器	0.99		
	运输滚筒	0.96		
	螺旋传动(滑动)	0.30～0.60		

第10章 一般标准和规范

机械设计一般标准和规范见表10-1~表10-16。

表10-1 国内外部分标准代号

国内			
名称	代号	名称	代号
强制性国家标准	GB	机械行业标准	JB
推荐性国家标准	GB/T	汽车行业标准	QC
国家工程建设标准	GBJ	电子行业标准	SJ
国家军用行业标准	GJB	冶金行业标准	YB
原国家专业标准	ZB	有色金属行业标准	YS
航空工业行业标准	HB	纺织行业标准	FZ
航天工业行业标准	QJ	原纺织工业部标准	FJ
化工行业标准	HG	轻工行业标准	QB
铁路运输行业标准	TB		
国外			
名称	代号	名称	代号
国际标准化组织标准	ISO	美国国家标准学会标准	ANSI
国际标准化协会标准	ISA	美国汽车协会标准	SAE
国际电工委员会标准	IEC	美国国家标准局标准	NBS
法国标准协会标准	AFNOR	美国标准协会标准	ASA
法国国家标准	NF	美国钢铁学会标准	AISI
日本工业标准	JIS	美国齿轮制造者协会标准	AGMA
日本机械学会标准	JSME	美国机械工程师学会标准	ASME
日本齿轮工业协会标准	JGMA	意大利标准	UNI
英国标准	BS	澳大利亚标准	AS
德国工业标准	DIN	奥地利标准	ONORM
丹麦标准	DS	瑞典标准	SIS
加拿大标准	CSI	俄罗斯国家标准	GOST
加拿大标准协会标准	CSA		

表 10-2　图纸幅面、图样比例

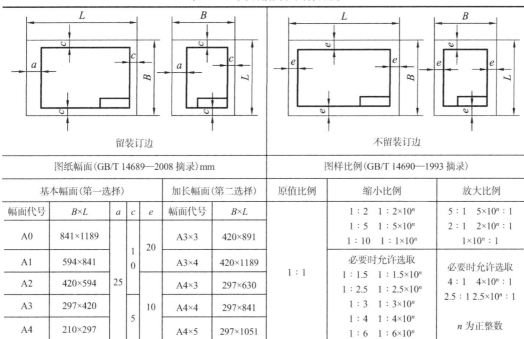

留装订边　　　　　　　　　　　　　　不留装订边

图纸幅面(GB/T 14689—2008 摘录)mm						图样比例(GB/T 14690—1993 摘录)			
基本幅面(第一选择)					加长幅面(第二选择)		原值比例	缩小比例	放大比例
幅面代号	$B×L$	a	c	e	幅面代号	$B×L$		$1:2$　$1:2×10^n$	$5:1$　$5×10^n:1$
A0	841×1189			20	A3×3	420×891		$1:5$　$1:5×10^n$ $1:10$　$1:1×10^n$	$2:1$　$2×10^n:1$ $1×10^n:1$
A1	594×841		10		A3×4	420×1189	$1:1$	必要时允许选取	必要时允许选取
A2	420×594	25			A4×3	297×630		$1:1.5$　$1:1.5×10^n$ $1:2.5$　$1:2.5×10^n$	$4:1$　$4×10^n:1$ $2.5:1$　$2.5×10^n:1$
A3	297×420		5	10	A4×4	297×841		$1:3$　$1:3×10^n$ $1:4$　$1:4×10^n$	
A4	210×297				A4×5	297×1051		$1:6$　$1:6×10^n$	n 为正整数

注：加长幅面的图框尺寸按所选用的基本幅面大一号图框尺寸确定。例如，对A3×4，按A2的图框尺寸确定，即 e 为10(或 c 为10)。

表 10-3　明细表格式(本课程用)

03	螺栓	6		GB/F5782—2016		7
02	大齿轮	1	45			7
01	箱体	1	HT200			7
序号	名　　　称	数量	材　　料	标　　准	备　注	10
10	50	10	30	35	(25)	
		160				

表 10-4　装配图或零件工作图标题栏格式(本课程用)

				15	30	15	30	
				图号		比例		8
				材料		数量		8
8	设计		(日期)	机械设计课程设计		(校名)		24
8	绘图							
8	审核					(姓名)		
	15	35	20					
		160						

表 10-5　机构运动简图符号（GB/T 4460—2013 摘录）

名称	基本符号	可用符号	名称	基本符号	可用符号
机架			联轴器 一般符号(不指明类型)		
轴、杆			固定式联轴器		
组成部分与轴(杆)的固定连接			可移式联轴器		
齿轮传动	(不指明齿线)圆柱齿轮		有弹性元件弹性的挠性联轴器		
	圆锥齿轮		啮合式离合器单向式		
	蜗轮与圆柱蜗杆		摩擦式离合器单向式		
			制动器		
摩擦传动	圆柱轮		向心轴承	滑动轴承	
				滚动轴承	
	圆锥轮		推力轴承	单向	
				滚动轴承	
带传动一般符号(不指明类型)		附注:若要指明类型可采用下列符号:V 带传动 滚子链传动	向心推力轴承	单向	
				双向	
				滚动轴承	
链传动一般符号(不指明类型)			弹簧	压缩弹簧	
				拉伸弹簧	
螺杆传动整体螺母			电动机一般符号		

表 10-6　标准尺寸(GB/T 2822—2005 摘录)　　　　　　　　(单位：mm)

0.1~1.0

R10	R20	R'10	R'20
0.100	0.100	0.10	0.10
	0.112		0.11
0.125	0.125	0.12	0.12
	0.140		0.14
0.160	0.160	0.16	0.16
	0.180		0.18
0.200	0.200	0.20	0.20
	0.224		0.22
0.250	0.250	0.25	0.25
	0.280		0.28
0.315	0.315	0.30	0.30
	0.355		0.35
0.400	0.400	0.40	0.40
	0.450		0.45
0.500	0.500	0.50	0.50
	0.560		0.55
0.630	0.630	0.60	0.60
	0.710		0.70
0.800	0.800	0.80	0.80
	0.900		0.90
1.000	1.000	1.00	1.00

1.0~10.0

R10	R20	R'10	R'20
1.00	1.00	1.0	1.0
	1.12		1.1
1.25	1.25	1.2	1.2
	1.40		1.4
1.60	1.60	1.6	1.6
	1.80		1.8
2.00	2.00	2.0	2.0
	2.24		2.2
2.50	2.50	2.5	2.5
	2.80		2.8
3.15	3.15	3.0	3.0
	3.55		3.5
4.00	4.00	4.0	4.0
	4.50		4.5
5.00	5.00	5.0	5.0
	5.60		5.5
6.30	6.30	6.0	6.0
	7.10		7.0
8.00	8.00	8.0	8.0
	9.00		9.0
10.00	10.00	10.0	10.0

10~100 / 100~1000 / 1000~10000

10~100 R10	R20	R40	10~100 R'10	R'20	R'40	100~1000 R10	R20	R40	100~1000 R'10	R'20	R'40	1000~10000 R10	R20	R40
10.0	10.0		10	10		100	100	100	100	100	100	1000	1000	1000
								106			105			1060
	11.2			11			112	112		110	110		1120	1120
								118			120			1180
12.5	12.5	12.5	12	12	12	125	125	125	125	125	125	1250	1250	1250
		13.2			13			132			130			1320
	14.0	14.0		14	14		140	140		140	140		1400	1400
		15.0			15			150			150			1500
16.0	16.0	16.0	16	16	16	160	160	160	160	160	160	1600	1600	1600
		17.0			17			170			170			1700
	18.0	18.0		18	18		180	180		180	180		1800	1800
		19.0			19			190			190			1900
20.0	20.0	20.0	20	20	20	200	200	200	200	200	200	2000	2000	2000
		21.2			21			212			210			2120
	22.4	22.4		22	22		224	224		220	220		2240	2240
		23.6			24			236			240			2360
25.0	25.0	25.0	25	25	25	250	250	250	250	250	250	2500	2500	2500
		26.5			26			265			260			2650
	28.0	28.0		28	28		280	280		280	280		2800	2800
		30.0			30			300			300			3000
31.5	31.5	31.5	32	32	32	315	315	315	320	320	320	3150	3150	3150
		33.5			34			335			340			3350
	35.5	35.5		36	36		355	355		360	360		3550	3550
		37.5			38			375			380			3750
40.0	40.0	40.5	40	40	40	400	400	400	400	400	400	4000	4000	4000
		42.5			42			425			420			4250
	45.0	45.0		45	45		450	450		450	450		4500	4500
		47.5			48			475			480			4750
50.0	50.0	50.0	50	50	50	500	500	500	500	500	500	5000	5000	5000
		53.0			53			530			530			5300
	56.0	56.0		56	56		560	560		560	560		5600	5600
		60.0			60			600			600			6000
63.0	63.0	63.0	63	63	63	630	630	630	630	630	630	6300	6300	6300
		67.0			67			670			670			6700
	71.0	71.0		71	71		710	710		710	710		7100	7100
		75.0			75			750			750			7500
80.0	80.0	80.0	80	80	80	800	800	800	800	800	800	8000	8000	8000
		85.0			85			850			850			8500
	90.0	90.0		90	90		900	900		900	900		9000	9000
		95.0			95			950			950			9500
100.0	100.0	100.0	100	100	100	1000	1000	1000	1000	1000	1000	10000	10000	10000

注：① 本表适用于有互换性和系列化要求的主要尺寸(如安装、连接尺寸，配合尺寸，决定产品系列的公称尺寸等)及其他结构尺寸。

② 选用时，按照 R10、R20、R40 的顺序优先选用公比较大的基本系列，如果必须将数值圆整，可在相应的 R' 系列中选用。

表 10-7　60°中心孔（GB/T 145—2001 摘录）　　　　　　　　（单位：mm）

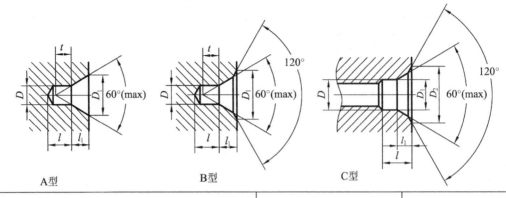

A型　　　　　　　　　　B型　　　　　　　　　　C型

	A、B 型						C 型				选择中心孔参考数据	
	A 型			B 型							参考	
d	D_1	参考		D_1	参考		d	D_1	D_2	l	原料端部	轴状原料
		l_1	t		l_1	t					l_1	最小直径 D_0	最大直径 D_c
2	4.25	1.95	1.8	6.30	2.54	1.8						8	>10～18
2.5	5.30	2.42	2.2	8.00	3.20	2.2						10	>18～30
3.15	6.70	3.07	2.8	10.00	4.03	2.8	M3	3.2	5.8	2.6	1.8	12	>30～50
4	8.50	3.90	3.5	12.50	5.05	3.5	M4	4.3	7.4	3.2	2.1	15	>50～80
(5)	10.60	4.85	4.4	16.00	6.41	4.4	M5	5.3	8.8	4.0	2.4	20	>80～120
6.3	13.20	5.98	5.5	18.00	7.36	5.5	M6	6.4	10.5	5.0	2.8	25	>120～180
(8)	17.00	7.79	7.0	22.40	9.36	7.0	M8	8.4	13.2	6.0	3.3	30	>180～220
10	21.20	9.70	8.7	28.00	11.66	8.7	M10	10.5	16.3	7.5	3.8	35	>180～220
							M12	13.0	19.8	9.5	4.4	42	>220～260

中心孔表示法（GB/T 4459.5—1999 摘录）

标注示例	解释	标注示例	解释
GB/T 4459.5—B3.15/10	要求制出 B 型中心孔 D=3.15 mm，D_1=10 mm，在完工的零件上要求保留中心孔	GB/T 4459.5—A4/8.5	要求制出 A 型中心孔 D=4 mm，D_1=8.5 mm，在完工的零件上不允许保留中心孔
GB/T 4459.5—A4/8.5	要求制出 A 型中心孔 D=4 mm，D_1=8.5 mm，在完工的零件上是否保留中心孔都可以	2XGB/T 4459.5—B3.15/10	同一轴的两端中心孔相同，可只在其一端标注，但应注出数量

注：① A 型和 B 型中心孔的尺寸 l 取决于中心钻的长度，此值不应小于 t 值。

② 括号内的尺寸尽量不采用。

③ 选择中心孔的参考数据不属于 GB/T 145—2001 的内容，仅供参考。

表 10-8 回转面及端面砂轮越程槽(GB/T 6403.5—2008 摘录) (单位：mm)

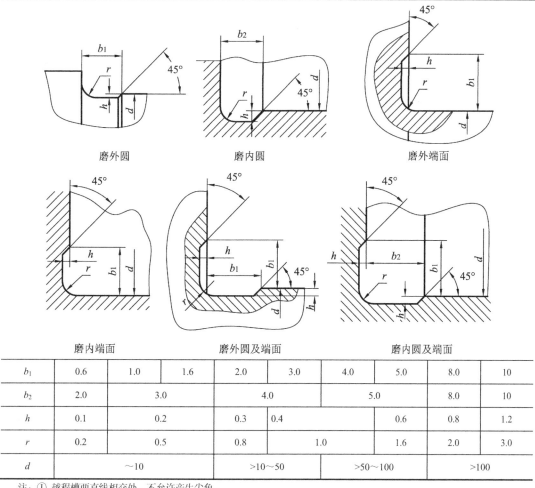

磨外圆		磨内圆		磨外端面				

磨内端面		磨外圆及端面		磨内圆及端面				

b_1	0.6	1.0	1.6	2.0	3.0	4.0	5.0	8.0	10
b_2	2.0	3.0		4.0		5.0		8.0	10
h	0.1	0.2		0.3	0.4		0.6	0.8	1.2
r	0.2	0.5		0.8		1.0	1.6	2.0	3.0
d	~10			>10~50		>50~100		>100	

注：① 越程槽两直线相交处，不允许产生尖角。

② 越程槽深度 h 与圆弧半径 r 要满足 $r \leqslant 3h$。

表 10-9 插齿空刀槽(JB/ZQ 4238—2006 摘录) (单位：mm)

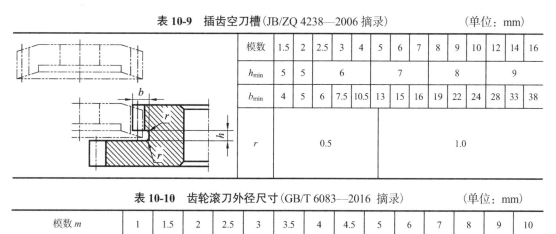

模数	1.5	2	2.5	3	4	5	6	7	8	9	10	12	14	16
h_{min}	5	5	6			7			8			9		
b_{min}	4	5	6	7.5	10.5	13	15	16	19	22	24	28	33	38
r			0.5						1.0					

表 10-10 齿轮滚刀外径尺寸(GB/T 6083—2016 摘录) (单位：mm)

模数 m	1	1.5	2	2.5	3	3.5	4	4.5	5	6	7	8	9	10
滚刀外径 D(单头)	50	55	65	70	75	80	85	90	95	105	115	120	125	130

表 10-11　零件倒圆与倒角（GB/T 6403.4—2008）　　　　　　　（单位：mm）

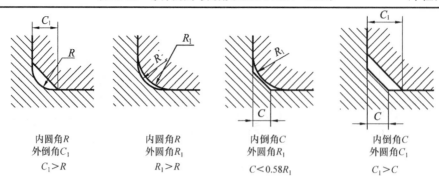

内圆角 R
外倒角 C_1
$C_1 > R$

内圆角 R
外圆角 R_1
$R_1 > R$

内倒角 C
外圆角 R_1
$C < 0.58R_1$

内倒角 C
外圆角 C_1
$C_1 > C$

与直径 ϕ 相应的倒角 C、倒圆 R 推荐值

ϕ	>3～6	>6～10	>10～18	>18～30	>30～50	>50～80	>80～120	>120～180
C 或 R	0.4	0.6	0.8	1.0	1.6	2.0	2.5	3.0

倒角与倒圆尺寸系列

C 或 R	0.1	0.2	0.3	0.4	0.5	0.6	0.8	1.0	1.2	1.6	2.0	2.5	3.0
	4.0	5.0	6.0	8.0	10	12	16	20	25	32	40	50	—

表 10-12　圆形零件自由表面过渡圆角半径（参考）　　　　　　（单位：mm）

$D-d$	2	5	8	10	15	20	25	30	35	40	50	55	65	70	90	100
R	1	2	3	4	5	8	10	12	12	16	16	20	20	25	25	30

注：当尺寸 $D-d$ 是表中数值的中间值时，则按较小的尺寸来选取 R，如 $D-d = 98$mm，则取 $R = 25$mm。

表 10-13　铸造斜度

斜度 $a:h$	角度 β	使用范围
1：5	11°30′	$h < 25$mm 的钢和铸铁件
1：10 1：20	5°30′ 3°	h 在 25～500mm 时的钢和铸铁件
1：50	1°	$h > 500$mm 时的钢和铸铁件
1：100	30′	有色金属铸件

注：当设计不同壁厚的铸件时，在转折点处的斜角最大还可增大到 30°～45°。

表 10-14　铸造过渡斜度（JB/ZQ 4254—2006 摘录）　　　　　　（单位：mm）

适用于减速器箱体、连接管、气缸及其他连接法兰

铸铁和铸钢的壁厚 δ	K	h	R
10～15	3	15	5
>15～20	4	20	5
>20～25	5	25	5
>25～30	6	30	8
>30～35	7	35	8
>35～40	8	40	10
>40～45	9	45	10
>45～50	10	50	10

表 10-15　铸造内圆角(JB/ZQ 4255—2006 摘录)

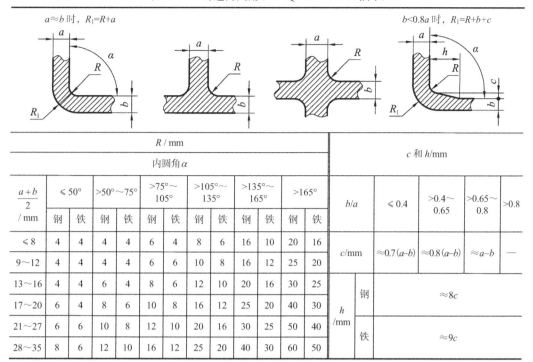

R / mm													c 和 h/mm				
内圆角 α																	
$\dfrac{a+b}{2}$ / mm	≤50°		>50°~75°		>75°~105°		>105°~135°		>135°~165°		>165°		b/a	≤0.4	>0.4~0.65	>0.65~0.8	>0.8
	钢	铁	钢	铁	钢	铁	钢	铁	钢	铁	钢	铁					
≤8	4	4	4	4	6	4	8	6	16	10	20	16	c/mm	≈0.7($a-b$)	≈0.8($a-b$)	≈$a-b$	—
9~12	4	4	4	4	6	6	10	8	16	12	25	20					
13~16	4	4	6	4	8	6	12	10	20	16	30	25	h /mm	钢	≈8c		
17~20	6	4	8	6	10	8	16	12	25	20	40	30					
21~27	6	6	10	8	12	10	20	16	30	25	50	40		铁	≈9c		
28~35	8	6	12	10	16	12	25	20	40	30	60	50					

表 10-16　铸造外圆角(JB/ZQ 4256—2006 摘录)

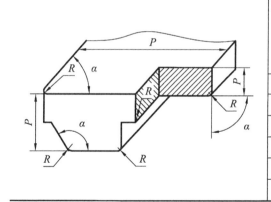

表面的最小边尺寸 P /mm	R / mm					
	外圆角 α					
	≤50°	>50°~75°	>75°~105°	>105°~135°	>135°~165°	>165°
≤25	2	2	2	4	6	8
>25~60	2	4	4	6	10	16
>60~160	4	4	6	8	16	25
>160~250	4	6	8	12	20	30
>250~400	6	8	10	16	25	40
>400~600	6	8	12	20	30	50

第11章 常 用 材 料

机械设计常用材料见表11-1～表11-11。

11.1 黑 色 金 属

表 11-1 碳素结构钢（GB/T 700—2006 摘录）

牌号	等级	力学性能													冲击试验		应用举例
		屈服强度σ_s/MPa						抗拉强度σ_b/MPa	断后伸长率 A/%					温度/℃	V型冲击吸收功(纵向)/J	
		钢材厚度(直径)/mm							钢材厚度(直径)/mm								
		≤16	>16～40	>40～60	>60～100	>100～150	>150～200		≤40	>40～60	>60～100	>100～150	>150～200			
		不小于							不小于						不小于	
Q195	—	195	185	—	—	—	—	315～430	33					—	—	塑性好,用于载荷小的零件、铁丝、垫铁、垫圈、开口销、拉杆、冲压件及焊接件
Q215	A	215	205	195	185	175	165	335～450	31	30	29	27	26	—	—	金属结构件、拉杆、套圈、铆钉、螺栓、短轴、心轴、凸轮(载荷不大的)、垫圈、渗碳零件及焊接件
	B													20	27	
Q235	A	235	225	215	205	195	185	370～500	26	25	24	22	21	—	—	金属结构件、心部强度要求不高的渗碳或碳氮共渗零件、吊钩、拉杆、套圈、气缸、齿轮、螺栓、螺母、连杆、轮轴、楔、盖及焊接件
	B													20	27	
	C													0		
	D													−20		
Q275	A	275	265	255	245	225	215	410～540	22	21	20	18	17	—	—	轴、轴销、刹车杆、螺母、螺栓、垫圈、连杆、齿轮以及其他强度较高的零件,焊接性尚可
	B													20	27	
	C													0		
	D													−20		

注：A、B、C、D 为 4 种质量等级。

表 11-2 优质碳素结构钢(GB/T 699—2015 摘录)

牌号	推荐热处理/℃			试样毛坯尺寸/mm	力学性能					钢材交货状态硬度(HBW) 不大于		应用举例
	正火	淬火	回火		抗拉强度 σ_b /MPa	屈服强度 σ_s /MPa	断后伸长率 A/%	断面收缩率 ψ/%	冲击吸收功 A_{kv}/J	未热处理	退火钢	
					不小于							
08	930	—	—	25	325	195	33	60		131	—	用于需塑性好的零件,如管子、垫片、垫圈;心部强度要求不高的渗碳和碳氮共渗零件,如套筒、短轴、挡块、支架、靠模、离合器盘
10	930	—	—	25	335	205	31	55		137	—	用于制造拉杆、卡头、钢管垫片、垫圈、铆钉。这种钢无回火脆性,焊接性能好,用来制造焊接零件
20	910	—	—	25	410	245	25	55		156	—	用于受力不大而要求很大韧性的零件,如杠杆、轴套、螺钉、起重钩等。还可用于表面硬度高而心部强度要求不大的渗碳与氰化零件
30	880	860	600	25	490	295	21	50	63	179	—	用于制作螺钉、拉杆、轴、套筒、机座等
35	870	850	600	25	530	315	20	45	55	197	—	用于制造曲轴、转轴、销轴、杠杆、链轮、圆盘、垫圈、螺钉、螺母。多在正火和调质状态下使用
40	860	840	600	25	570	335	19	45	47	217	187	用于制造辊子、轴、曲柄销、活塞杆、圆盘
45	850	840	600	25	600	355	16	40	39	229	197	用作综合力学性能要求高的各种零件,通常在正火或调质下使用。用于制造齿轮、齿条、链轮、轴、键、销、蒸汽透平机的叶轮、压缩机及泵的零件、轧辊等
50	830	830	600	25	630	375	14	40	31	241	207	用于制造齿轮、拉杆、轧辊、轴、圆盘
60	810	—	—	25	675	400	12	35		255	229	用于制造轧辊、轴、轮箍、弹簧、弹簧垫圈、离合器、凸轮、钢绳等
15Mn	920	—	—	25	410	245	26	55		163	—	用于制作心部力学性能要求高的渗碳零件,如凸轮轴、齿轮、联轴器等,焊接性渗碳性好
25Mn	900	870	600	25	490	295	22	50	71	207		
40Mn	860	840	600	25	590	355	17	45	47	229	207	用于制造承受疲劳载荷的零件,如轴、万向联轴器、曲轴、连杆及在高应力下工作的螺栓、螺母等
50Mn	830	830	600	25	645	390	13	40	31	255	217	用于制造耐磨性要求很高、在高负荷作用下的热处理零件,如齿轮、齿轮轴、摩擦盘、凸轮等
60Mn	810	—	—	25	690	410	11	35		269	229	适于制造弹簧、弹簧垫圈、弹簧环、片以及冷拔钢丝(≤7mm)和发条
65Mn	830	—	—	25	735	430	9	30		285	229	强度高、淬透性较大,适宜制作较大尺寸的各种扁、圆弹簧与发条

表 11-3 合金结构钢(GB/T 3077—2015 摘录)

牌号	推荐热处理				试样毛坯尺寸/mm	力学性能					钢材退火或高温回火供应交货状态布氏硬度(HBW)	应用举例
	淬火		回火			抗拉强度 σ_b/MPa	屈服强度 σ_s/MPa	断后伸长率 A/%	断面收缩率 ψ/%	冲击吸收功 A_{kv}/J		
	温度/℃	冷却剂	温度/℃	冷却剂								
						不小于					不大于	
35Mn2	840	水	500	水	25	835	685	12	45	55	207	对于截面较小的零件可代替 40Cr,可制作直径≤15mm 的重要用途冷镦螺栓及小轴等,表面淬火后硬度为 40～50HRC
35SiMn	900	水	570	水、油	25	885	735	15	45	47	229	可代替 40Cr 作调质钢,可部分代替 40CrNi,可制作中小型轴类、齿轮等零件以及在 430℃以下工作的重要紧固件,表面淬火后硬度为 45～55HRC
42SiMn	880	水	590	水	25	885	735	15	40	47	229	与 35SiMn 钢同。可代替 40Cr、34CrMo 钢制作大齿圈,适于制作表面淬火件,表面淬火后硬度为 45～55HRC
40Cr	850	油	520	水、油	25	980	785	9	45	47	207	用于承受交变负荷、中等速度、中等负荷、强烈磨损而无很大冲击的重要零件,如重要的齿轮、轴、曲轴、连杆、螺栓、螺母等零件,并用于直径大于 400mm、要求低温冲击韧性的轴与齿轮等,表面淬火后硬度为 48～55HRC
37SiMn2MoV	870	水、油	650	水、空	25	980	835	12	50	63	269	可代替 34CrNiMo 制作高强度重负荷轴、曲轴、齿轮、蜗杆等零件,表面淬火后硬度为 50～55HRC
35CrMo	850	油	550	水、油	25	980	835	12	45	63	229	强度、韧性、淬透性均高,可制作大截面齿轮和重型传动轴,如轧钢机人字齿轮、大电机轴,可代替 40CrNi 使用,表面淬火后硬度为 40～45HRC
20CrMnTi	第一次 880 第二次 870	油	200	水、空	15	1080	850	10	45	55	217	强度、韧性均高,是铬镍钢的代用品。用于承受高速、中等或重负荷以及冲击磨摩擦等的重要零件,如渗碳齿轮、凸轮等,渗碳淬火后硬度为 56～62HRC

表 11-4 一般工程用铸钢(GB/T 11352—2009 摘录)

牌号	抗拉强度 σ_b/MPa	屈服强度 σ_s 或 $\sigma_{0.2}$/MPa	断后伸长率 A/%	根据合同选择		硬度		应用举例
				断面收缩率 ψ/%	冲击吸收功 A_{kv}/J	正火回火(HBW)	表面淬火(HRC)	
				最小值				
ZG200-400	400	200	25	40	30	—	—	各种形状的机件,如机座、变速器壳等
ZG230-450	450	230	22	32	25	≥131	—	铸造平坦的零件,如机座、机盖、箱体、铁砧台、工作温度在 450℃以下的管路附件等。焊接性能尚可

续表

牌号	抗拉强度σ_b/MPa	屈服强度σ_s或$\sigma_{0.2}$/MPa	断后伸长率A/%	根据合同选择		硬度		应用举例
				断面收缩率ψ/%	冲击吸收功A_{kv}/J	正火回火(HBW)	表面淬火(HRC)	
	最小值							
ZG270-500	500	270	18	25	22	≥143	40～45	各种形状的机件,如飞轮、机架、蒸汽锤、桩锤、联轴器、水压机工作缸、横梁等。焊接性尚可
ZG310-570	570	310	15	21	15	≥153	40～50	各种形状的机件,如联轴器、气缸、齿轮、齿轮圈及重负荷机架等
ZG340-640	640	340	10	18	10	169～229	45～55	起重运输机中的齿轮、联轴器及重要的机件等

注: 表中硬度值非 GB/T 11352—2009 内容, 仅供参考。

表 11-5 灰铸铁(GB/T 9439—2010 摘录)

牌号	铸件壁厚/mm		最小抗拉强度σ_b单铸试棒/MPa	铸件本体预期抗拉强度σ_b/MPa	布氏硬度(HBW)	应用举例
	>	≤				
HT100	5	40	100	—	≤170	盖、外罩、油盘、手轮、把手、支架等
HT150	5	10	150	155	125～205	端盖、汽轮泵体、轴承座、阀壳、管及管路附件、手轮、一般机床底座、床身及其他复杂零件、滑座、工作台等
	10	20		130		
	20	40		110		
HT200	5	10	200	205	150～230	气缸、齿轮、底架、箱体、飞轮、齿条、衬套、一般机床铸有导轨的床身及中等压力(8MPa 以下)的油缸液压泵和阀的壳体等
	10	20		180		
	20	40		155		
HT250	5	10	250	250	180～250	阀壳、油缸、气缸、联轴器、箱体、齿轮、齿轮箱体、飞轮、衬套、凸轮、轴承座等
	10	20		225		
	20	40		195		
HT300	10	20	300	270	200～275	齿轮、凸轮、车床卡盘、剪床及压力机的床身、导板、转塔自动车床及其他重负荷机床铸有导轨的床身、液压泵和滑阀的壳体等
	20	40		240		
HT350	10	20	350	315	220～290	
	20	40		280		

表 11-6 球墨铸铁(GB/T 1348—2009 摘录)

牌号	抗拉强度σ_b/MPa(min)	屈服强度$\sigma_{0.2}$/MPa(min)	断后伸长率A/%(min)	布氏硬度(HBW)	应用举例
QT350-22L	350	220	22	≤160	减速器箱体、管、阀体、阀座、压缩机气缸、拨叉、离合器壳体等
QT400-15	400	250	15	120～180	
QT450-10	450	310	10	160～210	油泵齿轮、阀体、车辆轴瓦、凸轮、犁铧、减速器箱体、轴承座等
QT500-7	500	320	7	170～230	
QT600-3	600	370	3	190～270	曲轴、凸轮轴、齿轮轴、机床主轴、缸体、缸套、连杆、矿车轮、农机零件等
QT700-2	700	420	2	225～305	
QT800-2	800	480	2	245～335	

11.2　有 色 金 属

表 11-7　铸造铜合金、铸造铝合金和铸造轴承合金

合金牌号	合金名称 (或代号)	铸造 方法	合金 状态	力学性能(不低于)				应用举例
				抗拉 强度 σ_b/MPa	屈服 强度 $\sigma_{0.2}$/MPa	伸长 率 A/%	布氏 硬度 (HBW)	
铸造铜合金(GB/T 1176—2013 摘录)								
ZCuSn5Pb5Zn5	5-5-5 锡青铜	S、J、R Li、La		200 250	90 100	13 13	60* 65*	较高载荷、中速下工作的耐磨耐蚀 件，如轴瓦、衬套、缸套及蜗轮等
ZCuSn10P1	10-1 锡青铜	S、R J Li La		220 310 330 360	130 170 170 170	3 2 4 6	80* 90* 90* 90*	高负荷(20MPa 以下)和高速(8m/s) 下工作的耐磨件，如连杆、衬套、轴 瓦、蜗轮等
ZCuSn10Pb5	10-5 锡青铜	S J		195 245		10 10	70 70	耐蚀、耐酸件及破碎机衬套、轴瓦等
ZCuPb17Sn4Zn4	17-4-4 铅青铜	S J		150 175		5 7	55 60	一般耐磨件、轴承等
ZCuAl10Fe3	10-3 铝青铜	S J Li、La		490 540 540	180 200 200	13 15 15	100* 110* 110*	要求强度高、耐磨、耐蚀的零件， 如轴套、螺母、蜗轮、齿轮等
ZCuAl10Fe3Mn2	10-3-2 铝青铜	S、R J		490 540		15 20	110 120	
ZCuZn38	38 黄铜	S J		295 295	95 95	30 30	60 70	一般结构件和耐蚀件，如法兰、阀 座、螺母等
ZCuZn40Pb2	40-2 铅黄铜	S、R J		220 280	95 120	15 20	80* 90*	一般用途的耐磨耐蚀件，如轴套、 齿轮等
ZCuZn35Al2Mn2Fe1	35-2-2-1 铝黄铜	S J Li、La		450 475 475	170 200 200	20 18 18	100* 110* 110*	管路配件和要求不高的耐磨件
ZCuZn38Mn2 Pb2	38-2-2 锰黄铜	S J		245 345		10 18	70 80	一般用途的结构件，如套筒、衬套、 轴瓦、滑块等
ZCuZn16Si4	16-4 硅黄铜	S、R J		345 390	180	15 20	90 100	接触海水工作的管配件及水泵、叶轮等
铸造铝合金(GB/T 1173—2013 摘录)								
ZAlSi12	ZL 102 铝硅合金	SB、JB、RB、KB	F	145		4	50	气缸活塞以及高温工作的承受冲击 载荷的复杂薄壁零件
		J	F	155		2	50	
		SB、JB、RB、KB	T2	135		4	50	
		J	T2	145		3	50	
ZAlSi9Mg	ZL 104 铝硅合金	S、R、J、K	F	150			50	形状复杂的高温静载荷或受冲击作用 的大型零件，如风机叶片、水冷气缸头
		J	T1	200		1.5	65	
		SB 、RB、KB	T6	230		2	70	
		J、JB	T6	240		2	70	

合金牌号	合金名称（或代号）	铸造方法	合金状态	力学性能（不低于）				应用举例
				抗拉强度 σ_b/MPa	屈服强度 $\sigma_{0.2}$/MPa	伸长率 A/%	布氏硬度（HBW）	
铸造铝合金（GB/T 1173—2013 摘录）								
ZAlMg5Si	ZL303 铝镁合金	S、J、R、K	F	143		1	55	高耐腐蚀性或在高温下工作的零件
ZAlZn11Si7	ZL401 铝锌合金	S、R、K	T1	195		2	80	铸造性能好，可不热处理，用于形状复杂的大型薄壁零件，耐蚀性差
		J	T1	245		1.5	90	
铸造轴承合金（GB/T 1174—1992 摘录）								
ZSnSb12Pb10Cu4 ZSnSb11Cu6	锡基轴承合金	J J					29 27	汽轮机、压缩机、机车、发电机、球磨机、轧钢机用减速器、发动机等各种机器的滑动轴承衬
ZPbSb16Sn16Cu2 ZPbSb15Sn5	铅基轴承合金	J J					30 20	

注：① 铸造方法代号：S-砂模铸造；J-金属型铸造；Li-离心铸造；La-连续铸造；R-熔模铸造；K-壳模铸造；B-变质处理。

② 合金状态代号：F-铸态；T1-人工时效；T2-退火；T6-固溶处理加人工完全时效。

③ 有"*"的布氏硬度为参考值。

11.3 非 金 属

表 11-8 工程塑料

品种	力学性能							熔点/℃	马丁耐热/℃	脆化温度/℃	线胀系数/(10⁵℃⁻¹)	应用举例
	抗拉强度/MPa	抗压强度/MPa	抗弯强度/MPa	断后伸长率/%	冲击韧性/(MJ/m²)	弹性模量/(10³MPa)	硬度					
尼龙6	53～77	59～88	69～98	150～250	带缺口0.0031	0.83～2.6	85～114 HRR	215～223	40～50	−30～−20	7.9～8.7	具有优良的机械强度和耐磨性，广泛用作机械、化工及电气零件，如轴承、齿轮、凸轮、滚子、辊轴、泵叶轮、风扇叶轮、蜗轮、螺钉、螺母、垫圈、高压密封圈、阀座、输油管、储油容器等。尼龙粉末还可喷涂于各种零件表面，以提高耐磨性能和密封性能
尼龙9	57～64		79～84		无缺口0.025～0.030	0.97～1.2		209～215	12～48		8～12	
尼龙66	66～82	88～118	98～108	60～200	带缺口0.0039	1.4～3.3	100～118 HRR	265	50～60	−30～−25	9.1～10.0	
尼龙610	46～59	69～88	69～98	100～240	带缺口0.0035～0.0055	1.2～2.3	90～113 HRR	210～223	51～56		9.0～12.0	
尼龙1010	51～54	108	81～87	100～250	带缺口0.0040～0.0050	1.6	7.1HB	200～210	45	−60	10.5	
MC尼龙（无填充）	90	105	156	20	无缺口0.052～0.0624	3.6	21.3 HB		55		8.3	强度特高，适于制造大型齿轮、蜗轮、轴套、大型阀门密封面、导向环、导轨、滚动轴承保持架、船尾轴承、起重汽车吊索绞盘蜗轮、柴油发动机燃料泵齿轮、矿山铲掘机轴承、水压机立柱导套、大型轧钢机辊道轴瓦等

品种	力学性能										应用举例
	抗拉强度/MPa	抗压强度/MPa	抗弯强度/MPa	断后伸长率/%	冲击韧性/(MJ/m²)	弹性模量/(10³MPa)	硬度	熔点/℃	马丁耐热/℃	脆化温度/℃	线胀系数/(10⁵℃⁻¹)	
聚甲醛（均聚物）	69（屈服）	125	96	15	带缺口 0.0076	2.9（弯曲）	17.2 HB		60～64		8.1～10.0（当温度在 0～40℃ 时）	具有良好的摩擦磨损性能，尤其是优越的干摩擦性能。用于制造轴承、齿轮、凸轮、滚轮、辊子、阀门上的阀杆螺母、垫圈、法兰、垫片、泵叶轮、鼓风机叶片、弹簧、管道等
聚碳酸酯	65～69	82～86	104	100	带缺口 0.0640～0.0750	2.2～2.5（拉伸）	9.7～10.4HB	220～230	110～130	-100	6～7	具有高的冲击韧性和优异的尺寸稳定性。用于制造齿轮、蜗轮、蜗杆、齿条、凸轮、心轴、轴承、滑轮、铰链、传动链、螺栓、螺母、垫圈、铆钉、泵叶轮、汽车化油器部件、节流阀、各种外壳等
聚砜	72～85	89～97	108～127	20～100	带缺口 0.0070～0.0081	2.5～2.8（拉伸）	120 HRR	156		-100	5.0～5.2	具有高的热稳定性、长期使用温度可达 150～175℃，是一种高强度材料。可制作齿轮、凸轮、电表上的接触器、线圈骨架、仪器仪表零件、计算机和洗涤机零件及各种薄膜、板材、管道等

注：尼龙 6、66 和 610 等吸水性很大，因此其各项性能上下限差别很大。

表 11-9　工业用毛毡（FZ/T 25001—2012 摘录）

类型	牌号	规格/mm		密度/(g/cm³)	断裂强度/MPa	断裂时伸长率/%	应用举例
		长×宽	厚度				
细毛	T112-32-44 T112-25-31	长=1000～5000 宽=500～1000	1.5，2，3，4，6，8，10，12，14，16，18，20，25	0.32～0.44 0.25～0.31	2～5	≤90～144	用作密封、防振缓冲衬垫
半粗毛	T122-30-38 T122-24-29			0.30～0.38 0.24～0.29	2～4	≤95～150	
粗毛	T132-32-36			0.32～0.36	2～2.5	≤110～156	

表 11-10　工业用橡胶板（GB/T 5574—2008 摘录）

耐油性能		国际公称橡胶硬度		规格 /mm		断裂强度		扯断时伸长率		用途
		代号	指标 IRHD	宽度	厚度	代号	指标 ≥/MPa	代号	指标 ≥/%	
B 类	中等耐油	H6	60	500～2000	0.5，1，1.5，2，2.5，3，4，5，6，8，10，12，14，16，18，20，25	05	5	1.5	150	具有耐溶剂介质膨胀性能，可在一定温度下的机油、变压器油、汽油等介质中工作，适于制作各种形状的垫圈
		H7	70			07	7	2	200	
C 类	耐油	H8	80			10	10	2.5	250	
		H9	90			14	14	3	300	

注：标记示例：抗拉强度为 7MPa，扯断伸长率为 250%，公称硬度为 70IRHD 抗撕裂的耐油橡胶板标记为：工业胶板 GB/T 5574-C-07-2.5-H7-Ts。

表 11-11 软钢板纸（QB/T 2200—1996 摘录）

纸板规格/mm		厚度/mm	A 类断裂强度/MPa	B 类断裂强度/MPa	密度/(g/cm³)	用途
长×宽	厚度					
920×650 650×490 650×400 400×300 按订货合同规定	0.5～3.0	0.5～1.0	30	25	1.1～1.4	用于制作连接处的密封垫片
		1.1～3.0	30	30		

第12章 连 接

12.1 螺纹及其结构要素

表12-1 普通螺纹公称尺寸(GB/T 196—2003 摘录)　　　　(单位：mm)

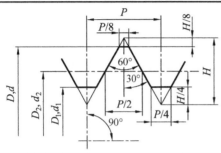

$H=0.866P$
$d_2=d-0.6495P$
$d_1=d-1.0825P$
D、d 为内、外螺纹基本大径(公称直径)；
D_2、d_2 为内、外螺纹基本中径；
D_1、d_1 为内、外螺纹基本小径；
P 为螺距

标记示例：
M20-6H(公称直径为20mm的粗牙右旋内螺纹，中径和大径的公差带均为6H)；
M20-6g(公称直径为20mm的粗牙右旋外螺纹，中径和大径的公差带均为6g)；
M20-6H/6g(上述规格的螺纹副)；
M20×2 左-5g6g-S(公称直径为20mm、螺距为2mm的细牙左旋外螺纹，中径和大径公差带分别为5g、6g，短旋合长度)

公称直径 D、d 第一系列	公称直径 D、d 第二系列	螺距 P	中径 D_2、d_2	小径 D_1、d_1
3		**0.5**	2.675	2.459
		0.35	2.773	2.621
	3.5	(0.6)	3.110	2.850
		0.35	3.273	3.121
4		**0.7**	3.545	3.242
		0.5	3.675	3.459
	4.5	(0.75)	4.013	3.688
		0.5	4.175	3.959
5		**0.8**	4.480	4.134
		0.5	4.675	4.459
6		**1**	5.350	4.917
		0.75	5.513	5.188
	7	**1**	6.350	5.917
		0.75	6.513	6.188
8		**1.25**	7.188	6.647
		1	7.350	6.917
		0.75	7.513	7.188
10		**1.5**	9.026	8.376
		1.25	9.188	8.647
		1	9.350	8.917
		0.75	9.513	9.188
12		**1.75**	10.863	10.106
		1.5	11.026	10.376
		1.25	11.188	10.647
		1	11.350	10.917
	14	**2**	12.701	11.835
		1.5	13.026	12.376
		(1.25)	13.188	12.647
		1	13.350	12.917
16		**2**	14.701	13.835
		1.5	15.026	14.376
		1	15.350	14.917
	18	**2.5**	16.376	15.294
		2	16.701	15.835
		1.5	17.026	16.376
		1	17.350	16.917
20		**2.5**	18.376	17.294
		2	18.701	17.835
		1.5	19.026	18.376
		1	19.350	18.917
	22	**2.5**	20.376	19.294
		2	20.701	19.835
		1.5	21.026	20.376
		1	21.350	20.917
24		**3**	22.051	20.752
		2	22.701	21.835
		1.5	23.026	22.376
		1	23.350	22.917
	27	**3**	25.051	23.752
		2	25.701	24.835
		1.5	26.026	25.376
		1	26.350	25.917
30		**3.5**	27.727	26.211
		(3)	28.051	26.752
		2	28.701	27.835
		1.5	29.026	28.376
		1	29.350	28.917
	33	**3.5**	30.727	29.211
		(3)	31.051	29.752
		2	31.701	30.835
		1.5	32.026	31.376

续表

第一系列	第二系列	螺距 P	中径 D_2、d_2	小径 D_1、d_1	第一系列	第二系列	螺距 P	中径 D_2、d_2	小径 D_1、d_1	第一系列	第二系列	螺距 P	中径 D_2、d_2	小径 D_1、d_1
36		**4**	33.402	31.670	48		**5**	44.752	42.587	64		**6**	60.103	57.505
		3	34.051	32.752			(4)	45.402	43.670			4	61.402	59.670
		2	34.701	33.835			3	46.051	44.752			3	62.051	60.752
		1.5	35.026	34.376			2	46.701	45.835			2	62.701	61.835
	39	**4**	36.402	34.670			1.5	47.026	46.376					
		3	37.051	35.752		52	**5**	48.752	46.587					
		2	37.701	36.835			(4)	49.402	47.670					
		1.5	38.026	37.376			3	50.051	48.752					
42		**4.5**	39.077	37.129			2	50.701	49.835					
		(4)	39.402	37.670			1.5	51.026	50.376					
		3	40.051	38.752	56		**5.5**	52.428	50.046					
		2	40.701	39.835			4	53.402	51.670					
		1.5	41.026	40.376			3	54.051	52.752					
	45	**4.5**	42.077	40.129			2	54.701	53.835					
		(4)	42.402	40.670			1.5	55.026	54.376					
		3	43.051	41.752		60	(5.5)	56.428	54.046					
		2	43.701	42.835			4	57.402	55.670					
		1.5	44.026	43.376			3	58.051	56.752					
							2	58.701	57.835					
							1.5	59.026	58.376					

注：① 螺距 P 栏第一个数值(黑体字)为粗牙螺距，其余为细牙螺距。
② 优先选用第一系列，其次选用第二系列，第三系列(表中未列出)尽可能不用，括号内尺寸尽可能不用。

表 12-2　梯形螺纹设计牙型尺寸(GB/T 5796.1—2005 摘录)　　　　　(单位：mm)

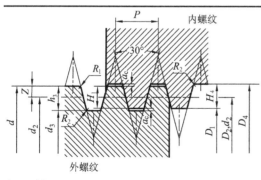

d 为外螺纹大径(公称直径)；
P 为螺距；
a_c 为牙顶间隙；
H_1 为基本牙型高度，$H_1 = 0.5P$；
h_3 为外螺纹牙高，$h_3 = H_1 + a_c$；
H_4 为内螺纹牙高，$H_4 = h_3$；
Z 为牙顶高，$Z = 0.25P$；
d_2 为外螺纹中径，$d_2 = d - 0.5P$；

D_2 为内螺纹中径，$D_2 = d_2$；
d_3 为外螺纹小径，$d_3 = d - 2h_3$；
D_1 为内螺纹小径，$D_1 = d - P$；
D_4 为内螺纹大径，$D_4 = d + 2a_c$；
R_1 为外螺纹牙顶圆角，$R_{1max} = 0.5 a_c$；
R_2 为牙底圆角，$R_{2max} = a_c$

标记示例：
Tr40×7-7H(梯形内螺纹，公称直径 $d = 40$mm，螺距 $P = 7$mm，精度等级 7H)；
Tr40×14(P7)LH-7e(多线左旋梯形外螺纹，公称直径 $d = 40$mm，导程=14mm，螺距 $P = 7$mm，精度等级 7e)；
Tr40×7-7H/7e(梯形螺纹副，公称直径 $d = 40$mm，螺距 $P = 7$mm，内螺纹精度等级 7H、外螺纹精度等级 7e)

螺距 P	a_c	$H_4 = h_3$	R_{1max}	R_{2max}	螺距 P	a_c	$H_4 = h_3$	R_{1max}	R_{2max}	螺距 P	a_c	$H_4 = h_3$	R_{1max}	R_{2max}
1.5	0.15	0.9	0.075	0.15	9		5			24		13		
2	0.25	1.25	0.125	0.25	10	0.5	5.5	0.25	0.5	28		15		
3		1.75			12		6.5			32	1	17	0.5	1
4		2.25			14		8			36		19		
5		2.75			16		9			40		21		
6	0.5	3.5	0.25	0.5	18	1	10	0.5	1	44		23		
7		4			20		11							
8		4.5			22		12							

表 12-3　梯形螺纹公称尺寸（GB/T 5796.3—2005 摘录）　（单位：mm）

公称直径d 第一系列	公称直径d 第二系列	螺距 P	中径 $d_2=D_2$	大径 D_4	小径 d_3	小径 D_1
8		1.5*	7.250	8.300	6.200	6.500
	9	1.5	8.250	9.300	7.200	7.500
	9	2*	8.000	9.500	6.500	7.000
10		1.5	9.250	10.300	8.200	8.500
10		2*	9.000	10.500	7.500	8.000
	11	2*	10.000	11.500	8.500	9.000
	11	3	9.500	11.500	7.500	8.000
12		2	11.000	12.500	9.500	10.000
12		3*	10.500	12.500	8.500	9.000
	14	2	13.000	14.500	11.500	12.000
	14	3*	12.500	14.500	10.500	11.000
16		2	15.000	16.500	13.500	14.000
16		4*	14.000	16.500	11.500	12.000
	18	2	17.000	18.500	15.500	16.000
	18	4*	16.000	18.500	13.500	14.000
20		2	19.000	20.500	17.500	18.000
20		4*	18.000	20.500	15.500	16.000
	22	3	20.500	22.500	18.500	19.000
	22	5*	19.500	22.500	16.500	17.000
	22	8	18.000	23.000	13.000	14.000
24		3	22.500	24.500	20.500	21.000
24		5*	21.500	24.500	18.500	19.000
24		8	20.000	25.000	15.000	16.000
	26	3	24.500	26.500	22.500	23.000
	26	5*	23.500	26.500	20.500	21.000
	26	8	22.000	27.000	17.000	18.000
28		3	26.500	28.500	24.500	25.000
28		5*	25.500	28.500	22.500	23.000
28		8	24.000	29.000	19.000	20.000
	30	3	28.500	30.500	26.500	27.000
	30	6*	27.000	31.000	23.000	24.000
	30	10	25.000	31.000	19.000	20.000
32		3	30.500	32.500	28.500	29.000
32		6*	29.000	33.000	25.000	26.000
32		10	27.000	33.000	21.000	22.000
	34	3	32.500	34.500	30.500	31.000
	34	6*	31.000	35.000	27.000	28.000
	34	10	29.000	35.000	23.000	24.000
36		3	34.500	36.500	32.500	33.000
36		6	33.000	37.000	29.000	30.000
36		10	31.000	37.000	25.000	26.000
	38	3	36.500	38.500	34.500	35.000
	38	7*	34.500	39.000	30.000	31.000
	38	10	33.000	39.000	27.000	28.000
40		3	38.500	40.500	36.500	37.000
40		7*	36.500	41.000	32.000	33.000
40		10	35.000	41.000	29.000	30.000

公称直径d 第一系列	公称直径d 第二系列	螺距 P	中径 $d_2=D_2$	大径 D_4	小径 d_3	小径 D_1
	42	3	40.500	42.500	38.500	39.000
	42	7*	38.500	43.000	34.000	35.000
	42	10	37.000	43.000	31.000	32.000
44		3	42.500	44.500	40.500	41.000
44		7*	40.500	45.000	36.000	37.000
44		12	38.000	45.000	31.000	32.000
	46	3	44.500	46.500	42.500	43.000
	46	8*	42.000	47.000	37.000	38.000
	46	12	40.000	47.000	33.000	34.000
48		3	46.500	48.500	44.500	45.000
48		8*	44.000	49.000	39.000	40.000
48		12	42.000	49.000	35.000	36.000
	50	3	48.500	50.500	46.500	47.000
	50	8*	46.000	51.000	41.000	42.000
	50	12	44.000	51.000	37.000	38.000
52		3	50.500	52.500	48.500	49.000
52		8*	48.000	53.000	43.000	44.000
52		12	46.000	53.000	39.000	40.000
	55	3	53.500	55.500	51.500	52.000
	55	9*	50.500	56.000	45.000	46.000
	55	14	48.000	57.000	39.000	41.000
60		3	58.500	60.500	56.500	57.000
60		9*	55.500	61.000	50.000	51.000
60		14	53.000	62.000	44.000	46.000
	65	4	63.000	65.500	60.500	61.000
	65	10*	60.000	66.000	54.000	55.000
	65	16	57.000	67.000	47.000	49.000
70		4	68.000	70.500	65.500	66.000
70		10*	65.000	71.000	59.000	60.000
70		16	62.000	72.000	52.000	54.000
	75	4	73.000	75.500	70.500	71.000
	75	10*	70.000	76.000	64.000	65.000
	75	16	67.000	77.000	57.000	59.000
80		4	78.000	80.500	75.500	76.000
80		10*	75.000	81.000	69.000	70.000
80		16	72.000	82.000	62.000	64.000
	85	4	83.000	85.500	80.500	81.000
	85	12*	79.000	86.000	72.000	73.000
	85	18	76.000	87.000	65.000	67.000
90		4	88.000	90.500	85.500	86.000
90		12*	84.000	91.000	77.000	78.000
90		18	81.000	92.000	70.000	72.000
	95	4	93.000	95.500	90.500	91.000
	95	12*	89.000	96.000	82.000	83.000
	95	18	86.000	97.000	75.000	77.000
100		4	98.000	100.500	95.500	96.000
100		12*	94.000	101.000	87.000	88.000
100		20	90.000	102.000	78.000	80.000

注：优先选用第一系列的公称直径，带*者为对应直径优先选用的螺距。

表 12-4　梯形螺纹的公差带选用（GB/T 5796.4—2005 摘录）

精度	中径				应用
	内螺纹		外螺纹		
	N	L	N	L	
中等	7H	8H	7h、7e	8e	一般用途
粗糙	8H	9H	8e、8c	9c	对精度要求不高时采用

注：梯形螺纹的公差带代号只标注中径公差带；N、L 为旋合长度。

表 12-5　梯形螺纹旋合长度（GB/T 5796.4—2005 摘录）　　（单位：mm）

公称直径 d		螺距 P	旋合长度组			公称直径 d		螺距 P	旋合长度组		
			N		L				N		L
>	≤		>	≤	>	>	≤		>	≤	>
5.6	11.2	1.5	5	15	15	45	90	14	67	200	200
		2	6	19	19			16	75	236	236
		3	10	28	28			18	85	265	265
11.2	22.4	2	8	24	24	90	180	4	24	71	71
		3	11	32	32			6	36	106	106
		4	15	43	43			8	45	132	132
								12	67	200	200
		5	18	53	53			14	75	236	236
		8	30	85	85			16	90	265	265
								18	100	300	300
22.4	45	3	12	36	36			20	112	335	335
		5	21	63	63			22	118	355	355
		6	25	75	75			24	132	400	400
								28	150	450	450
		7	30	85	85	180	355	8	50	150	150
		8	34	100	100			12	75	224	224
		10	42	125	125			18	112	335	335
		12	50	150	150			20	125	375	375
45	90	3	15	45	45			22	140	425	425
		4	19	56	56			24	150	450	450
		8	38	118	118			32	200	600	600
		9	43	132	132			36	224	670	670
		10	50	140	140			40	250	750	750
		12	60	170	170			44	280	850	850

表 12-6　普通粗牙螺纹的余留长度、钻孔余留深度（JB/ZQ 4247—2006 摘录）　　（单位：mm）

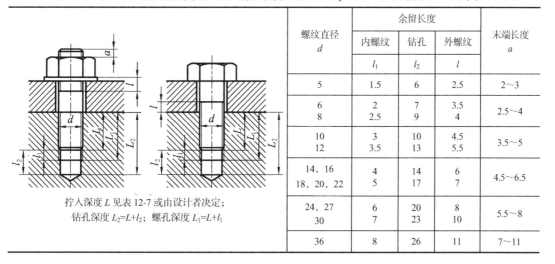

螺纹直径 d	余留长度			末端长度 a
	内螺纹 l_1	钻孔 l_2	外螺纹 l	
5	1.5	6	2.5	2～3
6	2	7	3.5	2.5～4
8	2.5	9	4	
10	3	10	4.5	3.5～5
12	3.5	13	5.5	
14、16	4	14	6	4.5～6.5
18、20、22	5	17	7	
24、27	6	20	8	5.5～8
30	7	23	10	
36	8	26	11	7～11

拧入深度 L 见表 12-7 或由设计者决定；
钻孔深度 $L_2=L+l_2$；螺孔深度 $L_1=L+l_1$

表 12-7　粗牙螺栓、螺钉拧入深度和螺纹孔尺寸(参考)　　　　(单位：mm)

d	d_0	钢或青铜		铸铁		铝	
		h	L	h	L	h	L
6	5	8	6	12	10	15	12
8	6.8	10	8	15	12	20	16
10	8.5	12	10	18	15	24	20
12	10.2	15	12	22	18	28	24
16	14	20	16	28	24	36	32
20	17.5	25	20	35	30	45	40
24	21	30	24	42	35	55	48
30	26.5	36	30	50	45	70	60
36	32	45	36	65	55	80	72
42	37.5	50	42	75	65	95	85

注：h 为内螺纹通孔长度；L 为双头螺柱或螺钉拧入深度；d_0 为攻丝前的钻孔直径。

表 12-8　普通螺纹收尾、肩距、退刀槽、倒角(GB/T 3—1997 摘录)　　　　(单位：mm)

螺距 P	外螺纹									内螺纹					
	收尾 X max		肩距 a max			退刀槽				收尾 X max		肩距 A max		退刀槽	
	一般	短	一般	长	短	g_2	g_1	r ≈	d_g	一般	短	一般	长	G_1 一般	R ≈	D_g
0.5	1.25	0.7	1.5	2	1	1.5	0.8	0.2	$d-0.8$	2	1	3	4	2	1	0.2	
0.6	1.5	0.75	1.8	2.4	1.2	1.8	0.9	0.4	$d-1$	2.4	1.2	3.2	4.8	2.4	1.2	0.4	
0.7	1.75	0.9	2.1	2.8	1.4	2.1	1.1	0.4	$d-1.1$	2.8	1.4	3.5	5.6	2.8	1.4	0.4	$D+0.3$
0.75	1.9	1	2.25	3	1.5	2.25	1.2	0.4	$d-1.2$	3	1.5	3.8	6	3	1.5	0.4	
0.8	2	1	2.4	3.2	1.6	2.4	1.3	0.4	$d-1.3$	3.2	1.6	4	6.4	3.2	1.6	0.4	
1	2.5	1.25	3	4	2	3	1.6	0.6	$d-1.6$	4	2	5	8	4	2	0.5	
1.25	3.2	1.6	4	5	2.5	3.75	2	0.6	$d-2$	5	2.5	6	10	5	2.5	0.6	
1.5	3.8	1.9	4.5	6	3	4.5	2.5	0.8	$d-2.3$	6	3	7	12	6	3	0.8	
1.75	4.3	2.2	5.3	7	3.5	5.25	3	1	$d-2.6$	7	3.5	9	14	7	3.5	0.9	
2	5	2.5	6	8	4	6	3.4	1	$d-3$	8	4	10	16	8	4	1	$D+0.5$
2.5	6.3	3.2	7.5	10	5	7.5	4.4	1.2	$d-3.6$	10	5	12	18	10	5	1.2	
3	7.5	3.8	9	12	6	9	5.2	1.6	$d-4.4$	12	6	14	22	12	6	1.5	
3.5	9	4.5	10.5	14	7	10.5	6.2	1.6	$d-5$	14	7	16	24	14	7	1.8	
4	10	5	12	16	8	12	7	2	$d-5.7$	16	8	18	26	16	8	2	
4.5	11	5.5	13.5	18	9	13.5	8	2.5	$d-6.4$	18	9	21	29	18	9	2.2	
5	12.5	6.3	15	20	10	15	9	2.5	$d-7$	20	10	23	32	20	10	2.5	
5.5	14	7	16.5	22	11	17.5	11	3.2	$d-7.7$	22	11	35	35	22	11	2.8	$D+0.5$
6	15	7.5	18	24	12	18	11	3.2	$d-8.3$	24	12	28	38	24	12	3	

注：① 外螺纹倒角一般为 45°，也可采用 60° 或 30° 倒角；倒角深度应大于或等于牙型高度，过渡角 α 应不小于 30°。内螺纹入口端的倒角一般为 120°，也可采用 90° 倒角。端面倒角直径为 $(1.05\sim1)D$(D 为螺纹公称直径)。

② 应优先选用"一般"长度的收尾和肩距。

表 12-9 梯形螺纹收尾、肩距、退刀槽、倒角(GB/T 32537—2016摘录) （单位：mm）

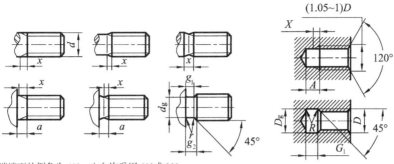

外螺纹始端端面的倒角为45°，也允许采用60°或30°；
倒角深度应大于或等于螺纹牙型高度。

螺距 P	外螺纹 收尾 x max 中等	短组	长组	肩距 a max 中等	短组	长组	退刀槽 g1 中等	短组	长组	d_g	r	内螺纹 收尾 X max 中等	短组	长组	肩距 A max 中等	短组	长组	退刀槽 G1 中等	短组	长组	D_g	R
2	6	4	8	8	5	10	6	4	8	等于外螺纹的最小小径	0.6	10	6	16	12	8	20	10	6	16		0.6
3	9	6	12	12	7.5	15	9	6	12		1.6	15	9	24	18	12	30	15	9	24	D+1	1.6
4	12	8	16	16	10	20	12	8	16		1.6	20	12	32	24	16	40	20	12	32		1.6
5	15	10	20	20	12.5	25	15	10	20		1.6	25	15	40	30	20	50	25	15	40		1.6
6	18	12	24	24	15	30	18	12	24		2.5	30	18	48	36	24	60	30	18	48		2.5
7	21	14	28	28	17.5	35	21	14	28		2.5	35	21	56	42	28	70	35	21	56		2.5
8	24	16	32	32	20	40	24	16	32		2.5	40	24	64	48	32	80	40	24	64	D+1.5	2.5
9	27	18	36	36	22.5	45	27	18	36		4	45	27	72	54	36	90	45	27	72		4
10	30	20	40	40	25	50	30	20	40		4	50	30	80	60	40	100	50	30	80		4
12	36	24	48	48	30	60	36	24	48		4	60	36	96	72	48	120	60	36	96		4
14	42	28	56	56	35	70	42	28	56		6	70	42	112	84	56	140	70	42	112		6
16	48	32	64	64	40	80	48	32	64		6	80	48	128	96	64	160	80	48	128	D+2.5	6
18	54	36	72	72	45	90	54	36	72		6	90	54	144	108	72	180	90	54	144		6
20	60	40	80	80	50	100	60	40	80		8	100	60	160	120	80	200	100	60	160		8

注：① 内、外螺纹收尾、肩距和退刀槽优先选用中等组。
② 内、外螺纹退刀槽过渡角为45°，也允许采用60°或30°。
③ 外螺纹退刀槽槽底直径 d_g 的公差为 h13。
④ 内螺纹入口端面倒角为120°，也允许采用90°。

12.2　螺纹连接件

表 12-10　六角头螺栓—A 级和 B 级（GB/T 5782—2016 摘录）

　　　　　　与六角头螺栓 全螺纹—A 级和 B 级（GB/T 5783—2016 摘录）　　　　（单位：mm）

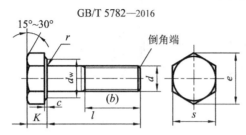

GB/T 5782—2016

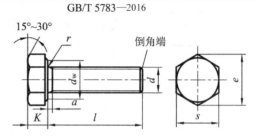

GB/T 5783—2016

标记示例：

　　螺纹规格 d=M12、公称长度 l=80mm、性能等级为 8.8 级、表面不处理、A 级的六角头螺栓标记为：

　　螺栓　GB/T 5782 M12×80

标记示例：

　　螺纹规格 d=M12、公称长度 l=80mm、性能等级为 8.8 级、表面不处理、全螺纹、A 级的六角头螺栓标记为：

　　螺栓　GB/T 5783 M12×80

螺纹规格 d			M3	M4	M5	M6	M8	M10	M12	(M14)	M16	(M18)	M20	(M22)	M24	(M27)	M30
b 参考	l≤125mm		12	14	16	18	22	26	30	34	38	42	46	50	54	60	66
	125<l≤200mm		18	20	22	24	28	32	36	40	44	48	52	56	60	66	72
	l>200mm		31	33	35	37	41	45	49	53	57	61	65	69	73	79	85
a	max		1.5	2.1	2.4	3	3.75	4.5	5.25	6	6	7.5	7.5	7.5	9	9	10.5
c	max		0.4	0.4	0.5	0.5	0.6	0.6	0.6	0.6	0.8	0.8	0.8	0.8	0.8	0.8	0.8
	min		0.15	0.15	0.15	0.15	0.15	0.15	0.15	0.15	0.2	0.2	0.2	0.2	0.2	0.2	0.2
d_w	min	A	4.6	5.9	6.9	8.9	11.6	14.6	16.6	19.6	22.5	25.3	28.2	31.7	33.6	—	—
		B	4.5	5.7	6.7	8.7	11.5	14.5	16.5	19.2	22	24.9	27.7	31.4	33.3	38	42.8
e	min	A	6.01	7.66	8.79	11.05	14.38	17.77	20.03	23.36	26.75	30.14	33.53	37.72	39.98	—	—
		B	5.88	7.5	8.63	10.89	14.2	17.59	19.85	22.78	26.17	29.56	32.95	37.29	39.55	45.2	50.85
K	公称		2	2.8	3.5	4	5.3	6.4	7.5	8.8	10	11.5	12.5	14	15	17	18.7
r	min		0.1	0.2	0.2	0.25	0.4	0.4	0.6	0.6	0.6	0.6	0.8	0.8	0.8	1	1
s	公称		5.5	7	8	10	13	16	18	21	24	27	30	34	36	41	46
l 范围			20~30	25~40	25~50	30~60	40~80	45~100	50~120	60~140	65~160	70~180	80~200	90~220	90~240	100~260	110~300
l 范围(全螺纹)			6~30	8~40	10~50	12~60	16~80	20~100	25~120	30~140	30~150	35~150	40~150	45~200	50~150	55~200	60~200
l 系列			6, 8, 10, 12, 16, 20~70(5 进位)，80~160(10 进位)，180~360(20 进位)														

技术条件	材料	力学性能等级	螺纹公差	产品公差等级	表面处理
	钢	5.6，8.8，10.9	6g	A 级用于 d≤24mm 和 l≤10d 或 l≤150mm B 级用于 d>24mm 或 l>10d 或 l>150mm	不处理；电镀要求按 GB/T 5267.1—2002；非电解锌片涂层要求按 GB/T 5267.2—2017

注：① A、B 为产品等级，A 级最精确，C 级最不精确，C 级产品见 GB/T 5780—2016、GB/T 5781—2016。

　　② 括号内为非优选的螺纹直径规格，尽量不采用。

　　③ l 系列中，M14 中的 55、65，M18 和 M20 中的 65，全螺纹中的 55、65 等规格尽量不采用。

表 12-11　六角头铰制孔螺栓—A 级和 B 级（GB/T 27—2013 摘录）　　　　　　（单位：mm）

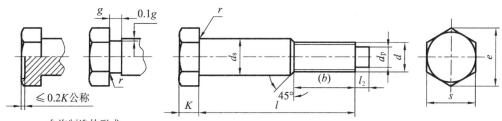

允许制造的形式

标记示例：

螺纹规格 d=M12、d_s 尺寸按表 12-11 规定，公称长度 l=80mm、性能等级为 8.8 级、表面氧化处理、A 级的六角头铰制孔螺栓标记为：　螺栓　GB/T 27　M12×80

当 d_s 按 m6 制造时标记为：　螺栓　GB/T　27　M12　m6×80

螺纹规格 d		M6	M8	M10	M12	(M14)	M16	(M18)	M20	(M22)	M24	(M27)	M30	M36
d_s(h9)	max	7	9	11	13	15	17	19	21	23	25	28	32	38
s	max	10	13	16	18	21	24	27	30	34	36	41	46	55
K	公称	4	5	6	7	8	9	10	11	12	13	15	17	20
r	min	0.25	0.4	0.4	0.6	0.6	0.6	0.6	0.8	0.8	0.8	1	1	1
d_p		4	5.5	7	8.5	10	12	13	15	17	18	21	23	28
l_2		1.5	1.5	2	2	3	3	3	4	4	4	5	5	6
e_{min}	A	11.05	14.38	17.77	20.03	23.35	26.75	30.14	33.53	37.72	39.98	—	—	—
	B	10.89	14.20	17.59	19.85	22.78	26.17	29.56	32.95	37.29	39.55	45.20	50.85	60.79
g		2.5				3.5					5			
b		12	15	18	22	25	28	30	32	35	38	42	50	55
l 范围		25～65	25～80	30～120	35～180	40～180	45～200	50～200	55～200	60～200	65～200	75～200	80～230	90～300
l 系列		25，(28)，30，(32)，35，(38)，40，45，50，(55)，60，(65)，70，(75)，80，85，90，(95)，100～260(10 进位)，280，300												

注：① 加括号的规格及尺寸为非优选值，尽量不采用。

② 机械性能等级为 8.8 级。

③ 表面处理为氧化。

④ 产品公差等级同表 12-10。

⑤ "六角头铰制孔螺栓"在 GB/T 27—2013 中改称为"六角头加强杆螺栓"。

表 12-12　双头螺柱 $b_m=d$(GB/T 897—1988 摘录)、$b_m=1.25d$(GB/T 898—1988 摘录)、

　　　　　$b_m=1.5d$(GB/T 899—1988 摘录)　　　　　　　　　　　　　　　（单位：mm）

标记示例：

两端均为粗牙普通螺纹，$d=10$mm、$l=50$mm、性能等级为 4.8 级、不经表面处理、B 型、$b_m=1.25d$ 的双头螺柱标记为：

螺柱 GB/T 898　M10×50

旋入机体一端为粗牙螺纹，旋螺母一端为螺距 $P=1$mm 的细牙普通螺纹，$d=10$mm、$l=50$mm、性能等级为 4.8 级、不经表面处理、A 型、$b_m=1.25d$ 的双头螺柱标记为：螺柱 GB/T 898　AM10-M10×1×50

旋入机体一端为过渡配合螺纹的第一种配合，旋螺母一端为粗牙普通螺纹，$d=10$mm、$l=50$mm、性能等级为 8.8 级、镀锌钝化、B 型、$b_m=1.25d$ 的双头螺柱标记为：螺柱 GB/T 898　GM10-M10×50-8.8-Zn · D

螺纹规格 d		M5	M6	M8	M10	M12	(M14)	M16	(M18)	M20	M24	M30
b_m 公称	$b_m=d$	5	6	8	10	12	14	16	18	20	24	30
	$b_m=1.25d$	6	8	10	12	15	18	20	22	25	30	38
	$b_m=1.5d$	8	10	12	15	18	21	24	27	30	36	45
$\dfrac{l(公称)}{b}$		$\dfrac{16\sim22}{10}$	$\dfrac{20\sim22}{10}$	$\dfrac{20\sim22}{12}$	$\dfrac{25\sim28}{14}$	$\dfrac{25\sim32}{16}$	$\dfrac{30\sim35}{18}$	$\dfrac{30\sim38}{20}$	$\dfrac{35\sim40}{22}$	$\dfrac{35\sim40}{25}$	$\dfrac{45\sim50}{30}$	$\dfrac{60\sim65}{40}$
		$\dfrac{25\sim50}{16}$	$\dfrac{25\sim30}{14}$	$\dfrac{25\sim30}{16}$	$\dfrac{30\sim38}{16}$	$\dfrac{32\sim40}{20}$	$\dfrac{38\sim45}{25}$	$\dfrac{40\sim55}{30}$	$\dfrac{45\sim60}{35}$	$\dfrac{45\sim65}{35}$	$\dfrac{55\sim75}{45}$	$\dfrac{70\sim90}{50}$
			$\dfrac{32\sim75}{18}$	$\dfrac{32\sim90}{22}$	$\dfrac{40\sim120}{26}$	$\dfrac{45\sim120}{30}$	$\dfrac{50\sim120}{34}$	$\dfrac{60\sim120}{38}$	$\dfrac{65\sim120}{42}$	$\dfrac{70\sim120}{46}$	$\dfrac{80\sim120}{54}$	$\dfrac{90\sim120}{66}$
					$\dfrac{130}{32}$	$\dfrac{130\sim180}{36}$	$\dfrac{130\sim180}{40}$	$\dfrac{130\sim200}{44}$	$\dfrac{130\sim200}{48}$	$\dfrac{130\sim200}{52}$	$\dfrac{130\sim200}{60}$	$\dfrac{130\sim200}{72}$
												$\dfrac{210\sim250}{85}$
l 范围		16~50	20~75	20~90	25~130	25~180	30~180	30~200	35~200	35~200	45~200	60~250
l 系列		16，(18)，20，(22)，25，(28)，30，(32)，35，(38)，40~100(5 进位)，110~260(10 进位)，280，300										

注：① 括号内规格尺寸尽可能不用，GB/T 897—1988 中 M24、M30 为括号内规格。

② 过渡配合螺纹代号 GM、G_2M。

③ GB/T 898 为商品紧固件品种，应优先选用。

④ $b-b_m \leqslant 5$mm 时，旋螺母一端应制成倒圆端。

表 12-13　内六角圆柱头螺钉(GB/T 70.1—2008 摘录)　　　　　　　　　(单位：mm)

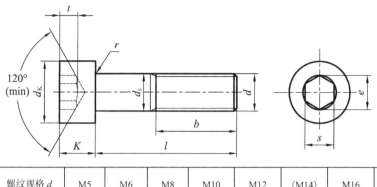

标记示例：

螺纹规格 d=M8、公称长度 l=20mm、性能等级为 8.8 级、表面氧化、A 级的内六角圆柱头螺钉标记为：

螺钉 GB/T 70.1　M8×20

螺纹规格 d		M5	M6	M8	M10	M12	(M14)	M16	M20	M24	M30
b(参考)		22	24	28	32	36	40	44	52	60	72
d_K	max 光滑头部	8.5	10	13	16	18	21	24	30	36	45
	max 滚花头部	8.72	10.22	13.27	16.27	18.27	21.33	24.33	30.33	36.39	45.39
	min	8.28	9.78	12.73	15.73	17.73	20.67	23.67	29.67	35.61	44.61
d_s	max	5	6	8	10	12	14	16	20	24	30
	min	4.82	5.82	7.78	9.78	11.73	13.73	15.73	19.67	23.67	29.67
e(min)		4.58	5.72	7.78	9.15	11.43	13.72	16	19.44	21.73	25.15
s(公称)		4	5	6	8	10	12	14	17	19	22
K(max)		5	6	8	10	12	14	16	20	24	30
t(min)		2.5	3	4	5	6	7	8	10	12	15.5
l 范围(公称)		8~50	10~60	12~80	16~100	20~120	25~140	25~160	30~200	40~200	45~200
制成全螺纹时 l≤		20	30	35	40	50	55	60	70	80	100
l 系列		8, 10, 12, 16, 20~50(5 进位), (55), 60, (65), 70~160(10 进位), 180, 200

技术条件	材料	性能等级	螺纹公差	产品等级	表面处理
	钢	8.8, 10.9, 12.9	12.9 级为 5g 或 6g, 其他为 6g	A	氧化

注：括号内规格尺寸尽可能不用。

表 12-14　**十字槽盘头螺钉**（GB/T 818—2016 摘录）**和十字槽沉头螺钉**（GB/T 819.1—2016 摘录）（单位：mm）

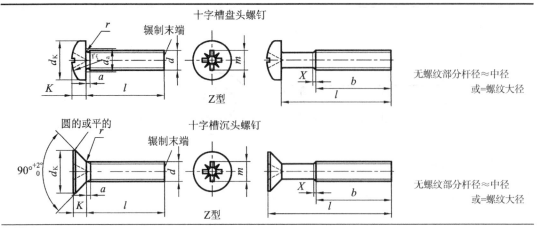

标记示例：

螺纹规格 d=M5、公称长度 l=20mm、性能等级为 4.8 级、不经表面处理、A 级的十字槽盘头螺钉（或十字槽沉头螺钉）标记为：

螺钉 GB/T 818　M5×20（或 GB/T 819.1　M5×20）

螺纹规格 d			M1.6	M2	M2.5	M3	M4	M5	M6	M8	M10
螺距 P			0.35	0.4	0.45	0.5	0.7	0.8	1	1.25	1.5
a		max	0.7	0.8	0.9	1	1.4	1.6	2	2.5	3
b		min	25	25	25	25	38	38	38	38	38
X		max	0.9	1	1.1	1.25	1.75	2	2.5	3.2	3.8
十字槽盘头螺钉	d_a	max	2	2.6	3.1	3.6	4.7	5.7	6.8	9.2	11.2
	d_K	max	3.2	4	5	5.6	8	9.5	12	16	20
	K	max	1.3	1.6	2.1	2.4	3.1	3.7	4.6	6	7.5
	r	min	0.1	0.1	0.1	0.1	0.2	0.2	0.25	0.4	0.4
	r_f	≈	2.5	3.2	4	5	6.5	8	10	13	16
	m	参考	1.6	2.1	2.6	2.8	4.3	4.7	6.7	8.8	9.9
	l 商品规格范围		3～16	3～20	3～25	4～30	5～40	6～45	8～60	10～60	12～60
十字槽沉头螺钉	d_K	max	3	3.8	4.7	5.5	8.4	9.3	11.3	15.8	18.3
	K	max	1	1.2	1.5	1.65	2.7	2.7	3.3	4.65	5
	r	max	0.4	0.5	0.6	0.8	1	1.3	1.5	2	2.5
	m	参考	1.6	1.9	2.8	3	4.4	4.9	6.6	8.8	9.8
	l 商品规格范围		3～16	3～20	3～25	4～30	5～40	6～50	8～60	10～60	12～60
公称长度 l 系列			3, 4, 5, 6, 8, 10, 12, (14), 16, 20～60(5 进位)								
技术条件		材料	性能等级		螺纹公差		公差产品等级		表面处理		
		钢	4.8 级, d<3mm 按协议		6g		A		不处理		

注：① 括号内规格尺寸尽可能不采用。

② 对十字槽盘头螺钉 d≤M3、l≤25mm 时或 d≥M4、l≤40mm 时，制出全螺纹。

③ 对十字槽沉头螺钉 d≤M3、l≤30mm 时或 d≥M4、l≤45mm 时，制出全螺纹。

表 12-15　开槽盘头螺钉(GB/T 67—2016 摘录)和开槽沉头螺钉(GB/T 68—2016 摘录)　（单位：mm）

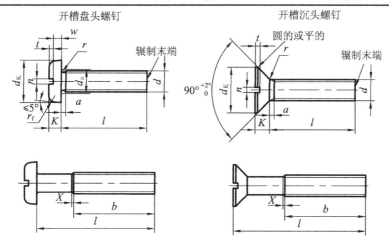

开槽盘头螺钉　　　　　　　　　开槽沉头螺钉

标记示例：

螺纹规格 d=M5、公称长度 l=20mm、性能等级为4.8级、不经表面处理、A 级的开槽盘头螺钉(或开槽沉头螺钉)标记为：

螺钉　GB/T 67　M5×20(或 GB/T 68　M5×20)

螺纹规格 d			M1.6	M2	M2.5	M3	M4	M5	M6	M8	M10
螺距 P			0.35	0.4	0.45	0.5	0.7	0.8	1	1.25	1.5
a		max	0.7	0.8	0.9	1	1.4	1.6	2	2.5	3
b		min	25	25	25	25	38	38	38	38	38
n		公称	0.4	0.5	0.6	0.8	1.2	1.2	1.6	2	2.5
X		max	0.9	1	1.1	1.25	1.75	2	2.5	3.2	3.8
开槽盘头螺钉	d_K	max	3.2	4	5	5.6	8	9.5	12	16	20
	d_a	max	2	2.6	3.1	3.6	4.7	5.7	6.8	9.2	11.2
	K	max	1	1.3	1.5	1.8	2.4	3	3.6	4.8	6
	r	min	0.1	0.1	0.1	0.1	0.2	0.2	0.25	0.4	0.4
	r_f	≈	0.5	0.6	0.8	0.9	1.2	1.5	1.8	2.4	3
	t	min	0.35	0.5	0.6	0.7	1	1.2	1.4	1.9	2.4
	w	min	0.3	0.4	0.5	0.7	1	1.2	1.4	1.9	2.4
	l 商品规格范围		2～16	2.5～20	3～25	4～30	5～40	6～50	8～60	10～80	12～80
开槽沉头螺钉	d_K	max	3	3.8	4.7	5.5	8.4	9.3	11.3	15.8	18.3
	K	max	1	1.2	1.5	1.65	2.7	2.7	3.3	4.65	5
	r	max	0.4	0.5	0.6	0.8	1	1.3	1.5	2	2.5
	t	min	0.32	0.4	0.5	0.6	1	1.1	1.2	1.8	2
	l 商品规格范围		2.5～16	3～20	4～25	5～30	6～40	8～50	8～60	10～80	12～80
公称长度 l 系列			2, 2.5, 3, 4, 5, 6, 8, 10, 12, (14), 16, 20～80(5 进位)								

技术条件	材料	性能等级	螺纹公差	公差产品等级	表面处理
	钢	4.8、5.8 级，d<3mm 按协议	6g	A	不处理

注：① 括号内规格尺寸尽可能不采用。

② 对开槽盘头螺钉 d≤M3、l≤30mm 时或 d≥M4、l≤40mm 时，制出全螺纹(b=l-a)。

③ 对开槽沉头螺钉 d≤M3、l≤30mm 时或 d≥M4、l≤45mm 时，制出全螺纹(b=l-a-K)。

表 12-16   紧定螺钉(GB/T 71—1985、GB/T 73—2017、GB/T 75—1985 摘录)   (单位：mm)

开槽锥端紧定螺钉
（GB/T 71-1985 摘录）

开槽平端紧定螺钉
（GB/T 73- 2017摘录）

开槽长圆柱端紧定螺钉
（GB/T 75-1985 摘录）

标记示例:

螺纹规格 d=M5、公称长度 l=12mm、性能等级为 14H 级、表面氧化、A 级的开槽锥端紧定螺钉(或开槽平端紧定螺钉、开槽圆柱端紧定螺钉)标记为:

螺钉 GB/T 71   M5×12（或 GB/T 73   M5×12、GB/T 75   M5×12）

螺纹规格 d			M3	M4	M5	M6	M8	M10	M12
螺距 P			0.5	0.7	0.8	1	1.25	1.5	1.75
$d_f \approx$						螺纹小径			
d_t	max		0.3	0.4	0.5	1.5	2	2.5	3
d_p	max		2	2.5	3.5	4	5.5	7	8.5
n	公称		0.4	0.6	0.8	1	1.2	1.6	2
t	min		0.8	1.12	1.28	1.6	2	2.4	2.8
z	max		1.75	2.25	2.75	3.25	4.3	5.3	6.3
不完整螺纹的长度 u						$\leqslant 2P$			
l 范围	GB/T 71—1985		4～16	6～20	8～25	8～30	10～40	12～50	14～60
	GB/T 73—2017		3～16	4～20	5～25	6～30	8～40	10～50	12～60
	GB/T 75—1985		5～16	6～20	8～25	8～30	10～40	12～50	14～60
	短螺钉	GB/T 73—2017	3	4	5	6			
		GB/T 75—1985	5	6	8	8、10	10,12,14	12,14,16	14,16,20
公称长度 l 系列			3, 4, 5, 6, 8, 10, 12, (14), 16, 20, 25, 30, 35, 40, 45, 50, (55), 60						
技术条件	材料		性能等级		螺纹公差	产品公差等级		表面处理	
	钢		14H、22H		6g	A		氧化或镀锌钝化	

注: 尽可能不采用括号内的规格尺寸。

表 12-17　1 型六角螺母—A 级和 B 级(GB/T 6170—2015 摘录)与
六角薄螺母—A 级和 B 级(GB/T 6172.1—2016 摘录)　　　　(单位：mm)

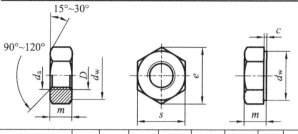

标记示例：

　螺纹规格 D=M12、性能等级为 8 级、不经表面处理、A 级的 1 型六角螺母标记为：

　螺母 GB/T 6170　M12

　螺纹规格 D=M12、性能等级为 04 级、不经表面处理、A 级的 1 型六角薄螺母标记为：

　螺母 GB/T 6172.1　M12

螺纹规格 D		M3	M4	M5	M6	M8	M10	M12	(M14)	M16	(M18)	M20	(M22)	M24	(M27)	M30	M36
d_a	max	3.45	4.6	5.75	6.75	8.75	10.8	13	15.1	17.3	19.5	21.6	23.7	25.9	29.1	32.4	38.9
d_w	min	4.6	5.9	6.9	8.9	11.6	14.6	16.6	19.6	22.5	24.9	27.7	31.4	33.3	38	42.8	51.1
e	min	6.01	7.66	8.79	11.05	14.38	17.77	20.03	23.36	26.75	29.56	32.95	37.29	39.55	45.2	50.85	60.79
s	max	5.5	7	8	10	13	16	18	21	24	27	30	34	36	41	46	55
c	max	0.4	0.4	0.5	0.5	0.6	0.6	0.6	0.6	0.8	0.8	0.8	0.8	0.8	0.8	0.8	0.8
m (max)	六角螺母	2.4	3.2	4.7	5.2	6.8	8.4	10.8	12.8	14.8	15.8	18	19.4	21.5	23.8	25.6	31
	薄螺母	1.8	2.2	2.7	3.2	4	5	6	7	8	9	10	11	12	13.5	15	18

技术条件	材料	性能等级	螺纹公差	表面处理	产品公差等级
	钢	六角螺母 6，8，10 六角薄螺母 04，05	6H	不经处理 或镀锌钝化	A 级用于 $D \leqslant$ M16 B 级用于 $D>$ M16

注：尽可能不采用括号内规格。

表 12-18　1 型六角开槽螺母—A 级和 B 级(GB/T 6178—1986 摘录)　　　(单位：mm)

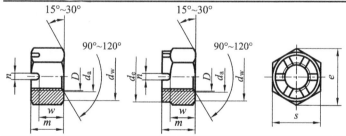

标记示例：

　螺纹规格 D=M5、性能等级为 8 级、不经表面处理、A 级的 1 型六角开槽螺母标记为：

　螺母 GB/T 6178　M5

螺纹规格 D		M4	M5	M6	M8	M10	M12	(M14)	M16	M20	M24	M30	M36
d_w	min	5.9	6.9	8.9	11.6	14.6	16.6	19.6	22.5	27.7	33.2	42.7	51.1
e	min	7.66	8.79	11.05	14.38	17.77	20.03	23.35	26.75	32.95	39.55	50.85	60.79
d_e	max								28	34	42	50	
m	max	5	6.7	7.7	9.8	12.4	15.8	17.8	20.8	24	29.5	34.6	40
n	min	1.2	1.4	2	2.5	2.8	3.5	3.5	4.5	4.5	5.5	7	7
w	max	3.2	4.7	5.2	6.8	8.4	10.8	12.8	14.8	18	21.5	25.6	31
s	max	7	8	10	13	16	18	21	24	30	36	46	55
开口销		1×10	1.2×12	1.6×14	2×16	2.5×20	3.2×22	3.2×25	4×28	4×36	5×40	6.3×50	6.3×63

注：尽可能不采用括号内规格，技术条件同表 12-17。

表 12-19　圆螺母(GB/T 812—1988 摘录)和圆螺母用止动垫圈(GB/T 858—1988 摘录)　（单位：mm）

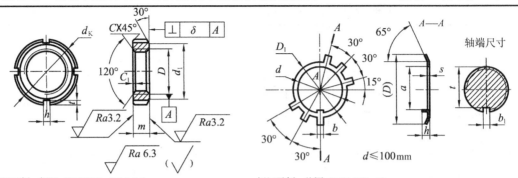

标记示例：螺母 GB/T 812　M16×1.5
（螺纹规格 D=M16×1.5，材料 45 钢，槽或全部热处理硬度为 35～45HRC，表面氧化的圆螺母）

标记示例：垫圈 GB/T 858　16
（螺纹规格为 16，材料 Q235 A，经退火、表面氧化的圆螺母用止动垫圈）

左侧 10 列为**圆螺母**，右侧 10 列为**圆螺母用止动垫圈**（其中"轴端"含 b_1、t 两列）。

螺纹规格 $D\times P$	d_K	d_1	m	h max	h min	t max	t min	C	C_1	螺纹规格	d	D(参考)	D_1	s	b	a	h	轴端 b_1	轴端 t
M10×1	22	16								10	10.5	25	16			8			7
M12×1.25	25	19								12	12.5	28	19			9			8
M14×1.5	28	20								14	14.5	32	20			11			10
M16×1.5	30	22	8	4.3	4	2.6	2	0.5		16	16.5	34	22		3.8	13	3	4	12
M18×1.5	32	24								18	18.5	35	24			15			14
M20×1.5	35	27								20	20.5	38	27	1		17			16
M22×1.5	38	30								22	22.5	42	30			19			18
M24×1.5	42	34								24	24.5	45	34		4.8	21	4	5	20
M25×1.5*										25*	25.5					22			
M27×1.5	45	37		5.3	5	3.1	2.5			27	27.5	48	37			24			23
M30×1.5	48	40								30	30.5	52	40			27			26
M33×1.5	52	43	10					1	0.5	33	33.5	56	43			30			29
M35×1.5*										35*	35.5					32			
M36×1.5	55	46								36	36.5	60	46			33			32
M39×1.5	58	49		6.3	6	3.6	3			39	39.5	62	49		5.7	36	5	6	35
M40×1.5*										40*	40.5					37			
M42×1.5	62	53								42	42.5	66	53			39			38
M45×1.5	68	59								45	45.5	72	59			42			41
M48×1.5	72	61								48	48.5	76	61			45			44
M50×1.5*										50*	50.5					47			
M52×1.5	78	67								52	52.5	82	67	1.5		49			48
M55×2*										55*	56					52			
M56×2	85	74	12	8.36	8	4.25	3.5			56	57	90	74		7.7	53	6	8	52
M60×2	90	79						1.5		60	61	94	79			57			56
M64×2	95	84								64	65	100	84			61			60
M65×2*										65*	66					62			
M68×2	100	88								68	69	105	88			65			64
M72×2	105	93							1	72	73	110	93			69			68
M75×2*				10.36	10	4.75	4			75*	76				9.6	71		10	
M76×2	110	98	15							76	77	115	98			72	7		70
M80×2	115	103								80	81	120	103			76			74
M85×2	120	108								85	86	125	108			81			79
M90×2	125	112								90	91	130	112			86			84
M95×2	130	117	18	12.43	12	5.75	5			95	96	135	117	2	11.6	91		12	89
M100×2	135	122								100	101	140	122			96			94

注：圆螺母槽数 n=4；带"*"的规格仅用于滚动轴承锁紧装置。

表 12-20 小垫圈——A 级(GB/T 848—2002 摘录)、平垫圈——A 级(GB/T 97.1—2002 摘录)、平垫圈—倒角型—A 级(GB/T 97.2—2002 摘录)　　　　　(单位：mm)

小垫圈—A级(GB/T 848—2002摘录)
平垫圈—A级(GB/T 97.1—2002摘录)

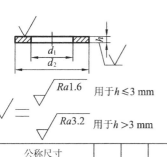

平垫圈—倒角型—A级
(GB/T 97.2—2002摘录)

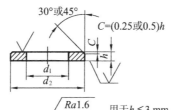

$$\sqrt{} = \sqrt{Ra1.6} \quad 用于 h \leqslant 3\ mm$$
$$\sqrt{Ra3.2} \quad 用于 h > 3\ mm$$

$$\sqrt{} = \sqrt{Ra1.6} \quad 用于 h \leqslant 3\ mm$$
$$\sqrt{Ra3.2} \quad 用于 h > 3\ mm$$

标记示例：
小系列(或标准系列)、公称规格 8 mm、由钢制造的硬度等级为 200 HV 级、不经表面处理、产品等级为 A 级的平垫圈标记为：
垫圈 GB/T 848 8
(或GB/T 97.1 8、GB/T 97.2 8)

公称尺寸(螺纹规格 d)		1.6	2	2.5	3	4	5	6	8	10	12	(14)	16	20	24	30	36
d_1	GB/T 848—2002	1.7	2.2	2.7	3.2	4.3	5.3	6.4	8.4	10.5	13	15	17	21	25	31	37
	GB/T 97.1—2002																
	GB/T 97.2—2002	—	—	—	—	—											
d_2	GB/T 848—2002	3.5	4.5	5	6	8	9	11	15	18	20	24	28	34	39	50	60
	GB/T 97.1—2002	4	5	6	7	9	10	12	16	20	24	28	30	37	44	56	66
	GB/T 97.2—2002	—	—	—	—	—											
h	GB/T 848—2002	0.3	0.3	0.5	0.5	0.5	1	1.6	1.6	1.6	2	2.5	2.5				
	GB/T 97.1—2002					0.8	1	1.6	1.6	2	2.5	2.5	3	3	4	4	5
	GB/T 97.2—2002	—	—	—	—	—											

表 12-21 标准型弹簧垫圈(GB/T 93—1987 摘录)和轻型弹簧垫圈(GB/T 859—1987 摘录)　　　(单位：mm)

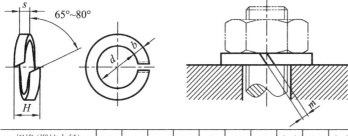

标记示例：
规格为 16mm、材料为 65Mn、表面氧化的标准型(或轻型)弹簧垫圈标记为：
垫圈 GB/T 93 16
(或GB/T 859 16)

规格(螺纹大径)			3	4	5	6	8	10	12	(14)	16	(18)	20	(22)	24	(27)	30	(33)	36
GB/T 93—1987	$s(b)$	公称	0.8	1.1	1.3	1.6	2.1	2.6	3.1	3.6	4.1	4.5	5	5.5	6	6.8	7.5	8.5	9
	H	min	1.6	2.2	2.6	3.2	4.2	5.2	6.2	7.2	8.2	9	10	11	12	13.6	15	17	18
		max	2	2.75	3.25	4	5.25	6.5	7.75	9	10.25	11.25	12.5	13.75	15	17	18.75	21.25	22.5
	m	$\leqslant$	0.4	0.55	0.65	0.8	1.05	1.3	1.55	1.8	2.05	2.25	2.5	2.75	3	3.4	3.75	4.25	4.5
GB/T 859—1987	s	公称	0.6	0.8	1.1	1.3	1.6	2	2.5	3	3.2	3.6	4	4.5	5	5.5	6		
	b	公称	1	1.2	1.5	2	2.5	3	3.5	4	4.5	5	5.5	6	7	8	9		
	H	min	1.2	1.6	2.2	2.6	3.2	4	5	6	6.4	7.2	8	9	10	11	12		
		max	1.5	2	2.75	3.25	4	5	6.25	7.5	8	9	10	11.25	12.5	13.75	15		
	m	$\leqslant$	0.3	0.4	0.55	0.65	0.8	1	1.25	1.5	1.6	1.8	2	2.25	2.5	2.75	3		

注：尽可能不采用括号内的规格。

12.3　挡　　圈

表 12-22　螺钉紧固轴端挡圈(GB/T 891—1986 摘录)、螺栓紧固轴端挡圈(GB/T 892—1986 摘录)(单位:mm)

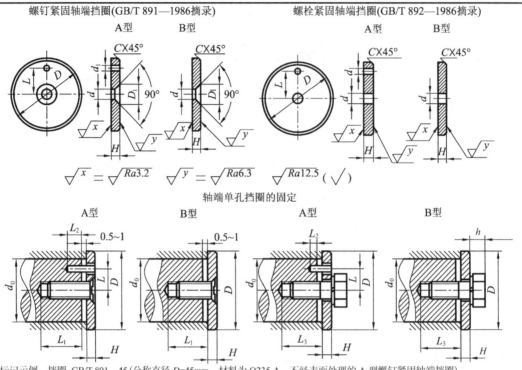

标记示例:挡圈 GB/T 891　45(公称直径 D=45mm、材料为 Q235 A、不经表面处理的 A 型螺钉紧固轴端挡圈)

挡圈 GB/T 891　B45(公称直径 D=45mm、材料为 Q235 A、不经表面处理的 B 型螺钉紧固轴端挡圈)

轴径 d_0 ≤	公称直径 D	H 公称尺寸	H 极限偏差	L 公称尺寸	L 极限偏差	d	d_1	D_1	C	螺栓 GB/T 5783—2016 (推荐)	螺钉 GB/T 819.1—2016 (推荐)	圆柱销 GB/T119.1—2000 (推荐)	垫圈 GB/T 93—1987 (推荐)	安装尺寸(参考) L_1	L_2	L_3	h
14	20	4		—													
16	22	4		—													
18	25	4		—		5.5	2.1	11	0.5	M5×16	M5×12	A2×10	5	14	6	16	4.8
20	28	4		7.5	±0.11												
22	30	4		7.5													
25	32	5		10													
28	35	5		10													
30	38	5	0 −0.30	10		6.6	3.2	13	1	M6×20	M6×16	A3×12	6	18	7	20	5.6
32	40	5		12													
35	45	5		12	±0.135												
40	50	5		12													
45	55	6		16													
50	60	6		16													
55	65	6		16		9	4.2	17	1.5	M8×25	M8×20	A4×14	8	22	8	24	7.4
60	70	6		20													
65	75	6		20	±0.165												
70	80	6		20													

注:当挡圈装在带螺纹孔的轴端时,紧固用螺钉(螺栓)允许加长;材料为 Q235 A、35 钢、45 钢。

表 12-23　轴用弹性挡圈—A 型(GB/T 894—2017 摘录)　　　　　(单位：mm)

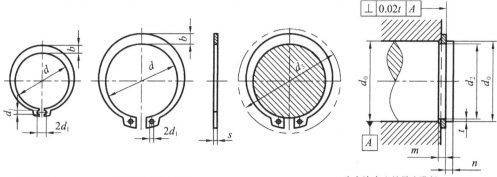

| ⊥ | 0.02t | A |

$d_0 ⩽ 9mm$　　　　　$300mm ⩾ d_0 ⩾ 10mm$　　　　　d_3 为允许套入的最小孔径

标记示例：

轴径 d_0=40mm、厚度 s=1.75mm、材料 C67S、表面磷化处理的 A 型轴用弹性挡圈标记为：

挡圈　GB/T　894　40

轴径 d_0	挡圈 d	挡圈 s	挡圈 $b≈$	挡圈 d_1 min	沟槽 d_2 公称尺寸	沟槽 d_2 极限偏差	沟槽 m 公称尺寸	沟槽 m 极限偏差	$n⩾$	孔 $d_3⩾$
6	5.6	0.7	1.3		5.7	0 / −0.05	0.8	0 / −0.14	0.5	11.7
7	6.5	0.8	1.4	1.2	6.7	0 / −0.06	0.9			13.5
8	7.4		1.5		7.6					14.7
9	8.4		1.7		8.6				0.6	16.0
10	9.3	1.0		1.5	9.6		1.1			17.0
11	10.2		1.8		10.5	0 / −0.11			0.8	18.0
12	11				11.5					19.0
13	11.9		2.0		12.4				0.9	20.2
14	12.9		2.1	1.7	13.4					21.4
15	13.8		2.2		14.3				1.1	22.6
16	14.7				15.2				1.2	23.8
17	15.7		2.3	2	16.2					25.0
18	16.5		2.4		17	0 / −0.13			1.5	26.2
19	17.5		2.5		18					27.2
20	18.5		2.6		19					28.4
21	19.5	1.2	2.7		20		1.3			29.6
22	20.5		2.8		21					30.8
24	22.2		3.0		22.9					33.2
25	23.2				23.9	0 / −0.21			1.7	34.2
26	24.2		3.1		24.9					35.5
28	25.9		3.2		26.6					37.9
29	26.9		3.4		27.6				2.1	39.1
30	27.9	1.5	3.5		28.6		1.6			40.5
32	29.6		3.6		30.3				2.6	43.0
34	31.5		3.8	2.5	32.3	0 / −0.25				45.4
35	32.2		3.9		33				3.0	46.8
36	33.2	1.75	4.0		34		1.85			47.8
38	35.2	1.75	4.2	2.5	36	0 / −0.25	1.85	0 / −0.14	3.0	50.2
40	36.5		4.4		37					52.6
42	38.5		4.5		39.5				3.8	55.7
45	41.5		4.7		42.5					59.1
48	44.5		5.0		45.5					62.5
50	45.8	2.0	5.1		47		2.15		4.5	64.5
52	47.8		5.2		49					66.7
55	50.8		5.4		52	0 / −0.30				70.2
56	51.8		5.5		53					71.6
58	53.8		5.6		55					73.6
60	55.8		5.8		57					75.6
62	57.8		6.0	3.0	59					77.8
63	58.8		6.2		60					79.0
65	60.8	2.5	6.3		62		2.65			81.4
68	63.5		6.5		65					84.8
70	65.5		6.6		67					87.0
72	67.5		6.8		69					89.2
75	70.5		7.0		72					92.7
78	73.5		7.3		75					96.1
80	74.5		7.4		76.5					98.1
82	76.5		7.6		78.5					100.3
85	79.5		7.8		81.5	0 / −0.35			5.3	103.3
88	82.5	3.0	8.0	3.5	84.5		3.15			106.5
90	84.5		8.2		86.5					108.5
95	89.5		8.6		91.5					114.8
100	94.5		9.0		96.5					120.2

表 12-24　孔用弹性挡圈—A 型（GB/T 893—2017 摘录）　　　　　（单位：mm）

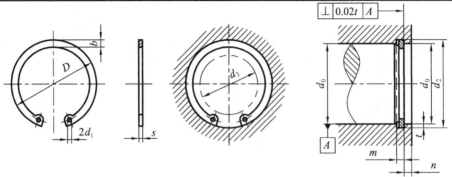

d_3 为允许套入的最大轴径

标记示例：

孔径 d_0=40mm、厚度 s=1.75mm、材料 C67S、表面磷化处理的 A 型孔用弹性挡圈标记为：

挡圈　GB/T　893　40

孔径 d_0	挡圈 D	s	$b\approx$	d_1	沟槽 d_2 公称尺寸	d_2 极限偏差	m 公称尺寸	m 极限偏差	$n\geq$	轴 $d_3\leq$
10	10.8	1.0	1.4	1.2	10.4	+0.11 0	1.1	+0.14 0	0.6	3.3
11	11.8	1.0	1.5	1.2	11.4	+0.11 0	1.1	+0.14 0	0.6	4.1
12	13	1.0	1.7	1.5	12.5	+0.11 0	1.1	+0.14 0	0.8	4.9
13	14.1	1.0	1.8	1.5	13.6	+0.11 0	1.1	+0.14 0	0.9	5.4
14	15.1	1.0	1.9	1.5	14.6	+0.11 0	1.1	+0.14 0	0.9	6.2
15	16.2	1.0	2.0	1.7	15.7	+0.11 0	1.1	+0.14 0	1.1	7.2
16	17.3	1.0	2.0	1.7	16.8	+0.11 0	1.1	+0.14 0	1.2	8.0
17	18.3	1.0	2.1	1.7	17.8	+0.11 0	1.1	+0.14 0	1.2	8.8
18	19.5	1.0	2.2	1.7	19	+0.13 0	1.3	+0.14 0	1.5	9.4
19	20.5	1.0	2.2	1.7	20	+0.13 0	1.3	+0.14 0	1.5	10.4
20	21.5	1.0	2.3	1.7	21	+0.13 0	1.3	+0.14 0	1.5	11.2
21	22.5	1.0	2.4	1.7	22	+0.13 0	1.3	+0.14 0	1.5	12.2
22	23.5	1.0	2.5	1.7	23	+0.13 0	1.3	+0.14 0	1.5	13.2
24	25.9	1.2	2.6	2.0	25.2	+0.21 0	1.3	+0.14 0	1.8	14.8
25	26.9	1.2	2.7	2.0	26.2	+0.21 0	1.3	+0.14 0	1.8	15.5
26	27.9	1.2	2.8	2.0	27.2	+0.21 0	1.3	+0.14 0	1.8	16.1
28	30.1	1.2	2.9	2.0	29.4	+0.21 0	1.3	+0.14 0	2.1	17.9
30	32.1	1.2	3.0	2.0	31.4	+0.21 0	1.3	+0.14 0	2.1	19.9
31	33.4	1.2	3.2	2.0	32.7	+0.21 0	1.3	+0.14 0	2.1	20.0
32	34.4	1.2	3.2	2.0	33.7	+0.21 0	1.3	+0.14 0	2.6	20.6
34	36.5	1.2	3.3	2.0	35.7	+0.21 0	1.3	+0.14 0	2.6	22.6
35	37.8	1.5	3.4	2.0	37	+0.25 0	1.6	+0.14 0	3	23.6
36	38.8	1.5	3.5	2.0	38	+0.25 0	1.6	+0.14 0	3	24.6
37	39.8	1.5	3.6	2.0	39	+0.25 0	1.6	+0.14 0	3	25.4
38	40.8	1.5	3.7	2.5	40	+0.25 0	1.6	+0.14 0	3	26.4
40	43.5	1.5	3.9	2.5	42.5	+0.25 0	1.6	+0.14 0	3	27.8
42	45.5	1.5	4.1	2.5	44.5	+0.25 0	1.6	+0.14 0	3	29.6
45	48.5	1.75	4.3	2.5	47.5	+0.25 0	1.85	+0.14 0	3.8	32.0
47	50.5	1.75	4.4	2.5	49.5	+0.25 0	1.85	+0.14 0	3.8	33.5
48	51.5	1.75	4.5	2.5	50.5	+0.30 0	1.85	+0.14 0	3.8	34.5
50	54.2	2	4.6	2.5	53	+0.30 0	2.15	+0.14 0	4.5	36.3
52	56.2	2.0	4.7	2.5	55	+0.30 0	2.15	+0.14 0	4.5	37.9
55	59.2	2.0	5.0	2.5	58	+0.30 0	2.15	+0.14 0	4.5	40.7
56	60.2	2.0	5.1	2.5	59	+0.30 0	2.15	+0.14 0	4.5	41.7
58	62.2	2.0	5.2	2.5	61	+0.30 0	2.15	+0.14 0	4.5	43.5
60	64.2	2.0	5.4	2.5	63	+0.30 0	2.15	+0.14 0	4.5	44.7
62	66.2	2.0	5.5	2.5	65	+0.30 0	2.15	+0.14 0	4.5	46.7
63	67.2	2.0	5.6	2.5	66	+0.30 0	2.15	+0.14 0	4.5	47.7
65	69.2	2.0	5.8	2.5	68	+0.30 0	2.15	+0.14 0	4.5	49.0
68	72.5	2.0	6.1	2.5	71	+0.30 0	2.15	+0.14 0	4.5	51.6
70	74.5	2.0	6.2	2.5	73	+0.30 0	2.15	+0.14 0	4.5	53.6
72	76.5	2.0	6.4	2.5	75	+0.30 0	2.15	+0.14 0	4.5	55.6
75	79.5	2.5	6.6	3	78	+0.30 0	2.65	+0.14 0	4.5	58.6
78	82.5	2.5	6.6	3	81	+0.30 0	2.65	+0.14 0	4.5	60.1
80	85.5	2.5	6.8	3	83.5	+0.35 0	2.65	+0.14 0	5.3	62.1
82	87.5	2.5	7.0	3	85.5	+0.35 0	2.65	+0.14 0	5.3	64.1
85	90.5	2.5	7.0	3	88.5	+0.35 0	2.65	+0.14 0	5.3	66.9
88	93.5	2.5	7.2	3	91.5	+0.35 0	2.65	+0.14 0	5.3	69.9
90	95.5	2.5	7.6	3	93.5	+0.35 0	2.65	+0.14 0	5.3	71.9
92	97.5	3.0	7.8	3.5	95.5	+0.35 0	3.15	+0.14 0	5.3	73.7
95	100.5	3.0	8.1	3.5	98.5	+0.35 0	3.15	+0.14 0	5.3	76.5
98	103.5	3.0	8.3	3.5	101.5	+0.35 0	3.15	+0.14 0	5.3	79.0
100	105.5	3.0	8.4	3.5	103.5	+0.35 0	3.15	+0.18 0	5.3	80.6
102	108	3.0	8.5	3.5	106	+0.54 0	3.15	+0.18 0	6	82.0
105	112	3.0	8.7	3.5	109	+0.54 0	3.15	+0.18 0	6	85.0
108	115	3.0	8.9	3.5	112	+0.54 0	3.15	+0.18 0	6	88.0
110	117	4.0	9.0	4.0	114	+0.54 0	4.15	+0.18 0	6	88.2
112	119	4.0	9.1	4.0	116	+0.54 0	4.15	+0.18 0	6	90.0
115	122	4.0	9.3	4.0	119	+0.54 0	4.15	+0.18 0	6	93.0
120	127	4.0	9.7	4.0	124	+0.63 0	4.15	+0.18 0	6	96.9
125	132	4.0	10.0	4.0	129	+0.63 0	4.15	+0.18 0	6	101.9
130	137	4.0	10.2	4.0	134	+0.63 0	4.15	+0.18 0	6	106.9

12.4　连接结构尺寸

表 12-25　螺栓和螺钉通孔及沉孔尺寸（GB/T 5277—1985、GB/T 152.4—1988、GB/T 152.2—2014、GB/T 152.3—1988 摘录）　　（单位：mm）

螺栓或螺钉直径 d		4	5	6	8	10	12	14	16	18	20	22	24	27	30	36
通孔直径 d_1 GB/T 5277—1985	精装配	4.3	5.3	6.4	8.4	10.5	13	15	17	19	21	23	25	28	31	37
	中等装配	4.5	5.5	6.6	9	11	13.5	15.5	17.5	20	22	24	26	30	33	39
	粗装配	4.8	5.8	7	10	12	14.5	16.5	18.5	21	24	26	28	32	35	42
六角头螺栓和六角螺母用沉孔 GB/T 152.4—1988	d_2	10	11	13	18	22	26	30	33	36	40	43	48	53	61	71
	d_3	—	—	—	—	—	16	18	20	22	24	26	28	33	36	42
	t	制出与孔轴线垂直的平面即可														
沉头螺钉用沉孔 GB/T 152.2—2014	d_2	9.6	10.6	12.8	17.6	20.3	—	—	—	—	—	—	—	—	—	—
	t	2.7	2.7	3.3	4.6	5	—	—	—	—	—	—	—	—	—	—
	α	90°±1°														
内六角圆柱头螺钉用沉孔 GB/T 152.3—1988	d_2	8	10	11	15	18	20	24	26	—	33	—	40	—	48	57
	t	—	—	—	—	—	16	18	20	—	24	—	28	—	36	42
	t	4.6	5.7	6.8	9	11	13	15	17.5	—	21.5	—	25.5	—	32	38

注：GB/T 152.4—1988、GB/T 152.2—2014、GB/T 152.3—1988 中的 d_1 尺寸同通孔直径中的中等装配。

表 12-26　最小扳手空间尺寸（JB/ZQ 4005—2006 摘录）　　　　（单位：mm）

螺纹直径 d	S	A	A_1	A_2	$E=K$	E_1	M	L	L_1	R	D
6	10	26	18	18	8	12	15	46	38	20	24
8	13	32	24	22	11	14	18	55	44	25	28
10	16	38	28	26	13	16	22	62	50	30	30
12	18	42	—	30	14	18	24	70	55	32	—
14	21	48	36	34	15	20	26	80	65	36	40
16	24	55	38	38	16	24	30	85	70	42	45
18	27	62	45	42	19	25	32	95	75	46	52
20	30	68	48	46	20	28	35	105	85	50	56
22	34	76	55	52	24	32	40	120	95	58	60
24	36	80	58	55	24	34	42	125	100	60	70
27	41	90	65	62	26	36	46	135	110	65	76
30	46	100	72	70	30	40	50	155	125	75	82
33	50	108	76	75	32	44	55	165	130	80	88
36	55	118	85	82	36	48	60	180	145	88	95
39	60	125	90	88	38	52	65	190	155	92	100
42	65	135	96	96	42	55	70	205	165	100	106
45	70	145	105	102	45	60	75	220	175	105	112
48	75	160	115	112	48	65	80	235	185	115	126
52	80	170	120	120	48	70	84	245	195	125	132
56	85	180	126	—	52	—	90	260	205	130	138

12.5　键

表 12-27　平键和键槽尺寸（GB/T 1095—2003、GB/T 1096—2003 摘录）　　　（单位：mm）

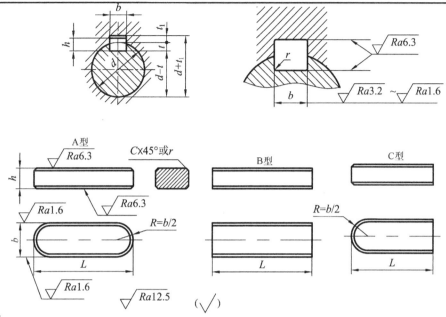

标记示例：

GB/T 1096　键 A16×10×100 [圆头普通 A 型平键、b=16mm、h=10mm、L=100mm]

GB/T 1096　键 B16×10×100 [圆头普通 B 型平键、b=16mm、h=10mm、L=100mm]

GB/T 1096　键 C16×10×100 [圆头普通 C 型平键、b=16mm、h=10mm、L=100mm]

轴	键	键槽										
			宽度 b					深度			半径 r	
公称直径 d（该列不属 GB/T 1096 —2003 内容,供参考）	公称尺寸 $b×h$	公称尺寸 b	极限偏差					轴 t		毂 t_1		
			松连接		正常连接		紧密连接					
			轴 H9	毂 D10	轴 N9	毂 JS9	轴和毂 P9	公称尺寸	极限偏差	公称尺寸	极限偏差	min	max
自 6～8	2×2	2	+0.025 0	+0.060 +0.020	−0.004 −0.029	±0.0125	−0.006 −0.031	1.2	+0.1 0	1	+0.1 0	0.08	0.16
>8～10	3×3	3						1.8		1.4			
>10～12	4×4	4	+0.030 0	+0.078 +0.030	0 −0.030	±0.015	−0.012 −0.042	2.5		1.8			
>12～17	5×5	5						3		2.3		0.16	0.25
>17～22	6×6	6						3.5		2.8			
>22～30	8×7	8	+0.036 0	+0.098 +0.040	0 −0.036	±0.018	−0.015 −0.051	4		3.3			
>30～38	10×8	10						5		3.3			
>38～44	12×8	12	+0.043 0	+0.120 +0.050	0 −0.043	±0.0215	−0.018 −0.061	5		3.3		0.25	0.40
>44～50	14×9	14						5.5		3.8			
>50～58	16×10	16						6	+0.2 0	4.3	+0.2 0		
>58～65	18×11	18						7		4.4			
>65～75	20×12	20	+0.052 0	+0.149 +0.065	0 −0.052	±0.026	−0.022 −0.074	7.5		4.9			
>75～85	22×14	22						9		5.4		0.40	0.60
>85～95	25×14	25						9		5.4			
>95～110	28×16	28						10		6.4			
键的长度系列	6、8、10、12、14、16、18、20、22、25、28、32、36、40、45、50、56、63、70、80、90、100、110、125、140、160、180、200、220、250、280、320、360												

注：① 轴槽深用 t 或 $d-t$ 标注，轮毂槽深用 $d+t_1$ 标注。

②　$d-t$ 和 $d+t_1$ 两组组合尺寸的极限偏差按相应的 t 和 t_1 极限偏差选取，但 $d-t$ 极限偏差值应取负号(−)。

③　键尺寸极限偏差 b 为 h8，h 为 h11，L 为 h14。

④　键材料的抗拉强度应不低于 590MPa。

表 12-28　半圆键和键槽尺寸（GB/T 1098—2003、GB/T 1099.1—2003 摘录）　　（单位：mm）

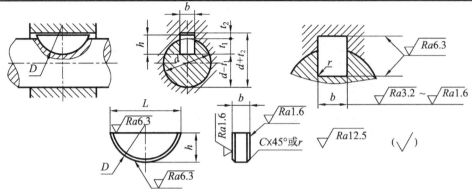

标记示例：宽度 b=6mm、h=10mm、直径 D=25mm、普通型半圆键标记为：GB/T 1099.1　键 6×10×25

轴径 d（该列不属 GB/T 1098—2003 内容，供参考）		键	键槽									
			宽度 b					深度				半径 r
		键尺寸 $b×h×D$		极限偏差				轴 t_1		毂 t_2		
键传递扭矩用	键定位用		正常连接		紧密连接	松连接		公称尺寸	极限偏差	公称尺寸	极限偏差	
			轴 N9	毂 JS9	轴和毂 P9	轴 H9	毂 D10					min	max
自 3～4	自 3～4	1×1.4×4 / 1×1.1×4	−0.004 −0.029	±0.0125	−0.006 −0.031	+0.025 0	+0.060 +0.020	1.0	+0.1 0	0.6	+0.1 0	0.08	0.16
>4～5	>4～6	1.5×2.6×7 / 1.5×2.1×7						2.0		0.8			
>5～6	>6～8	2×2.6×7 / 2×2.1×7						1.8		1.0			
>6～7	>8～10	2×3.7×10 / 2×3×10						2.9		1.0			
>7～8	>10～12	2.5×3.7×10 / 2.5×3×10						2.7		1.2			
>8～10	>12～15	3×5×13 / 3×4×13						3.8		1.4			
>10～12	>15～18	3×6.5×16 / 3×5.2×16						5.3		1.4			
>12～14	>18～20	4×6.5×16 / 4×5.2×16						5.0	+0.2 0	1.8			
>14～16	>20～22	4×7.5×19 / 4×6×19						6.0		1.8			
>16～18	>22～25	5×6.5×16 / 5×5.2×19						4.5		2.3			
>18～20	>25～28	5×7.5×19 / 5×6×19	0 −0.030	±0.015	−0.012 −0.042	+0.030 0	+0.078 +0.030	5.5		2.3		0.16	0.25
>20～22	>28～32	5×9×22 / 5×7.2×22						7.0		2.3			
>22～25	>32～36	6×9×22 / 6×7.2×22						6.5	+0.3 0	2.8			
>25～28	>36～40	6×10×25 / 6×8×25						7.5		2.8	+0.2 0		
>28～32	40	8×11×28 / 8×8.8×28	0 −0.036	±0.018	−0.015 −0.051	+0.036 0	+0.098 +0.040	8.0		3.3		0.25	0.40
>32～38	—	10×13×32 / 10×10.4×32						10		3.3			

注：① 普通型半圆键的尺寸应符合 GB/T 1099.1—2003 的规定。

② 轴槽及轮毂槽的宽度 b 对轴及轮毂轴心线的对称度一般可按 GB/T 1184—1996 表 B4 中对称度公差 7～9 级选取。

③ 轴槽、轮毂槽的键槽宽度 b 两侧面粗糙度参数按 GB/T 1031—2009，选 Ra 值为 1.6～3.2μm；轴槽底面、轮毂槽底面的表面粗糙度参数按 GB/T 1031—2009，选 Ra 值为 6.3μm。

12.6 销

表 12-29 圆柱销（GB/T 119.1—2000 摘录）、圆锥销（GB/T 117—2000 摘录）　　　（单位：mm）

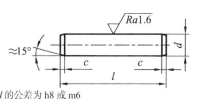

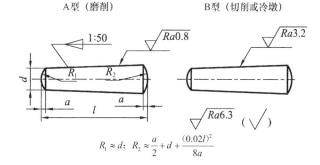

A型（磨削）　　　B型（切削或冷墩）

$R_1 \approx d$；$R_2 \approx \dfrac{a}{2} + d + \dfrac{(0.02l)^2}{8a}$

d 的公差为 h8 或 m6
公差 m6：表面粗糙度 $Ra \leqslant 0.8\mu m$
公差 h8：表面粗糙度 $Ra \leqslant 1.6\mu m$

标记示例：
公称直径 $d=6mm$、公差为 m6、长度 $l=30mm$、材料为钢、不经淬火、不经表面处理的圆柱销标记为：销 GB/T 119.1 6 m6×30
公称直径 $d=6mm$、长度 $l=30mm$、材料为 35 钢、热处理硬度为 28～38HRC、表面氧化处理的 A 型圆锥销标记为：销 GB/T 117 6×30

圆柱销	d (h8 或 m6)		3	4	5	6	8	10	12	16	20	25
	$c \approx$		0.5	0.63	0.8	1.2	1.6	2	2.5	3	3.5	4
	l（公称）		8～30	8～40	10～50	12～60	14～80	18～95	22～140	26～180	35～200	50～200
圆锥销	d (h10)	min max	2.96 3	3.95 4	4.95 5	5.95 6	7.94 8	9.94 10	11.93 12	15.93 16	19.92 20	24.92 25
	$a \approx$		0.4	0.5	0.63	0.8	1	1.2	1.6	2	2.5	3.0
	l（公称）		12～45	14～55	18～60	22～90	22～120	26～160	32～180	40～200	45～200	50～200
l（公称）的系列			12～32(2 进位)，35～100(5 进位)，100~200(20 进位)									

表 12-30 开口销（GB/T 91—2000 摘录）　　　　（单位：mm）

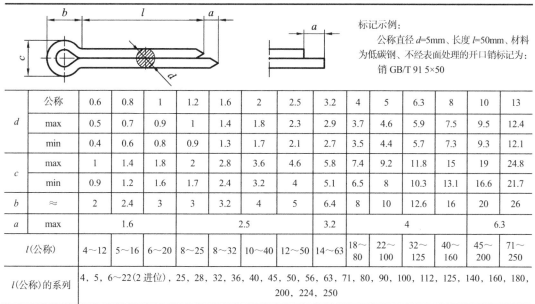

标记示例：
公称直径 $d=5mm$、长度 $l=50mm$、材料为低碳钢、不经表面处理的开口销标记为：
销 GB/T 91 5×50

	公称	0.6	0.8	1	1.2	1.6	2	2.5	3.2	4	5	6.3	8	10	13
d	max	0.5	0.7	0.9	1	1.4	1.8	2.3	2.9	3.7	4.6	5.9	7.5	9.5	12.4
	min	0.4	0.6	0.8	0.9	1.3	1.7	2.1	2.7	3.5	4.4	5.7	7.3	9.3	12.1
c	max	1	1.4	1.8	2	2.8	3.6	4.6	5.8	7.4	9.2	11.8	15	19	24.8
	min	0.9	1.2	1.6	1.7	2.4	3.2	4	5.1	6.5	8	10.3	13.1	16.6	21.7
b	$\approx$	2	2.4	3	3	3.2	4	5	6.4	8	10	12.6	16	20	26
a	max	1.6			2.5			3.2		4			6.3		
l（公称）		4～12	5～16	6～20	8～25	8～32	10～40	12～50	14～63	18～80	22～100	32～125	40～160	45～200	71～250
l（公称）的系列		4，5，6～22(2 进位)，25，28，32，36，40，45，50，56，63，71，80，90，100，112，125，140，160，180，200，224，250													

注：销孔的直径等于销的公称直径 d。

第13章 滚动轴承

13.1 常用滚动轴承

表 13-1 深沟球轴承（GB/T 276—2013 摘录）

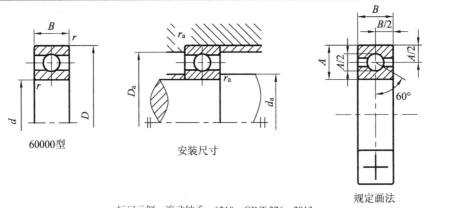

60000型　　　安装尺寸　　　规定画法

标记示例：滚动轴承　6210　GB/T 276—2013

F_a/C_{0r}	e	Y	径向当量动载荷	径向当量静载荷
0.014	0.19	2.30		
0.028	0.22	1.99		$P_{0r} = F_r$
0.056	0.26	1.71		
0.084	0.28	1.55	当 $F_a/F_r \leqslant e$ 时，$P_r = F_r$	
0.11	0.30	1.45	当 $F_a/F_r > e$ 时，$P_r = 0.56F_r + YF_a$	$P_{0r} = 0.6F_r + 0.5F_a$
0.17	0.34	1.31		
0.28	0.38	1.15		取两式计算结果较大值
0.42	0.42	1.04		
0.56	0.44	1.00		

轴承代号	外形尺寸/mm				安装尺寸/mm			基本额定动载荷 C_r/kN	基本额定静载荷 C_{0r}/kN	极限转速 /(r/min)	
	d	D	B	r min	d_a min	D_a max	r_a max			脂润滑	油润滑
(1) 0 尺寸系列											
6000	10	26	8	0.3	12.4	23.6	0.3	4.58	1.98	22000	30000
6001	12	28	8	0.3	14.4	25.6	0.3	5.10	2.38	20000	26000
6002	15	32	9	0.3	17.4	29.6	0.3	5.58	2.85	19000	24000
6003	17	35	10	0.3	19.4	32.6	0.3	6.00	3.25	17000	21000
6004	20	42	12	0.6	25	37	0.6	9.38	5.02	16000	19000
6005	25	47	12	0.6	30	42	0.6	10.0	5.85	13000	17000

续表

轴承代号	外形尺寸/mm				安装尺寸/mm			基本额定动载荷 C_r/kN	基本额定静载荷 C_{0r}/kN	极限转速/(r/min)	
	d	D	B	r min	d_a min	D_a max	r_a max			脂润滑	油润滑
(1) 0 尺寸系列											
6006	30	55	13	1	36	49	1	13.2	8.3	11000	14000
6007	35	62	14	1	41	56	1	16.2	10.5	9500	12000
6008	40	68	15	1	46	62	1	17.0	11.8	9000	11000
6009	45	75	16	1	51	69	1	21.0	14.8	8000	10000
6010	50	80	16	1	56	74	1	22.0	16.2	7000	9000
6011	55	90	18	1.1	62	83	1	30.2	21.8	7000	8500
6012	60	95	18	1.1	67	88	1	31.5	24.2	6300	7500
6013	65	100	18	1.1	72	93	1	32.0	24.8	6000	7000
6014	70	110	20	1.1	77	103	1	38.5	30.5	5600	6700
6015	75	115	20	1.1	82	108	1	40.2	33.2	5300	6300
6016	80	125	22	1.1	87	118	1	47.5	39.8	5000	6000
6017	85	130	22	1.1	92	123	1	50.8	42.8	4500	5600
6018	90	140	24	1.5	99	131	1.5	58.0	49.8	4300	5300
6019	95	145	24	1.5	104	136	1.5	57.8	50.0	4000	5000
6020	100	150	24	1.5	109	141	1.5	64.5	56.2	3800	4800
(0) 2 尺寸系列											
6200	10	30	9	0.6	15	25	0.6	5.10	2.38	20000	26000
6201	12	32	10	0.6	17	27	0.6	6.82	3.05	19000	24000
6202	15	35	11	0.6	20	30	0.6	7.65	3.72	18000	22000
6203	17	40	12	0.6	22	35	0.6	9.58	4.78	16000	20000
6204	20	47	14	1	26	41	1	12.8	6.65	14000	18000
6205	25	52	15	1	31	46	1	14.0	7.88	12000	15 000
6206	30	62	16	1	36	56	1	19.5	11.5	9500	13000
6207	35	72	17	1.1	42	65	1	25.5	15.2	8500	11000
6208	40	80	18	1.1	47	73	1	29.5	18.0	8000	10000
6209	45	85	19	1.1	52	78	1	31.5	20.5	7000	9000
6210	50	90	20	1.1	57	83	1	35.0	23.2	6700	8500
6211	55	100	21	1.5	64	91	1.5	43.2	29.2	6000	7500
6212	60	110	22	1.5	69	101	1.5	47.8	32.8	5600	7000
6213	65	120	23	1.5	74	111	1.5	57.2	40.0	5000	6300
6214	70	125	24	1.5	79	116	1.5	60.8	45.0	4800	6000
6215	75	130	25	1.5	84	121	1.5	66.0	49.5	4500	5600
6216	80	140	26	2	90	130	2	71.5	54.2	4300	5300
6217	85	150	28	2	95	140	2	83.2	63.8	4000	5000
6218	90	160	30	2	100	150	2	95.8	71.5	3800	4800
6219	95	170	32	2.1	107	158	2.1	110	82.8	3600	4500
6220	100	180	34	2.1	112	168	2.1	122	92.8	3400	4300

轴承代号	外形尺寸/mm				安装尺寸/mm			基本额定动载荷 C_r/kN	基本额定静载荷 C_{0r}/kN	极限转速/(r/min)	
	d	D	B	r min	d_a min	D_a max	r_a max			脂润滑	油润滑
(0) 3 尺寸系列											
6300	10	35	11	0.6	15	30	0.6	7.65	3.48	18000	24000
6301	12	37	12	1	18	31	1	9.72	5.08	17000	22000
6302	15	42	13	1	21	36	1	11.5	5.42	16000	20000
6303	17	47	14	1	23	41	1	13.5	6.58	15000	18000
6304	20	52	15	1.1	27	45	1	15.8	7.88	13000	16000
6305	25	62	17	1.1	32	55	1	22.2	11.5	10000	14000
6306	30	72	19	1.1	37	65	1	27.0	15.2	9000	11000
6307	35	80	21	1.5	44	71	1.5	33.2	19.2	8000	9500
6308	40	90	23	1.5	49	81	1.5	40.8	24.0	7000	8500
6309	45	100	25	1.5	54	91	1.5	52.8	31.8	6300	7500
6310	50	110	27	2	60	100	2	61.8	38.0	6000	7000
6311	55	120	29	2	65	110	2	71.5	44.8	5600	6700
6312	60	130	31	2.1	72	118	2.1	81.8	51.8	5000	6000
6313	65	140	33	2.1	77	128	2.1	93.8	60.5	4500	5300
6314	70	150	35	2.1	82	138	2.1	105	68.0	4300	5000
6315	75	160	37	2.1	87	148	2.1	113	76.8	4000	4800
6316	80	170	39	2.1	92	158	2.1	123	86.5	3800	4500
6317	85	180	41	3	99	166	2.5	132	96.5	3600	4300
6318	90	190	43	3	104	176	2.5	145	108	3400	4000
6319	95	200	45	3	109	186	2.5	157	122	3200	3800
6320	100	215	47	3	114	201	2.5	173	140	2800	3600
(0) 4 尺寸系列											
6403	17	62	17	1.1	24	55	1	22.7	10.8	11000	15000
6404	20	72	19	1.1	27	65	1	31.0	15.2	9500	13000
6405	25	80	21	1.5	34	71	1.5	38.2	19.2	8500	11000
6406	30	90	23	1.5	39	81	1.5	47.5	24.5	8000	10000
6407	35	100	25	1.5	44	91	1.5	56.8	29.5	6700	8500
6408	40	110	27	2	50	100	2	65.5	37.5	6300	8000
6409	45	120	29	2	55	110	2	77.5	45.5	5600	7000
6410	50	130	31	2.1	62	118	2.1	92.2	55.2	5300	6300
6411	55	140	33	2.1	67	128	2.1	100	62.5	4800	6000
6412	60	150	35	2.1	72	138	2.1	109	70.0	4500	5600
6413	65	160	37	2.1	77	148	2.1	118	78.5	4300	5300
6414	70	180	42	3	84	166	2.5	140	99.5	3800	4500
6415	75	190	45	3	89	176	2.5	154	115	3600	4300
6416	80	200	48	3	94	186	2.5	163	125	3400	4000
6417	85	210	52	4	103	192	3	175	138	3200	3800
6418	90	225	54	4	108	207	3	192	158	2800	3600
6420	100	250	58	4	118	232	3	222	195	2400	3200

注：基本额定动载荷 C_r、基本额定静载荷 C_{0r}、极限转速数据不是 GB/T 276—2013 内容，该部分数据取自洛阳轴研科技股份有限公司. 全国滚动轴承产品样本. 2 版. 北京：机械工业出版社，2012。

表 13-2　圆柱滚子轴承（GB/T 283—2007 摘录）

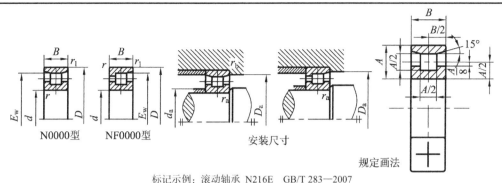

N0000型　　NF0000型　　安装尺寸　　规定画法

标记示例：滚动轴承 N216E　GB/T 283—2007

径向当量动载荷		径向当量静载荷
$P_r = F_r$	对轴向承载的轴承（NF 型 2、3 系列） $P_r = F_r + 0.3F_a$　$(0 \leqslant F_a/F_r < 0.12)$ $P_r = 0.94F_r + 0.8F_a (0.12 \leqslant F_a/F_r \leqslant 0.3)$	$P_{0r} = F_r$

轴承代号		外形尺寸/mm						安装尺寸/mm				基本额定动载荷 C_r/kN		基本额定静载荷 C_{0r}/kN		极限转速/(r/min)	
		d	D	B	r	r_1	E_w		d_a	D_a	r_a	r_b	N 型	NF 型	N 型	NF 型	脂润滑	油润滑
					min		N 型	NF 型	min		max							
(0) 2 尺寸系列																		
N 204E	NF 204	20	47	14	1	0.6	41.5	40	25	42	1	0.6	27.0	13.0	24.0	11.0	12000	16000
N 205E	NF 205	25	52	15	1	0.6	46.5	45	30	47	1	0.6	28.8	14.8	26.8	12.8	11000	14000
N 206E	NF 206	30	62	16	1	0.6	55.5	53.5	36	56	1	0.6	37.8	20.5	35.5	18.2	8500	11000
N 207E	NF 207	35	72	17	1.1	0.6	64	61.8	42	64	1	0.6	48.8	29.8	48.0	28.0	7500	9500
N 208E	NF 208	40	80	18	1.1	1.1	71.5	70	47	72	1	1	51.5	37.5	54.0	39.2	7000	9000
N 209E	NF 209	45	85	19	1.1	1.1	76.5	75	52	77	1	1	58.5	39.8	61.2	41.8	6300	8000
N 210E	NF 210	50	90	20	1.1	1.1	81.5	80.4	57	83	1	1	61.2	43.2	64.2	45.2	6000	7500
N 211E	NF 211	55	100	21	1.5	1.1	90	88.5	64	91	1.5	1	84.0	55.2	95.5	60.2	5300	6700
N 212E	NF 212	60	110	22	1.5	1.5	100	97.5	69	100	1.5	1.5	94.0	65.8	102	73.5	5000	6300
N 213E	NF 213	65	120	23	1.5	1.5	108.5	105.6	74	108	1.5	1.5	108	76.8	118	87.5	4500	5600
N 214E	NF 214	70	125	24	1.5	1.5	113.5	110.5	79	114	1.5	1.5	118	76.8	135	87.5	4300	5300
N 215E	NF 215	75	130	25	1.5	1.5	118.5	116.5	84	120	1.5	1.5	130	93.2	155	110	4000	5000
N 216E	NF 216	80	140	26	2	2	127.3	125.3	90	128	2	2	138	108	165	125	3800	4800
N 217E	NF 217	85	150	28	2	2	136.5	135.8	95	137	2	2	165	120	192	145	3600	4500
N 218E	NF 218	90	160	30	2	2	145	143	100	146	2	2	180	148	215	178	3400	4300
N 219E	NF 219	95	170	32	2.1	2.1	154.5	151.5	107	155	2.1	2.1	218	160	262	190	3200	4000
N 220E	NF 220	100	180	34	2.1	2.1	163	160	112	164	2.1	2.1	245	175	302	212	3000	3800
(0) 3 尺寸系列																		
N 304E	NF 304	20	52	15	1.1	0.6	45.5	44.5	26.5	47	1	0.6	30.5	18.8	25.5	15.0	11000	15000
N 305E	NF 305	25	62	17	1.1	1.1	54	53	31.5	55	1	1	40.2	26.8	35.8	22.5	9000	12000
N 306E	NF 306	30	72	19	1.1	1.1	62.5	62	37	64	1	1	51.5	35.0	48.2	31.5	8000	10000
N 307E	NF 307	35	80	21	1.5	1.1	70.2	68.2	44	71	1.5	1	62.0	41.0	65.0	43.0	7000	9000
N 308E	NF 308	40	90	23	1.5	1.5	80	77.5	49	80	1.5	1.5	76.8	48.8	80.5	51.2	6300	8000
N 309E	NF 309	45	100	25	1.5	1.5	88.5	86.5	54	89	1.5	1.5	93.0	66.8	97.5	70.0	5600	7000
N 310E	NF 310	50	110	27	2	2	97	95	60	98	2	2	105	76.0	110	79.5	5300	6700
N 311E	NF 311	55	120	29	2	2	106.5	104.5	65	107	2	2	135	102	138	105	4800	6000
N 312E	NF 312	60	130	31	2.1	2.1	115	113	72	116	2.1	2.1	148	125	155	128	4500	5600

轴承代号		外形尺寸/mm						安装尺寸/mm				基本额定动载荷 C_r/kN		基本额定静载荷 C_{0r}/kN		极限转速/(r/min)	
		d	D	B	r	r_1	E_w		d_a	D_a	r_a	r_b	N 型	NF 型	N 型	NF 型	脂润滑	油润滑
					min		N 型	NF 型	min		max							

(0) 3 尺寸系列

轴承代号		d	D	B	r	r_1	E_w N型	E_w NF型	d_a	D_a	r_a	r_b	C_r N型	C_r NF型	C_{0r} N型	C_{0r} NF型	脂润滑	油润滑
N 313E	NF 313	65	140	33	2.1	2.1	124.5	121.5	77	125	2.1	2.1	178	130	188	135	4000	5000
N 314E	NF 314	70	150	35	2.1	2.1	133	130	82	134	2.1	2.1	205	152	220	162	3800	4800
N 315E	NF 315	75	160	37	2.1	2.1	143	139.5	87	143	2.1	2.1	238	172	260	188	3600	4500
N 316E	NF 316	80	170	39	2.1	2.1	151	147	92	151	2.1	2.1	258	185	282	200	3400	4300
N 317E	NF 317	85	180	41	3	3	160	156	99	160	2.5	2.5	295	222	332	242	3200	4000
N 318E	NF 318	90	190	43	3	3	169.5	165	104	169	2.5	2.5	312	238	348	265	3000	3800
N 319E	NF 319	95	200	45	3	3	177.5	173.5	109	178	2.5	2.5	330	258	380	288	2800	3600
N 320E	NF 320	100	215	47	3	3	191.5	185.5	114	190	2.5	2.5	382	295	425	340	2600	3200

(0) 4 尺寸系列

轴承代号	d	D	B	r	r_1	E_w N型	E_w NF型	d_a	D_a	r_a	r_b	C_r N型	C_r NF型	C_{0r} N型	C_{0r} NF型	脂润滑	油润滑
N 406	30	90	23	1.5	1.5	73		39		1.5		60.0		53		7000	9000
N 407	35	100	25	1.5	1.5	83		44		1.5		70.8		74.2		6000	7500
N 408	40	110	27	2	2	92		50		2		90.5		94.8		5600	7000
N 409	45	120	29	2	2	100.5		55		2		102		108		5000	6300
N 410	50	130	31	2.1	2.1	110.8		62		2.1		120		125		4800	6000
N 411	55	140	33	2.1	2.1	117.2		67		2.1		135		132		4300	5300
N 412	60	150	35	2.1	2.1	127		72		2.1		162		162		4000	5000
N 413	65	160	37	2.1	2.1	135.3		77		2.1		178		178		3800	4800
N 414	70	180	42	3	3	152		84		2.5		225		232		3400	4300
N 415	75	190	45	3	3	160.5		89		2.5		262		272		3200	4000
N 416	80	200	48	3	3	170		94		2.5		298		315		3000	3800
N 417	85	210	52	4	4	179.5		103		3		328		345		2800	3600
N 418	90	225	54	4	4	191.5		108		3		368		392		2400	3200
N 419	95	240	55	4	4	201.5		113		3		396		428		2200	3000
N 420	100	250	58	4	4	211		118		3		438		480		2000	2800

22 尺寸系列

轴承代号	d	D	B	r	r_1	E_w N型	E_w NF型	d_a	D_a	r_a	r_b	C_r N型	C_r NF型	C_{0r} N型	C_{0r} NF型	脂润滑	油润滑
N 2204E	20	47	18	1	0.6	41.5		25	42	1	0.6	32.2		30.0		12000	16000
N 2205E	25	52	18	1	0.6	46.5		30	47	1	0.6	34.5		33.8		11000	14000
N 2206E	30	62	20	1	0.6	55.5		35	56	1	0.6	47.8		48.0		8500	11000
N 2207E	35	72	23	1.1	0.6	64		42	64	1	0.6	60.2		63.0		7500	9500
N 2208E	40	80	23	1.1	1.1	71.5		47	72	1	1	67.5		70.8		7000	9000
N 2209E	45	85	23	1.1	1.1	76.5		52	77	1	1	71.0		74.5		6300	8000
N 2210E	50	90	23	1.1	1.1	81.5		57	83	1	1	74.2		77.8		6000	7500
N 2211E	55	100	25	1.5	1.1	90		64	91	1.5	1	99.2		118		5300	6700
N 2212E	60	110	28	1.5	1.5	100		69	100	1.5	1.5	128		152		5000	6300
N 2213E	65	120	31	1.5	1.5	108.5		74	108	1.5	1.5	148		180		4500	600
N 2214E	70	125	31	1.5	1.5	113.5		79	114	1.5	1.5	155		192		4300	5300
N 2215E	75	130	31	1.5	1.5	118.5		84	120	1.5	1.5	162		205		4000	5000
N 2216E	80	140	33	2	2	127.3		90	128	2	2	188		242		3800	4800
N 2217E	85	150	36	2	2	136.5		95	137	2	2	215		272		3600	4500
N 2218E	90	160	40	2	2	145		100	146	2	2	240		312		3400	4300
N 2219E	95	170	43	2.1	2.1	154.5		107	155	2.1	2.1	288		368		3200	4000
N 2220E	100	180	46	2.1	2.1	163		112	164	2.1	2.1	332		440		3000	3800

表 13-3 角接触球轴承(GB/T 292—2007 摘录)

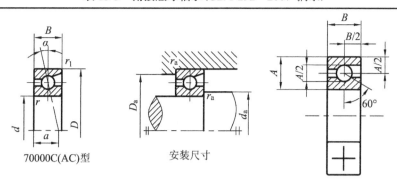

70000C(AC)型   安装尺寸   规定画法

标注示例：滚动轴承 7210C GB/T 292—2007

iF_a/C_{0r}	e	Y	70000C 型	70000AC 型
0.015	0.38	1.47	径向当量动载荷	径向当量动载荷
0.029	0.40	1.40	当 $F_a/F_r \leqslant e$ 时，$P_r = F_r$	当 $F_a/F_r \leqslant 0.68$ 时，$P_r = F_r$
0.058	0.43	1.30	当 $F_a/F_r > e$ 时，$P_r = 0.44F_r + YF_a$	当 $F_a/F_r > 0.68$ 时，$P_r = 0.41F_r + 0.87F_a$
0.087	0.46	1.23		
0.12	0.47	1.19	径向当量静载荷	径向当量静载荷
0.17	0.50	1.12	$P_{0r} = 0.5F_r + 0.46F_a$	$P_{0r} = 0.5F_r + 0.38F_a$
0.29	0.55	1.02	当 $P_{0r} < F_r$ 时，取 $P_{0r} = F_r$	当 $P_{0r} < F_r$ 时，取 $P_{0r} = F_r$
0.44	0.56	1.00		
0.58	0.56	1.00		

轴承代号		外形尺寸/mm					安装尺寸/mm			70000C		70000AC		极限转速 /(r/min)	
		d	D	B	r min	r_1 min	d_a min	D_a max	r_a max	a /mm	基本额定动载荷 C_r /kN	基本额定静载荷 C_{0r} /kN	a /mm	基本额定动载荷 C_r /kN	基本额定静载荷 C_{0r} /kN	脂润滑	油润滑

轴承代号		d	D	B	r min	r_1 min	d_a min	D_a max	r_a max	a /mm	C_r /kN	C_{0r} /kN	a /mm	C_r /kN	C_{0r} /kN	脂润滑	油润滑
7000C	7000AC	10	26	8	0.3	0.15	12.4	23.6	0.1	6.4	4.92	2.25	8.2	4.75	2.12	19000	28000
7001C	7001AC	12	28	8	0.3	0.15	14.4	25.6	0.1	6.7	5.42	2.65	8.7	5.20	2.55	18000	26000
7002C	7002AC	15	32	9	0.3	0.15	17.4	29.6	0.1	7.6	6.25	3.42	10	5.95	3.25	17000	24000
7003C	7003AC	17	35	10	0.3	0.15	19.4	32.6	0.1	8.5	6.6	3.85	11.1	6.30	3.68	16000	22000
7004C	7004AC	20	42	12	0.6	0.15	25	37	0.3	10.2	10.5	6.08	13.2	10.0	5.78	14000	19000
7005C	7005AC	25	47	12	0.6	0.15	30	42	0.3	10.8	11.5	7.45	14.4	11.2	7.08	12000	17000
7006C	7006AC	30	55	13	1	0.3	36	49	1	12.2	15.2	10.2	16.4	14.5	9.85	9500	14000
7007C	7007AC	35	62	14	1	0.3	41	56	1	13.5	19.5	14.2	18.3	18.5	13.5	8500	12000
7008C	7008AC	40	68	15	1	0.3	46	62	1	14.7	20	15.2	20.1	19.0	14.5	8000	11000
7009C	7009AC	45	75	16	1	0.3	51	69	1	16	25.8	20.5	21.9	25.8	19.5	7500	10000
7010C	7010AC	50	80	16	1	0.3	56	74	1	16.7	26.5	22	23.2	25.2	21.0	6700	9000
7011C	7011AC	55	90	18	1.1	0.6	62	83	1	18.7	37.2	30.5	25.9	35.2	29.2	6000	8000
7012C	7012AC	60	95	18	1.1	0.6	67	88	1	19.4	38.2	32.8	27.1	36.2	31.5	5600	7500
7013C	7013AC	65	100	18	1.1	0.6	72	93	1	20.1	40	35.5	28.2	38.0	33.8	5300	7000
7014C	7014AC	70	110	20	1.1	0.6	77	103	1	22.1	48.2	43.5	30.9	45.8	41.5	5000	6700
7015C	7015AC	75	115	20	1.1	0.6	82	108	1	22.7	49.5	46.5	32.2	46.8	44.2	4800	6300
7016C	7016AC	80	125	22	1.1	0.6	87	118	1.5	24.7	58.5	55.8	34.9	55.5	53.2	4500	6000
7017C	7017AC	85	130	22	1.1	0.6	92	123	1.5	25.4	62.5	60.2	36.1	59.2	57.2	4300	5600
7018C	7018AC	90	140	24	1.5	0.6	99	131	1.5	27.4	71.5	69.8	38.8	67.5	66.5	4000	5300
7019C	7019AC	95	145	24	1.5	0.6	104	136	1.5	28.1	73.5	73.2	40	69.5	69.8	3800	5000
7020C	7020AC	100	150	24	1.5	0.6	109	141	1.5	28.7	79.2	78.5	41.2	75	74.8	3800	5000

(1) 0 尺寸系列

轴承代号		外形尺寸/mm					安装尺寸/mm			70000C			70000AC			极限转速 /(r/min)	
		d	D	B	r	r_1	d_a min	D_a	r_a	a /mm	基本额定动载荷 C_r /kN	基本额定静载荷 C_{0r} /kN	a /mm	基本额定动载荷 C_r /kN	基本额定静载荷 C_{0r} /kN	脂润滑	油润滑
					min			max									
(0) 2 尺寸系列																	
7200C	7200AC	10	30	9	0.6	0.3	15	25	0.6	7.2	5.82	2.95	9.2	5.58	2.82	18000	26000
7201C	7201AC	12	32	10	0.6	0.3	17	27	0.6	8	7.35	3.52	10.2	7.10	3.35	17000	24000
7202C	7202AC	15	35	11	0.6	0.3	20	30	0.6	8.9	8.68	4.62	11.4	8.35	4.40	16000	22000
7203C	7203AC	17	40	12	0.6	0.3	22	35	0.6	9.9	10.8	5.95	12.8	10.5	5.65	15000	20000
7204C	7204AC	20	47	14	1	0.3	26	41	1	11.5	14.5	8.22	14.9	14.0	7.82	13000	18000
7205C	7205AC	25	52	15	1	0.3	31	46	1	12.7	16.5	10.5	16.4	15.8	9.88	11000	16000
7206C	7206AC	30	62	16	1	0.3	36	56	1	14.2	23	15	18.7	22.0	14.2	9000	13000
7207C	7207AC	35	72	17	1.1	0.3	42	65	1	15.7	30.5	20	21	29.0	19.2	8000	11000
7208C	7208AC	40	80	18	1.1	0.6	47	73	1	17	36.8	25.8	23	35.2	24.5	7500	10000
7209C	7209AC	45	85	19	1.1	0.6	52	78	1	18.2	38.5	28.5	24.7	36.8	27.2	6700	9000
7210C	7210AC	50	90	20	1.1	0.6	57	83	1	19.4	42.8	32	26.3	40.8	30.5	6300	8500
7211C	7211AC	55	100	21	1.5	0.6	64	91	1.5	20.9	52.8	40.5	28.6	50.5	38.5	5600	7500
7212C	7212AC	60	110	22	1.5	0.6	69	101	1.5	22.4	61	48.5	30.8	58.2	46.2	5300	7000
7213C	7213AC	65	120	23	1.5	0.6	74	111	1.5	24.2	69.8	55.2	33.5	66.5	52.5	4800	6300
7214C	7214AC	70	125	24	1.5	0.6	79	116	1.5	25.3	70.2	60	35.1	69.2	57.5	4500	6000
7215C	7215AC	75	130	25	1.5	0.6	84	121	1.5	26.4	79.2	65.8	36.6	75.2	63.0	4300	5600
7216C	7216AC	80	140	26	2	1	90	130	2	27.7	89.5	78.2	38.9	85.0	74.5	4000	5300
7217C	7217AC	85	150	28	2	1	95	140	2	29.9	99.8	85	41.6	94.8	81.5	3800	5000
7218C	7218AC	90	160	30	2	1	100	150	2	31.7	122	105	44.2	118	100	3600	4800
7219C	7219AC	95	170	32	2.1	1.1	107	158	2.1	33.8	135	115	46.9	128	108	3400	4500
7220C	7220AC	100	180	34	2.1	1.1	112	168	2.1	35.8	148	128	49.7	142	122	3200	4300
(0) 3 尺寸系列																	
7301C	7301AC	12	37	12	1	0.3	18	31	1	8.6	8.10	5.22	12	8.08	4.88	16000	22000
7302C	7302AC	15	42	13	1	0.3	21	36	1	9.6	9.38	5.95	13.5	9.08	5.58	15000	20000
7303C	7303AC	17	47	14	1	0.3	23	41	1	10.4	12.8	8.62	14.8	11.5	7.08	14000	19000
7304C	7304AC	20	52	15	1.1	0.6	27	45	1	11.3	14.2	9.68	16.8	13.8	9.10	12000	17000
7305C	7305AC	25	62	17	1.1	0.6	32	55	1	13.1	21.5	15.8	19.1	20.8	14.8	9500	14000
7306C	7306AC	30	72	19	1.1	0.6	37	65	1	15	26.5	19.8	22.2	25.2	18.5	8500	12000
7307C	7307AC	35	80	21	1.5	0.6	44	71	1.5	16.6	34.2	26.8	24.5	32.8	24.8	7500	10000
7308C	7308AC	40	90	23	1.5	0.6	49	81	1.5	18.5	40.2	32.3	27.5	38.5	30.5	6700	9000
7309C	7309AC	45	100	25	1.5	0.6	54	91	1.5	20.2	49.2	39.8	30.2	47.5	37.2	6000	8000
7310C	7310AC	50	110	27	2	1	60	100	2	22	53.5	47.2	33	55.5	44.5	5600	7500
7311C	7311AC	55	120	29	2	1	65	110	2	23.8	70.5	60.5	35.8	67.2	56.8	5000	6700
7312C	7312AC	60	130	31	2.1	1.1	72	118	2.1	25.6	80.5	70.2	38.7	77.8	65.8	4800	6300
7313C	7313AC	65	140	33	2.1	1.1	77	128	2.1	27.4	91.5	80.5	41.5	89.8	75.5	4300	5600
7314C	7314AC	70	150	35	2.1	1.1	82	138	2.1	29.2	102	91.5	44.3	98.5	86.0	4000	5300
7315C	7315AC	75	160	37	2.1	1.1	87	148	2.1	31	112	105	47.2	108	97.0	3800	5000
7316C	7316AC	80	170	39	2.1	1.1	92	158	2.1	32.8	122	118	50	118	108	3600	4800
7317C	7317AC	85	180	41	3	1.1	99	166	2.5	34.6	132	128	52.8	125	122	3400	4500
7318C	7318AC	90	190	43	3	1.1	104	176	2.5	36.4	142	142	55.6	135	135	3200	4300
7319C	7319AC	95	200	45	3	1.1	109	186	2.5	38.2	152	158	58.5	145	148	3000	4000
7320C	7320AC	100	215	47	3	1.1	114	201	2.5	40.2	162	175	61.9	165	178	2600	3600

表 13-4　圆锥滚子轴承(GB/T 297—2015 摘录)

| 径向当量动载荷 | 当 $F_a/F_r \leqslant e$ 时，$P_r = F_r$；当 $F_a/F_r > e$ 时，$P_r = 0.4F_r + 0.4Y F_a$ |
| 径向当量静载荷 | $P_{0r} = 0.5F_r + Y_0 F_a$　取两式计算结果的较大值 |

标记示例：滚动轴承 30310 GB/T 297—2015

02 尺寸系列

轴承代号	外形尺寸/mm d	D	T	B	C	r min	r_1 min	a ≈	安装尺寸/mm d_a min	d_b max	D_a min	D_a max	D_b min	a_1 min	a_2 min	r_a max	r_b max	计算系数 e	Y	Y_0	基本额定动载荷 C_r/kN	基本额定静载荷 C_{0r}/kN	极限转速/(r/min) 脂润滑	油润滑
30203	17	40	13.25	12	11	1	1	9.9	23	23	34	34	37	2	2.5	1	1	0.35	1.7	1	21.8	21.8	9000	12000
30204	20	47	15.25	14	12	1	1	11.2	26	27	40	41	43	2	3.5	1	1	0.35	1.7	1	29.5	30.5	8000	10000
30205	25	52	16.25	15	13	1	1	12.5	31	31	44	46	48	2	3.5	1	1	0.37	1.6	0.9	33.8	37.0	7000	9000
30206	30	62	17.25	16	14	1.5	1.5	13.8	36	37	53	56	58	2	3.5	1.5	1.5	0.37	1.6	0.9	45.2	50.5	6000	7500
30207	35	72	18.25	17	15	1.5	1.5	15.3	42	44	62	65	67	3	3.5	1.5	1.5	0.37	1.6	0.9	56.8	63.5	5300	6700
30208	40	80	19.75	18	16	1.5	1.5	16.9	47	49	69	73	75	3	4	1.5	1.5	0.37	1.6	0.9	66.0	74.0	5000	6300
30209	45	85	20.75	19	16	1.5	1.5	18.6	52	53	74	78	80	3	5	1.5	1.5	0.4	1.5	0.8	71.0	83.5	4500	5600
30210	50	90	21.75	20	17	1.5	1.5	20	57	58	79	83	86	3	5	1.5	1.5	0.42	1.4	0.8	76.8	92.0	4300	5300
30211	55	100	22.75	21	18	2	1.5	21	64	64	88	91	95	4	5	2	1.5	0.4	1.5	0.8	95.2	115	3800	4800
30212	60	110	23.75	22	19	2	1.5	22.3	69	69	96	101	103	4	5	2	1.5	0.4	1.5	0.8	108	130	3600	4500
30213	65	120	24.75	23	20	2	1.5	23.8	74	77	106	111	114	4	5	2	1.5	0.4	1.5	0.8	125	152	3200	4000
30214	70	125	26.25	24	21	2	1.5	25.8	79	81	110	116	119	4	5.5	2	1.5	0.42	1.4	0.8	138	175	3000	3800
30215	75	130	27.25	25	22	2	1.5	27.4	84	85	115	121	125	4	5.5	2	1.5	0.44	1.4	0.8	145	185	2800	3600
30216	80	140	28.25	26	22	2.5	2	28.1	90	90	124	130	133	5	6	2.1	2	0.42	1.4	0.8	168	212	2600	3400
30217	85	150	30.5	28	24	2.5	2	30.3	95	96	132	140	142	5	6.5	2.1	2	0.42	1.4	0.8	185	238	2400	3200
30218	90	160	32.5	30	26	2.5	2	32.3	100	102	140	150	151	5	6.5	2.1	2	0.42	1.4	0.8	210	270	2200	3000
30219	95	170	34.5	32	27	3	2.5	34.2	107	108	149	158	160	5	7.5	2.5	2.1	0.42	1.4	0.8	238	308	2000	2800
30220	100	180	37	34	29	3	2.5	36.4	112	114	157	168	169	5	8	2.5	2.1	0.42	1.4	0.8	268	350	1900	2600

30000 型　安装尺寸　规定画法

续表

03 尺寸系列

轴承代号	d	D	T	B	C	r min	r_1 min	a≈	d_a min	d_b max	D_a min	D_a max	D_b min	a_1 min	a_2 min	r_a max	r_b max	e	Y	Y_0	C_r/kN	C_{0r}/kN	脂润滑	油润滑
30303	17	47	15.3	14	12	1	1	10.4	23	25	40	41	43	3	3.5	1	1	0.29	2.1	1.2	29.5	27.2	8500	11000
30304	20	52	16.3	15	13	1.5	1.5	11.1	27	28	44	45	48	3	3.5	1.5	1.5	0.3	2	1.1	34.5	33.2	7500	9500
30305	25	62	18.3	17	15	1.5	1.5	13	32	34	54	55	58	3	3.5	1.5	1.5	0.3	2	1.1	49.0	48.0	6300	8000
30306	30	72	20.8	19	16	1.5	1.5	15.3	37	40	62	65	66	3	5	1.5	1.5	0.31	1.9	1.1	61.8	63.0	5600	7000
30307	35	80	22.8	21	18	2	1.5	16.8	44	45	70	71	74	3	5	2	1.5	0.31	1.9	1.1	78.8	82.5	5000	6300
30308	40	90	25.3	23	20	2	1.5	19.5	49	52	77	81	84	3	5.5	2	1.5	0.35	1.7	1	95.2	108	4500	5600
30309	45	100	27.3	25	22	2	1.5	21.3	54	59	86	91	94	3	5.5	2	1.5	0.35	1.7	1	113	130	4000	5000
30310	50	110	29.3	27	23	2.5	2	23	60	65	95	100	103	4	6.5	2	2	0.35	1.7	1	135	158	3800	4800
30311	55	120	31.5	29	25	2.5	2	24.9	65	70	104	110	112	4	6.5	2.5	2	0.35	1.7	1	160	188	3400	4300
30312	60	130	33.5	31	26	3	2.5	26.6	72	76	112	118	121	5	7.5	2.5	2.1	0.35	1.7	1	178	210	3200	4000
30313	65	140	36	33	28	3	2.5	28.7	77	83	122	128	131	5	8	2.5	2.1	0.35	1.7	1	205	242	2800	3600
30314	70	150	38	35	30	3	2.5	30.7	82	89	130	138	141	5	8	2.5	2.1	0.35	1.7	1	228	272	2600	3400
30315	75	160	40	37	31	3	2.5	32	87	95	139	148	150	5	9	2.5	2.1	0.35	1.7	1	265	318	2400	3200
30316	80	170	42.5	39	33	3	2.5	34.4	92	102	148	158	160	5	9.5	2.5	2.1	0.35	1.7	1	292	352	2200	3000
30317	85	180	44.5	41	34	4	3	35.9	99	107	156	166	168	6	10.5	3	2.5	0.35	1.7	1	320	388	2000	2800
30318	90	190	46.5	43	36	4	3	37.5	104	113	165	176	178	6	10.5	3	2.5	0.35	1.7	1	358	440	1900	2600
30319	95	200	49.5	45	38	4	3	40.1	109	118	172	186	185	6	11.5	3	2.5	0.35	1.7	1	388	478	1800	2400
30320	100	215	51.5	47	39	4	3	42.2	114	127	184	201	199	6	12.5	3	2.5	0.35	1.7	1	425	525	1600	2000

22 尺寸系列

轴承代号	d	D	T	B	C	r min	r_1 min	a≈	d_a min	d_b max	D_a min	D_a max	D_b min	a_1 min	a_2 min	r_a max	r_b max	e	Y	Y_0	C_r/kN	C_{0r}/kN	脂润滑	油润滑
32206	30	62	21.3	20	17	1	1	15.6	36	36	52	56	58	3	4.5	1	1	0.37	1.6	0.9	54.2	63.8	6000	7500
32207	35	72	24.3	23	19	1.5	1.5	17.9	42	42	61	65	68	3	5.5	1.5	1.5	0.37	1.6	0.9	73.8	89.5	5300	6700
32208	40	80	24.8	23	19	1.5	1.5	18.9	47	48	68	73	75	3	6	1.5	1.5	0.37	1.6	0.9	81.5	97.2	5000	6300
32209	45	85	24.8	23	19	1.5	1.5	20.1	52	53	73	78	81	3	6	1.5	1.5	0.4	1.5	0.8	84.5	105	4500	5600
32210	50	90	24.8	23	19	1.5	1.5	21	57	57	78	83	86	3	6	1.5	1.5	0.42	1.4	0.8	86.8	108	4300	5300
32211	55	100	26.8	25	21	2	1.5	22.8	64	62	87	91	96	4	6	2	1.5	0.4	1.5	0.8	112	142	3800	4800
32212	60	110	29.8	28	24	2	1.5	25	69	68	95	101	105	4	6	2	1.5	0.4	1.5	0.8	138	180	3600	4500
32213	65	120	32.8	31	27	2	1.5	27.3	74	75	104	111	115	4	6	2	1.5	0.4	1.5	0.8	168	222	3200	4000
32214	70	125	33.3	31	27	2	1.5	28.8	79	79	108	116	120	4	6.5	2	1.5	0.42	1.4	0.8	175	238	3000	3800
32215	75	130	33.3	31	27	2	1.5	30	84	84	115	121	126	4	6.5	2	1.5	0.44	1.4	0.8	178	242	2800	3600

外形尺寸/mm；安装尺寸/mm；计算系数；基本额定动载荷 C_r/kN；基本额定静载荷 C_{0r}/kN；极限转速/(r/min)

续表

轴承代号	外形尺寸/mm							a ≈	安装尺寸/mm									计算系数			基本额定动载荷 C_r/kN	基本额定静载荷 C_{0r}/kN	极限转速/(r/min)	
	d	D	T	B	C	r min	r_1 min		d_a min	d_b max	D_a min	D_a max	D_b min	a_1 min	a_2 min	r_a max	r_b max	e	Y	Y_0			脂润滑	油润滑
22 尺寸系列																								
32216	80	140	35.3	33	28	2.5	2	31.4	90	89	122	130	135	5	7.5	2.1	2	0.42	1.4	0.8	208	278	2600	3400
32217	85	150	38.5	36	30	2.5	2	33.9	95	95	130	140	143	5	8.5	2.1	2	0.42	1.4	0.8	238	325	2400	3200
32218	90	160	42.5	40	34	2.5	2	36.8	100	101	138	150	153	5	8.5	2.1	2	0.42	1.4	0.8	282	395	2200	3000
32219	95	170	45.5	43	37	3	2.5	39.2	107	106	145	158	163	5	8.5	2.5	2.1	0.42	1.4	0.8	318	448	2000	2800
32220	100	180	49	46	39	3	2.5	41.9	112	113	154	168	172	5	10	2.5	2.1	0.42	1.4	0.8	355	512	1900	2600
23 尺寸系列																								
32303	17	47	20.3	19	16	1	1	12.3	23	24	39	41	43	3	4.5	1	1	0.29	2.1	1.2	36.8	36.2	8500	11000
32304	20	52	22.3	21	18	1.5	1.5	13.6	27	26	43	45	48	3	4.5	1.5	1.5	0.3	2	1.1	44.8	46.2	7500	9500
32305	25	62	25.3	24	20	1.5	1.5	15.9	32	32	52	55	58	3	5.5	1.5	1.5	0.3	2	1.1	64.5	68.8	6300	8000
32306	30	72	28.8	27	23	1.5	1.5	18.9	37	38	59	65	66	4	6	2	1.5	0.31	1.9	1.1	85.5	96.5	5600	7000
32307	35	80	32.8	31	25	2	1.5	20.4	44	43	66	71	74	4	8.5	2	1.5	0.31	1.9	1.1	105	118	5000	6300
32308	40	90	35.3	33	27	2	1.5	23.3	49	49	73	81	83	4	8.5	2	1.5	0.35	1.7	1	120	148	4500	5600
32309	45	100	38.3	36	30	2	1.5	25.6	54	56	82	91	93	4	8.5	2	1.5	0.35	1.7	1	152	188	4000	5000
32310	50	110	42.3	40	33	2.5	2	28.2	60	61	90	100	102	5	9.5	2.5	2	0.35	1.7	1	185	235	3800	4800
32311	55	120	45.5	43	35	2.5	2	30.4	65	66	99	110	111	5	10	2.5	2	0.35	1.7	1	212	270	3400	4300
32312	60	130	48.5	46	37	3	2.5	32	72	72	107	118	122	6	11.5	2.5	2.1	0.35	1.7	1	238	302	3200	4000
32313	65	140	51	48	39	3	2.5	34.3	77	79	117	128	131	6	12	3	2.1	0.35	1.7	1	272	350	2800	3600
32314	70	150	54	51	42	3	2.5	36.5	82	84	125	138	141	6	12	3	2.1	0.35	1.7	1	312	408	2600	3400
32315	75	160	58	55	45	3	2.5	39.4	87	91	133	148	150	7	13	2.5	2.1	0.35	1.7	1	365	482	2400	3200
32316	80	170	61.5	58	48	3	2.5	42.1	92	97	142	158	160	7	13.5	2.5	2.1	0.35	1.7	1	408	542	2200	3000
32317	85	180	63.5	60	49	4	3	43.5	99	102	150	166	168	8	14.5	3	2.5	0.35	1.7	1	442	592	2000	2800
32318	90	190	67.5	64	53	4	3	46.2	104	107	157	176	178	8	14.5	3	2.5	0.35	1.7	1	502	682	1900	2600
32319	95	200	71.5	67	55	4	3	49	109	114	166	186	187	8	16.5	3	2.5	0.35	1.7	1	540	738	1800	2400
32320	100	215	77.5	73	60	4	3	52.9	114	122	177	201	201	8	17.5	3	2.5	0.35	1.7	1	628	872	1600	2000

表 13-5　推力球轴承(GB/T 301—2015　摘录)

标记示例:

滚动轴承　51208　GB/T 301—2015

轴向当量动载荷　$P_a = F_a$
轴向当量静载荷　$P_{0a} = F_a$

12(5100 型)、22(5200 型)尺寸系列

轴承代号 (52000型)	轴承代号 (51000型)	外形尺寸/mm											安装尺寸/mm						基本额定动载荷 C_r/kN	基本额定静载荷 C_{0r}/kN	极限转速 /(r/min)	
		d	d_2	D	T	T_1	d_1 min	D_1 max	D_2 max	B	r min	r_1 min	d_a min	D_a max	D_b min	d_b max	r_a max	r_{1a} max			脂润滑	油润滑
—	51200	10	—	26	11	—	12	26	—	—	0.6	—	20	16	16	—	0.6	—	12.5	17.0	6000	8000
—	51201	12	—	28	11	—	14	28	—	—	0.6	—	22	18	18	—	0.6	—	13.2	19.0	5300	7500
52202	51202	15	10	32	12	22	17	32	32	5	0.6	0.3	25	22	22	15	0.6	0.3	16.5	24.8	4800	6700
—	51203	17	—	35	12	—	19	35	—	—	0.6	—	28	24	24	—	0.6	—	17.0	27.2	4500	6300
52204	51204	20	15	40	14	26	22	40	40	6	0.6	0.3	32	28	28	20	0.6	0.3	22.2	37.5	3800	5300
52205	51205	25	20	47	15	28	27	47	47	7	0.6	0.3	38	34	34	25	0.6	0.3	27.8	50.5	3400	4800
52206	51206	30	25	52	16	29	32	52	52	7	0.6	0.3	43	39	39	30	0.6	0.3	28.0	54.2	3200	4500
52207	51207	35	30	62	18	34	37	62	62	8	1	0.3	51	46	46	35	1	0.3	39.2	78.2	2800	4000
52208	51208	40	30	68	19	36	42	68	68	9	1	0.6	57	51	51	40	1	0.6	47.0	98.2	2400	3600

续表

轴承代号		外形尺寸/mm											安装尺寸/mm						基本额定动载荷 C_r/kN	基本额定静载荷 C_{0r}/kN	极限转速/(r/min)	
		d	d_2	D	T	T_1	d_1 min	D_1 max	D_2 max	B	r min	r_1 min	d_a min	D_a max	D_b min	d_b max	r_a max	r_{1a} max			脂润滑	油润滑
12(5100型)、22(5200型)尺寸系列																						
51209	52209	45	35	73	20	37	47	73	73	9	1	0.6	62	56	56	45	1	0.6	47.8	105	2200	3400
51210	52210	50	40	78	22	39	52	78	78	9	1	0.6	67	61	61	50	1	0.6	48.5	112	2000	3200
51211	52211	55	45	90	25	45	57	90	90	10	1	0.6	76	69	69	55	1	0.6	67.5	158	1800	3000
51212	52212	60	50	95	26	46	62	95	95	10	1	0.6	81	74	74	60	1	0.6	73.5	178	1800	2800
51213	52213	65	55	100	27	47	67	100	100	10	1	0.6	86	79	79	65	1	0.6	74.8	188	1700	2600
51214	52214	70	55	105	27	47	72	105	105	10	1	1	91	84	84	70	1	1	73.5	188	1600	2400
51215	52215	75	60	110	27	47	77	110	110	10	1	1	96	89	89	75	1	1	74.8	198	1500	2200
51216	52216	80	65	115	28	48	82	115	115	12	1	1	101	94	94	80	1	1	83.8	222	1400	2000
51217	52217	85	70	125	31	55	88	125	125	12	1	1	109	101	109	85	1	1	102	280	1300	1900
51218	52218	90	75	135	35	62	93	135	135	14	1.1	1	117	108	108	90	1	1	115	315	1200	1800
51220	52220	100	85	150	38	67	103	150	150	15	1.1	1	130	120	120	100	1	1	132	375	1100	1700
13(5100型)、23(5200型)尺寸系列																						
51304	—	20	—	47	18	—	22	47	47	—	1	—	36	31	—	—	1	—	35	55.8	3600	4500
51305	52305	25	20	52	18	34	27	52	52	8	1	0.3	41	36	36	25	1	0.3	35.5	61.5	3000	4300
51306	52306	30	25	60	21	38	32	60	60	9	1	0.3	48	42	42	30	1	0.3	42.8	78.5	2400	3600
51307	52307	35	30	68	24	44	37	68	68	10	1	0.3	55	48	48	35	1	0.3	55.2	105	2000	3200
51308	52308	40	30	78	26	49	42	78	78	12	1	0.6	63	55	55	40	1	0.6	69.2	135	1900	3000
51309	52309	45	35	85	28	52	47	85	85	12	1	0.6	69	61	61	45	1	0.6	75.8	150	1700	2600
51310	52310	50	40	95	31	58	52	95	95	14	1.1	0.6	77	68	68	50	1	0.6	96.5	202	1600	2400
51311	52311	55	45	105	35	64	57	105	105	15	1.1	0.6	85	75	75	55	1	0.6	115	242	1500	2200
51312	52312	60	50	110	35	64	62	110	110	15	1.1	0.6	90	80	80	60	1	0.6	118	262	1400	2000
51313	52313	65	55	115	36	65	67	115	115	15	1.1	0.6	95	85	85	65	1	0.6	115	262	1300	1900
51314	52314	70	55	125	40	72	72	125	125	16	1.1	1	103	92	92	70	1	1	148	340	1200	1800
51315	52315	75	60	135	44	79	77	135	135	18	1.5	1	111	99	99	75	1.5	1	162	380	1100	1700
51316	52316	80	65	140	44	79	82	140	140	18	1.5	1	116	104	104	80	1.5	1	160	380	1000	1600
51317	52317	85	70	150	49	87	88	150	150	19	1.5	1	124	111	111	85	1.5	1	208	495	950	1500
51318	52318	90	75	155	50	88	93	155	155	19	1.5	1	129	116	116	90	1.5	1	205	495	900	1400
51320	52320	100	85	170	55	97	103	170	170	21	1.5	1	142	128	128	100	1.5	1	235	595	800	1200

续表

14(5100 型)、24(5200 型)尺寸系列

轴承代号		外形尺寸/mm											安装尺寸/mm						基本额定动载荷 C_r /kN	基本额定静载荷 C_{0r} /kN	极限转速/(r/min)	
		d	d_2	D	T	T_1	d_1 min	D_1 max	D_2 max	B	r min	r_1 min	d_a min	D_a max	D_b min	d_b max	r_a max	r_{1a} max			脂润滑	油润滑
51405	52405	25	15	60	24	45	27	60	60	11	1	0.6	46	39	39	25	1	0.6	55.5	89.2	2200	3400
51406	52406	30	20	70	28	52	32	70	70	12	1	0.6	54	46	46	30	1	0.6	72.5	125	1900	3000
51407	52407	35	25	80	32	59	37	80	80	14	1.1	0.6	62	53	53	35	1	0.6	86.8	155	1700	2600
51408	52408	40	30	90	36	65	42	90	90	15	1.1	0.6	70	60	60	40	1	0.6	112	205	1500	2200
51409	52409	45	35	100	39	72	47	100	100	17	1.1	0.6	78	67	67	45	1	0.6	140	262	1400	2000
51410	52410	50	40	110	43	78	52	110	110	18	1.5	0.6	86	74	74	50	1.5	0.6	160	302	1300	1900
51411	52411	55	45	120	48	87	57	120	120	20	1.5	0.6	94	81	81	55	1.5	0.6	182	355	1100	1700
51412	52412	60	50	130	51	93	62	130	130	21	1.5	0.6	102	88	88	60	1.5	0.6	200	395	1000	1600
51413	52413	65	50	140	56	101	68	140	140	23	2	1	110	95	95	65	2	1	215	448	900	1400
51414	52414	70	55	150	60	107	73	150	150	24	2	1	118	102	102	70	2	1	255	560	850	1300
51415	52415	75	60	160	65	115	78	160	160	26	2	1	125	110	110	75	2	1	268	615	800	1200
51416	52416	80	65	170	68	120	83	170	170	27	2.1	1	133	117	117	80	2.1	1	292	692	750	1100
51417	52417	85	65	180	72	128	88	177	179.5	29	2.1	1.1	141	124	124	85	2.1	1	318	782	700	1000
51418	52418	90	70	190	77	135	93	187	189.5	30	2.1	1.1	149	131	131	90	2.1	1	325	825	670	950
51420	52420	100	80	210	85	150	103	205	209.5	33	3	1.1	165	145	145	100	2.1	1	400	1 080	600	850

13.2 滚动轴承的配合(GB/T 275—2015 摘录)及游隙

表 13-6 向心轴承载荷的区分

载荷大小	轻载荷	正常载荷	重载荷
$\dfrac{P_r(径向当量动载荷)}{C_r(径向额定动载荷)}$	≤ 0.06	>0.06～0.12	>0.12

表 13-7 向心轴承和轴的配合—轴公差带

载荷情况		举例	深沟球轴承、调心球轴承和角接触球轴承	圆柱滚子轴承和圆锥滚子轴承	调心滚子轴承	公差带
			轴承公称内径/mm			
内圈承受旋转载荷或方向不定载荷	轻载荷	输送机、轻载齿轮箱	≤ 18 >18～100 >100～200 —	— ≤ 40 >40～140 >140～200	— ≤ 40 >40～140 >140～200	h5 j6① k6① m6①
	正常载荷	一般通用机械、电动机、泵、内燃机、正齿轮传动装置	≤ 18 >18～100 >100～140 >140～200 >200～280	— ≤ 40 >40～100 >100～140 >140～200 >200～400	— ≤ 40 >40～65 >65～100 >100～140 >140～280 >280～500	j5、js5 k5② m5② m6 n6 p6 r6
	重载荷	铁路机车车辆轴箱、牵引电机、破碎机等	—	>50～140 >140～200 >200	>50～100 >100～140 >140～200 >200	n6③ p6③ r6③ r7③
内圈承受固定载荷	所有载荷	内圈需在轴向易移动	非旋转轴上的各种轮子	所有尺寸		f6 g6
		内圈不需在轴向易移动	张紧轮、绳轮			h6 j6
仅有轴向载荷			所有尺寸			j6、js6

注：① 凡精度要求较高的场合，应用 j5、k5、m5 代替 j6、k6、m6。
　② 圆锥滚子轴承、角接触球轴承配合对游隙影响不大，可用 k6、m6 代替 k5、m5。
　③ 重载荷下轴承游隙应选择大于 N 组。

表 13-8 向心轴承和轴承座孔的配合—孔公差带

载荷情况		举例	其他情况	公差带①	
				球轴承	滚子轴承
外圈受固定载荷	轻、正常、重	一般机械、铁路机车车辆轴箱	轴向易移动、可采用剖分式轴承座	H7、G7②	
	冲击		轴向能移动、可采用整体或剖分式轴承座	J7、JS7	
方向不定载荷	轻、正常	电机、泵、曲轴主轴承			
	正常、重		轴向不移动、采用整体式轴承座	K7	
	重、冲击	牵引电机		M7	

续表

载荷情况	举例		其他情况	公差带[①]	
				球轴承	滚子轴承
外圈受旋转载荷	轻	皮带张紧轮	轴向不移动、采用整体式轴承座	J7	K7
	正常	轮毂轴承		M7	N7
	重			—	N7、P7

注：① 并列公差带随尺寸增大从左至右选择，对旋转精度要求高时，可相应提高一个公差等级。
② 不适用于剖分式轴承座。

表 13-9　推力轴承和轴的配合—轴公差带

载荷情况		轴承类型	轴承公称内径/mm	公差带
仅有轴向载荷		推力球和推力圆柱滚子轴承	所有尺寸	j6、js6
径向和轴向联合载荷	轴圈受固定载荷	推力调心滚子轴承、推力角接触球轴承、推力圆锥滚子轴承	≤ 250	j6
			>250	js6
	轴圈受旋转载荷或方向不定载荷		≤ 200	k6[①]
			>200～400	m6
			>400	n6

注：① 要求较小过盈时，可分别用 j6、k6、m6 代替 k6、m6、n6。

表 13-10　推力轴承和轴承座孔的配合—孔公差带

载荷情况		轴承类型	公差带	备注
仅有轴向载荷		推力球轴承	H8	—
		推力圆柱、圆锥滚子轴承	H7	—
		推力调心滚子轴承	—	轴承座孔与座圈间间隙为 0.001D（D 为轴承公称外径）
径向和轴向联合载荷	轴圈受固定载荷	推力调心滚子轴承、推力角接触球轴承、推力圆锥滚子轴承	H7	—
	轴圈受旋转载荷或方向不定载荷		K7	一般工作条件
			M7	有较大径向载荷时

表 13-11　轴和轴承座孔的几何公差

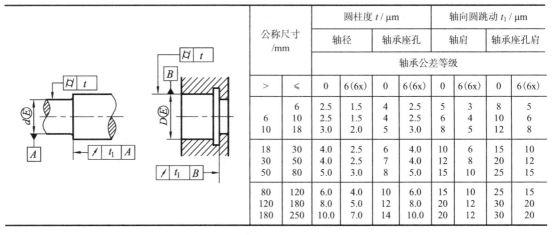

公称尺寸/mm		圆柱度 t / μm				轴向圆跳动 t₁ / μm			
		轴径		轴承座孔		轴肩		轴承座孔肩	
		轴承公差等级							
>	≤	0	6(6x)	0	6(6x)	0	6(6x)	0	6(6x)
	6	2.5	1.5	4	2.5	5	3	8	5
6	10	2.5	1.5	4	2.5	6	4	10	6
10	18	3.0	2.0	5	3.0	8	5	12	8
18	30	4.0	2.5	6	4.0	10	6	15	10
30	50	4.0	2.5	7	4.0	12	8	20	12
50	80	5.0	3.0	8	5.0	15	10	25	15
80	120	6.0	4.0	10	6.0	15	10	25	15
120	180	8.0	5.0	12	8.0	20	12	30	20
180	250	10.0	7.0	14	10.0	20	12	30	20

表 13-12　配合表面及端面的表面粗糙度

轴或轴承座孔直径 /mm		轴或轴承座孔配合表面直径公差等级					
		IT7		IT6		IT5	
		表面粗糙度 Ra/μm					
>	≤	磨	车	磨	车	磨	车
—	80	1.6	3.2	0.8	1.6	0.4	0.8
80	500	1.6	3.2	1.6	3.2	0.8	1.6
500	1250	3.2	6.3	1.6	3.2	1.6	3.2
端面		3.2	6.3	3.2	6.3	1.6	3.2

表 13-13　向心推力轴承和推力轴承的轴向游隙(参考)

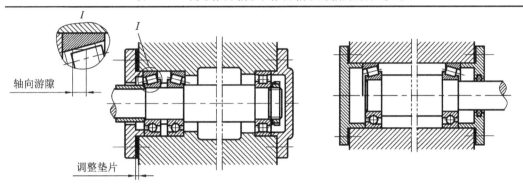

Ⅰ型　　　　　　　　　　　　　　　　　　　Ⅱ型

轴承内径 d/mm		角接触球轴承允许轴向游隙范围/μm							圆锥滚子轴承允许轴向游隙范围/μm						
		接触角 α=12°				α=26°及36°		Ⅱ型轴承允许间距(大概值)	接触角 α=10°~16°				α=25°~29°		Ⅱ型轴承允许间距(大概值)
		Ⅰ型		Ⅱ型		Ⅰ型			Ⅰ型		Ⅱ型		Ⅰ型		
超过	到	min	max	min	max	min	max		min	max	min	max	min	max	
—	30	20	40	30	50	10	20	8d	20	40	40	70	—	—	14d
30	50	30	50	40	70	15	30	7d	40	70	50	100	20	40	12d
50	80	40	70	50	100	20	40	6d	50	100	80	150	30	50	11d
80	120	50	100	60	150	30	50	5d	80	150	120	200	40	70	10d
120	180	80	150	100	200	40	70	4d	120	200	200	300	50	100	9d
180	260	120	200	150	250	50	100	(2~3)d	160	250	250	350	80	150	6.5d

轴承内径 d/mm		推力球轴承允许轴向游隙范围/μm					
		51100 型		51200 及 51300 型		51400 型	
超过	到	min	max	min	max	min	max
—	50	10	20	20	40	—	—
50	120	20	40	40	60	60	80
120	140	40	60	60	80	80	120

第 14 章 润滑与密封

14.1 常用润滑剂

表 14-1 常用润滑油的主要性质和用途

名称	代号	运动黏度 /(mm²/s) 40℃	倾点 ≤ ℃	闪点（开口） ≥ ℃	主要用途
全损耗系统用油（GB/T 443—1989）	L-AN5	4.14～5.06	−5	80	用于各种高速轻载机械轴承的润滑和冷却（循环式或油箱式），如转速在 10000r/min 以上的精密机械、机床及纺织纱锭的润滑与冷却
	L-AN-7	6.12～7.48		110	
	L-AN-10	9～11		130	
	L-AN-15	13.5～16.5		150	用于小型机床齿轮箱、传动装置轴承、中小型电机、风动工具等
	L-AN-22	19.8～24.2			
	L-AN-32	28.8～35.2			用于一般机床齿轮变速器、中小型机床导轨及 100kW 以上电机轴承
	L-AN-46	41.4～50.6		160	主要用于大型机床、大型刨床上
	L-AN-68	61.2～74.8			
	L-AN-100	90～110		180	主要用于低速重载的纺织机械及重型机床、锻床、铸工设备上
	L-AN-150	135～165			
工业闭式齿轮油（GB 5903—2011）	L-CKC68	61.2～74.8	−12	180	适用于煤炭、水泥、冶金工业部门大型封闭式齿轮传动装置的润滑
	L-CKC100	90～110		200	
	L-CKC150	135～165			
	L-CKC220	198～242	−9		
	L-CKC320	288～352			
	L-CKC460	414～506			
	L-CKC680	612～748	−5		
L-CKE/P 蜗轮蜗杆油（SH/T 0094—1991）（2007 年复审确认）	220	198～242	−12	180	用于铜-钢配对的圆柱形、承受重负荷、传动中有振动和冲击的蜗轮蜗杆副
	320	288～352			
	460	414～506			
	680	612～748			
	1 000	900～1100			

表 14-2　常用润滑脂的主要性质和用途

名称	代号	滴点 /℃ 不低于	工作锥入度 (25 ℃,150 g) /(0.1mm)	主要用途
钙基润滑脂 (GB/T 491—2008)	1 号	80	310~340	有耐水性能。用于工作温度低于 55~60℃ 的各种工农业、交通运输机械设备的轴承润滑,特别是有水或潮湿处
	2 号	85	265~295	
	3 号	90	220~250	
	4 号	95	175~205	
钠基润滑脂 (GB 492—1989)	L - XACMGA2	160	265~295	不耐水(或潮湿)。用于工作温度在-10~110℃ 的一般中负荷机械设备轴承润滑
	L - XACMGA3		220~250	
通用锂基润滑脂 (GB/T 7324—2010)	1 号	170	310~340	有良好的耐水性和耐热性。适用于温度在 -20~120℃ 的各种机械的滚动轴承、滑动轴承及其他摩擦部位的润滑
	2 号	175	265~295	
	3 号	180	220~250	
钙钠基润滑脂 (SH/T 0368—1992) (2003 年复审确认)	2 号	120	250~290	用于温度在 80~100℃、有水分或潮湿环境中工作的机械润滑,多用于铁路机车、列车、小电动机、发电机滚动轴承(温度较高者)的润滑。不适于低温工作
	3 号	135	200~240	
滚珠轴承润滑脂 (SH 0368—1992) (2003 年复审确认)		120	250~290	用于机车、汽车、电动机及其他机械的滚动轴承润滑
7407 号齿轮润滑脂 (SH/T 0469—1994)		160	70~90	用于各种低速、中、重载荷齿轮、链和联轴器等的润滑,使用温度 ≤ 120℃,可承受冲击载荷

14.2　油　杯

表 14-3　直通式压注油杯(JB/T 7940.1—1995 摘录)　　　　(单位：mm)

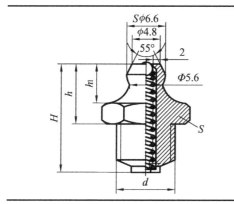

d	H	h	h_1	S	钢球 (按 GB/T 308.1—2013)
M6	13	8	6	8	3
M8×1	16	9	6.5	10	
M10×1	18	10	7	11	

标记示例:
连接螺纹 M10×1、直通式压注油杯标记为:
油杯 M10×1 JB/T 7940.1—1995

表 14-4　接头式压注油杯（JB/T 7940.2—1995 摘录）　　　　　（单位：mm）

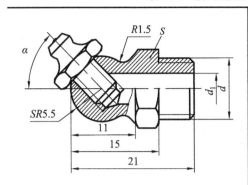

d	d_1	α	S	直通式压注油杯（按 JB/T 7940.1—1995）
M6	3			
M8×1	4	45°，90°	11	M6
M10×1	5			

标记示例：
连接螺纹 M10×1、45° 接头式压注油杯标记为：
油杯 45° M10×1 JB/T 7940.2—1995

表 14-5　压配式压注油杯（JB/T 7940.4—1995 摘录）　　　　　（单位：mm）

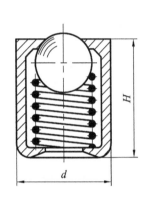

d		H	钢球（按 GB/T 308.1—2013）
公称尺寸	极限偏差		
6	+0.040 +0.028	6	4
8	+0.049 +0.034	10	5
10	+0.058 +0.040	12	6
16	+0.063 +0.045	20	11
25	+0.085 +0.064	30	13

标记示例：
d=6mm、压配式压注油杯标记为：油杯 6 JB/T 7940.4—1995

表 14-6　旋盖式油杯（JB/T 7940.3—1995 摘录）　　　　　（单位：mm）

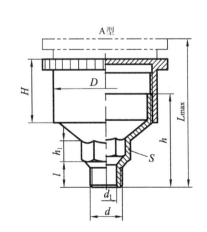

最小容量 /cm³	d	l	H	h	h_1	d_1	D	L_{max}	S
1.5	M8×1		14	22	7	3	16	33	10
3	M10×1	8	15	23	8	4	20	35	13
6			17	26			26	40	
12	M14×1.5		20	30			32	47	
18			22	32	10	5	36	50	18
25		12	24	34			41	55	
50	M16×1.5		30	44			51	70	21
100			38	52			68	85	

标记示例：
最小容量为 25cm³、A 型旋盖式油杯标记为：
油杯 A25 JB/T 7940.3—1995

14.3　密　封　件

表 14-7　毡圈油封型式和尺寸（JB/ZQ 4606—1986 摘录）　　　　　　（单位：mm）

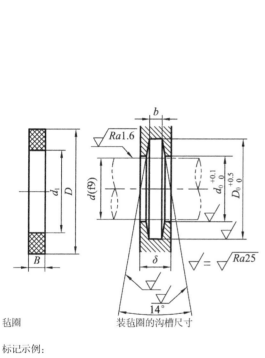

毡圈

标记示例：
　毡圈　40
　　（d=40mm 的毡圈）
材料：半粗羊毛毡

轴径 d	毡圈			槽				
	D	d_1	B	D_0	d_0	b	δ_{min} 钢	δ_{min} 铸铁
15	29	14	6	28	16	5	10	12
20	33	19		32	21			
25	39	24	7	38	26	6		
30	45	29		44	31			
35	49	34		48	36			
40	53	39		52	41			
45	61	44	8	60	46	7	12	15
50	69	49		68	51			
55	74	53		72	56			
60	80	58		78	61			
65	84	63		82	66			
70	90	68		88	71			
75	94	73		92	77			
80	102	78	9	100	82	8	15	18
85	107	83		105	87			
90	112	88		110	92			
95	117	93	10	115	97	8	15	18
100	122	98		120	102			
105	127	103		125	107			
110	132	108		130	112			

表 14-8　液压气动用 O 形橡胶密封圈（GB/T 3452.1—2005 摘录）　　　（单位：mm）

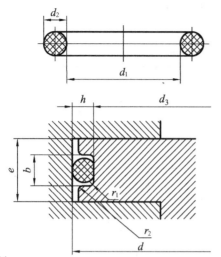

标记示例：

O 形圈 32.5×2.65—A—N—GB/T 3452.1—2005

（内径 d_1=32.5mm、截面直径 d_2=2.65mm、A 系列 N 级 O 形橡胶密封圈）

沟槽尺寸（GB/T 3452.3—2005）					
d_2	$b_0^{+0.25}$	$h_0^{+0.10}$	d_3 极限偏差值	r_1	r_2
1.8	2.6	1.28	$\begin{matrix}0\\-0.04\end{matrix}$	0.2～0.4	0.1～0.3
2.65	3.8	1.97	$\begin{matrix}0\\-0.05\end{matrix}$	0.4～0.8	0.1～0.3
3.55	5.0	2.75	$\begin{matrix}0\\-0.06\end{matrix}$	0.4～0.8	0.1～0.3
5.3	7.3	4.24	$\begin{matrix}0\\-0.07\end{matrix}$	0.8～1.2	0.1～0.3
7.0	9.7	5.72	$\begin{matrix}0\\-0.09\end{matrix}$	0.8～1.2	0.1～0.3

$d_3=d-2h$

式中，d 为孔径按嵌入式轴承盖外径 D_3 考虑间隙量酌增

d_1		d_2			d_1		d_2				d_1		d_2			d_1		d_2			
尺寸	公差±	1.8 ±0.08	2.65 ±0.09	3.55 ±0.10	尺寸	公差±	1.8 ±0.08	2.65 ±0.09	3.55 ±0.10	5.3 ±0.13	尺寸	公差±	2.65 ±0.09	3.55 ±0.10	5.3 ±0.13	尺寸	公差±	2.65 ±0.09	3.55 ±0.10	5.3 ±0.13	7.0 ±0.15
13.2	0.21	*	*		33.5	0.36	*	*	*		56	0.52	*	*	*	95	0.79	*	*	*	
14	0.22	*	*		34.5	0.37	*	*	*		58	0.54	*	*	*	97.5	0.81	*	*	*	
15	0.22	*	*		35.5	0.38	*	*	*		60	0.55	*	*	*	100	0.82	*	*	*	
16	0.23	*	*		36.5	0.38	*	*	*		61.5	0.56	*	*	*	103	0.85	*	*	*	
17	0.24	*	*		37.5	0.39	*	*	*		63	0.57	*	*	*	106	0.87	*	*	*	
18	0.25	*	*	*	38.7	0.40	*	*	*		65	0.58	*	*	*	109	0.89	*	*	*	*
19	0.25	*	*	*	40	0.41	*	*	*		67	0.60	*	*	*	112	0.91	*	*	*	*
20	0.26	*	*	*	41.2	0.42	*	*	*		69	0.61	*	*	*	115	0.93	*	*	*	*
21.2	0.27	*	*	*	42.5	0.43	*	*	*		71	0.63	*	*	*	118	0.95	*	*	*	*
22.4	0.28	*	*	*	43.7	0.44	*	*	*		73	0.64	*	*	*	122	0.97	*	*	*	*
23.6	0.29	*	*	*	45	0.44	*	*	*	*	75	0.65	*	*	*	125	0.99	*	*	*	*
25	0.30	*	*	*	46.2	0.45	*	*	*	*	77.5	0.67	*	*	*	128	1.01	*	*	*	*
25.8	0.31	*	*	*	47.5	0.46	*	*	*	*	80	0.69	*	*	*	132	1.04	*	*	*	*
26.5	0.31	*	*	*	48.7	0.47	*	*	*	*	82.5	0.71	*	*	*	136	1.07	*	*	*	*
28	0.32	*	*	*	50	0.48	*	*	*	*	85	0.72	*	*	*	140	1.09	*	*	*	*
30	0.34	*	*	*	51.5	0.49		*	*	*	87.5	0.74	*	*	*	145	1.13	*	*	*	*
31.5	0.35	*	*	*	53	0.50		*	*	*	90	0.76	*	*	*	150	1.16	*	*	*	*
32.5	0.36	*	*	*	54.5	0.51		*	*	*	92.5	0.77	*	*	*	155	1.19	*	*	*	*

注：*为可选规格。

表 14-9 旋转轴唇形密封圈（GB/T 13871.1—2007 摘录）　　　　（单位：mm）

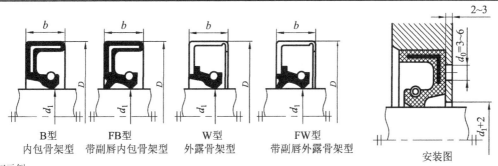

B型	FB型	W型	FW型
内包骨架型	带副唇内包骨架型	外露骨架型	带副唇外露骨架型

安装图

标记示例：

(F)B　80　110　GB/T 13871.1—2007

（带副唇的内包骨架旋转轴唇形密封圈，d_1=80mm、D=110mm）

d_1	D	b	d_1	D	b	d_1	D	b
6	16，22		25	40，47，52		60	80，85	8
7	22		28	40，47，52	7	65	85，90	
8	22，24		30	40，47，(50)52		70	90，95	
9	22		32	45，47，52		75	95，100	10
10	22，25		35	50，52，55		80	100，110	
12	24，25，30	7	38	52，58，62		85	110，120	
15	26，30，35		40	55，(60)，62		90	(115)，120	
16	30，(35)		42	55，62	8	95	120	12
18	30，35		45	62，65		100	125	
20	35，40，(45)		50	68，(70)，72		105	(130)	
22	35，40，47		55	72，(75)，80		110	140	

旋转轴唇形密封圈的安装要求

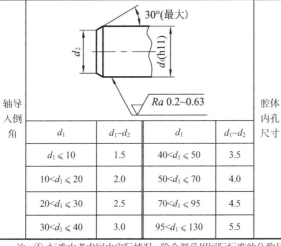

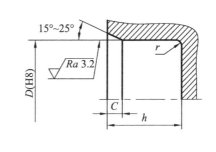

轴导入倒角	d_1	d_1-d_2	d_1	d_1-d_2
	$d_1 \leqslant 10$	1.5	$40 < d_1 \leqslant 50$	3.5
	$10 < d_1 \leqslant 20$	2.0	$50 < d_1 \leqslant 70$	4.0
	$20 < d_1 \leqslant 30$	2.5	$70 < d_1 \leqslant 95$	4.5
	$30 < d_1 \leqslant 40$	3.0	$95 < d_1 \leqslant 130$	5.5

腔体内孔尺寸	基本宽度 b	最小内孔深 h	倒角长度 C	r_{max}
	$\leqslant 10$	$b+0.9$	0.70～1.00	0.50
	>10	$b+1.2$	1.20～1.50	0.75

注：① 标准中考虑国内实际情况，除全部采用国际标准的公称尺寸外，还补充了若干种国内常用的规格，并加括号以示区别。

　　② 安装要求中若轴端采用倒圆导入倒角，则倒圆的圆角半径不小于表中的 d_1-d_2。

表 14-10　J 形无骨架橡胶密封圈（JB/ZQ 4786—2006 摘录）　　　（单位：mm）

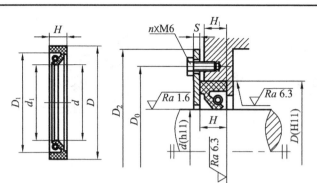

标记示例：d=50mm、D=75mm、H=12mm 的 J 形无骨架橡胶密封圈标记为：
　　J 形密封圈　50×75×12　JB/ZQ 4786—2006

轴径 d		30～95（按 5 进位）	100～170（按 10 进位）
密封圈尺寸	D	d+25	d+30
	D_1	d+16	d+20
	d_1	d-1	
	H	12	16
槽的尺寸	S	6～8	8～10
	D_0	D+15	
	D_2	D_0+15	
	n	4	6
	H_1	H-(1～2)	

表 14-11　迷宫密封槽　　　（单位：mm）

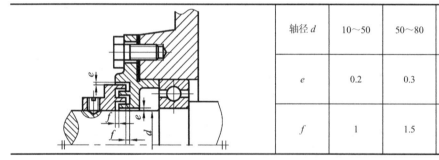

轴径 d	10～50	50～80	80～110	110～180
e	0.2	0.3	0.4	0.5
f	1	1.5	2	2.5

表 14-12　油沟式密封槽（JB/ZQ 4245—2006 摘录）　　　（单位：mm）

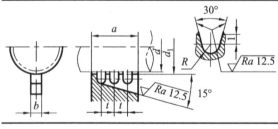

轴径 d	25～80	>80～120	>120～180	油沟数 n
R	1.5	2	2.5	一般 n=2～4　常用 n=3
t	4.5	6	7.5	
b	4	5	6	
d_1	d+1			
a_{min}	nt+R			

第15章 联 轴 器

表 15-1 轴孔和键槽的型式、代号（GB/T 3852—2017 摘录）

	轴孔型式			
名称及代号	圆柱形轴孔 Y 型	有沉孔的短圆柱形轴孔 J 型	有沉孔的圆锥形轴孔 Z 型	圆锥形轴孔 Z₁ 型
图示	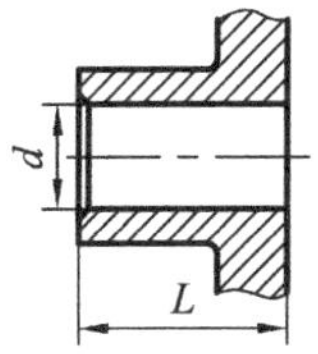	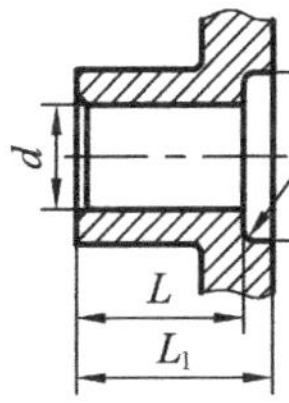	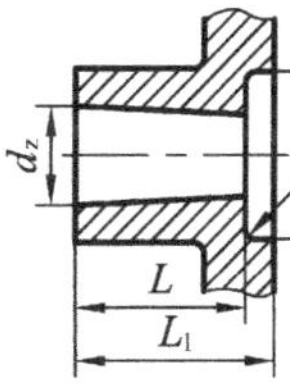	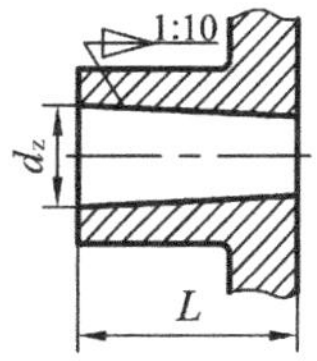
备注	适用于长、短系列，推荐选用短系列	推荐选用	适用于长、短系列	适用于长、短系列

键槽型式

A 型 平键单键槽

B 型 120°布置平键双键槽

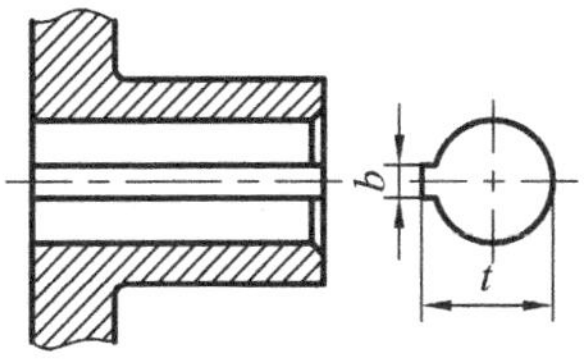

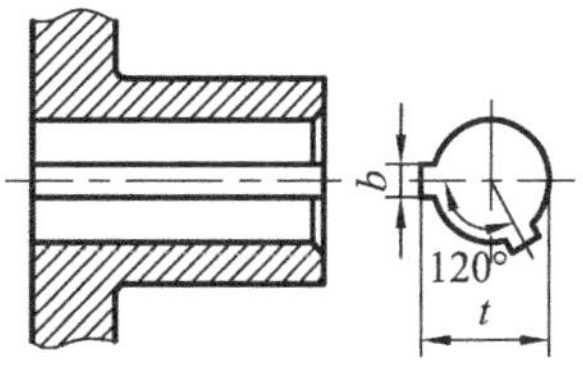

B₁型 180°布置平键双键槽

C 型圆锥形轴孔平键单键槽

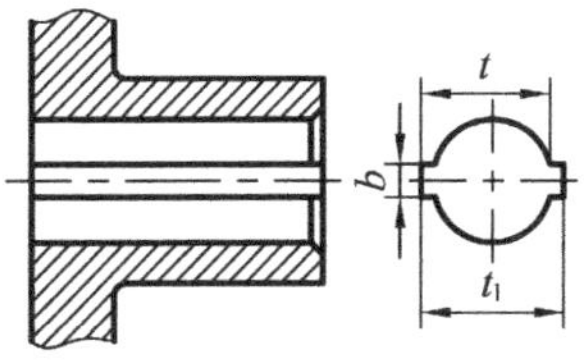

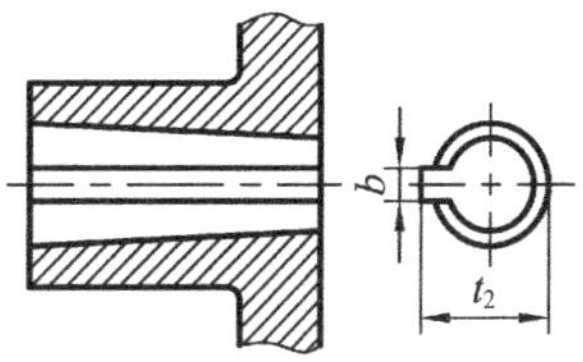

轴孔与轴伸的配合、键槽宽度 b 的极限偏差

d、d_z/mm	圆柱形轴孔与轴伸的配合		圆锥形轴孔与轴伸的配合	键槽宽度 b 的极限偏差
6～30	H7/j6	根据使用要求也可选用 H7/n6、H7/p6 或 H7/r6	H8/k8	P9 （或 JS9）
>30～50	H7/k6			
>50	H7/m6			

表 15-2　凸缘联轴器（GB/T 5843—2003 摘录）

GY型凸缘联轴器　　　　　GYS型有对中榫凸缘联轴器　　　　　GYH型有对中环凸缘联轴器

标记示例：GY5 凸缘联轴器　$\dfrac{Y30 \times 82}{J_1 30 \times 60}$　GB/T 5843—2003

主动端：Y 型轴孔、A 型键槽，d_1=30mm、L=82mm；

从动端：J_1 型轴孔、A 型键槽，d_1=30mm、L=60mm

型号	公称转矩 /(N·m)	许用转速 /(r/min)	轴孔直径 d_1、d_2/mm	轴孔长度 L/mm Y 型	轴孔长度 L/mm J_1 型	D	D_1/mm	b/mm	b_1/mm	S/mm	转动惯量 /(kg·m²)	质量 /kg
GY1 GYS1 GYH1	25	12000	12、14	32	27	80	30	26	42	6	0.0008	1.16
			16、18、19	42	30							
GY2 GYS2 GYH2	63	10000	16、18、19	42	30	90	40	28	44	6	0.0015	1.72
			20、22、24	52	38							
			25	62	44							
GY3 GYS3 GYH3	112	9500	20、22、24	52	38	100	45	30	46	6	0.0025	2.38
			25、28	62	44							
GY4 GYS4 GYH4	224	9000	25、28	62	44	105	55	32	48	6	0.003	3.15
			30、32、35	82	60							
GY5 GYS5 GYH5	400	8000	30、32、35、38	82	60	120	68	36	52	8	0.007	5.43
			40、42	112	84							
GY6 GYS6 GYH6	900	6800	38	82	60	140	80	40	56	8	0.015	7.59
			40、42、45、48、50	112	84							
GY7 GYS7 GYH7	1600	6000	48、50、55、56	112	84	160	100	40	56	8	0.031	13.1
			60、63	142	107							
GY8 GYS8 GYH8	3150	4800	60、63、65、70、71、75	142	107	200	130	50	68	10	0.103	27.5
			80	172	132							
GY9 GYS9 GYH9	6300	3600	75	142	107	260	160	66	84	10	0.319	47.8
			80、85、90、95	172	132							
			100	212	167							

　　注：① 该型联轴器不具备轴向、径向和角向的补偿性能，刚性好，传递扭矩大，结构简单，工作可靠，维护简便，适用于两轴对中度良好的一般轴系传动。

　　② J_1 型为 GB/T 3582—1997 中的轴孔代号，相当于 GB/T 3582—2017 中的 Y 型短系列轴孔。

表 15-3 弹性柱销联轴器(GB/T 5014—2017 摘录)

标记示例:

LX6 联轴器 65×142　　GB/T　5014—2017
主动端: Y 型轴孔、A 型键槽、d_1=65mm、L=142mm;
从动端: Y 型轴孔、A 型键槽、d_2=65mm、L=142mm

LX7 联轴器 $\dfrac{ZC75\times107}{JB70\times107}$ GB/T　5014—2017
主动端: Z 型轴孔、C 型键槽、d_2=75mm、L=107mm;
从动端: J 型轴孔、B 型键槽、d_2=70mm、L=107mm

型号	公称转矩 /(N·m)	许用转速 /(r/min)	轴孔直径 d_1、d_2、d_z/mm	轴孔长度 L/mm			D/mm	D_1/mm	b/mm	S/mm	转动惯量 /(kg·m²)	质量 /kg
				Y 型	J、Z 型							
				L	L	L_1						
LX1	250	8500	12、14	32	27	—	90	40	20	2.5	0.002	2
			16、18、19	42	30	42						
			20、22、24	52	38	52						
LX2	560	6300	20、22、24	52	38	52	120	55	28	2.5	0.009	5
			25、28	62	44	62						
			30、32、35	82	60	82						
LX3	1250	4750	30、32、35、38	82	60	82	160	75	36	2.5	0.026	8
			40、42、45、48	112	84	112						
LX4	2500	3850	40、42、45、48、50、55、56	112	84	112	195	100	45	3	0.109	22
			60、63	142	107	142						
LX5	3150	3450	50、55、56	112	84	112	220	120	45	3	0.191	30
			60、63、65、70、71、75	142	107	142						
LX6	6300	2720	60、63、65、70、71、75	142	107	142	280	140	56	4	0.543	53
			80、85	172	132	172						
LX7	11200	2360	70、71、75	142	107	142	320	170	56	4	1.314	98
			80、85、90、95	172	132	172						
			100、110	212	167	212						
LX8	16000	2120	80、85、90、95	172	132	172	360	200	56	5	2.023	119
			100、110、120、125	212	167	212						
LX9	22400	1850	100、110、120、125	212	167	212	410	230	63	5	4.386	197
			130、140	252	202	252						
LX10	35000	1600	110、120、125	212	167	212	480	280	75	6	9.760	322
			130、140、150	252	202	252						
			160、170、180	302	242	302						

注: 该型联轴器适用于连接两同轴线的传动轴系,并具有补偿两轴相对位移和一般减振性能,工作温度为-20～70℃。

表 15-4　弹性套柱销联轴器 (GB/T 4323—2017 摘录)

标记示例：

LT6 联轴器 38×82　GB/T 4323—2017
主动端：Y 型轴孔、A 型键槽、d_1=38mm、L=82mm；
从动端：Y 型轴孔、A 型键槽、d_2=38mm、L=82mm

LT8 联轴器 $\dfrac{ZC50\times84}{60\times142}$ GB/T 4323—2017
主动端：Z 型轴孔、C 型键槽、d_z=50mm、L=84mm；
从动端：Y 型轴孔、A 型键槽、d_2=60mm、L=142mm

型号	公称转矩 /(N·m)	许用转速 /(r/min)	轴孔直径 d_1、d_2、d_z/mm	轴孔长度 L/mm			D/mm	D_1/mm	S/mm	A/mm	转动惯量 /(kg·m²)	质量 /kg
				Y 型	J 型	Z 型						
				L	L_1	L						
LT1	16	8800	10, 11	22	25	22	71	22	3	18	0.0004	0.7
			12, 14	27	32	27						
LT2	25	7600	12, 14	27	32	27	80	30	3	18	0.001	1.0
			16, 18, 19	30	42	30						
LT3	63	6300	16, 18, 19	30	42	30	95	35	4	35	0.002	2.2
			20, 22	38	52	38						
LT4	100	5700	20, 22, 24	38	52	38	106	42	4	35	0.004	3.2
			25, 28	44	62	44						
LT5	224	4600	25, 28	44	62	44	130	56	5	45	0.011	5.5
			30, 32, 35	60	82	60						
LT6	355	3800	32, 35, 38	60	82	60	160	71	5	45	0.026	9.6
			40, 42	84	112	84						
LT7	560	3600	40, 42, 45, 48	84	112	84	190	80	5	45	0.06	15.7
LT8	1120	3000	40, 42, 45, 48, 50, 55	84	112	84	224	95	6	65	0.13	24.0
			60, 63, 65	107	142	107						
LT9	1600	2850	50, 55	84	112	84	250	110	6	65	0.20	31.0
			60, 63, 65, 70	107	142	107						
LT10	3150	2300	63, 65, 70, 75	107	142	107	315	150	8	80	0.64	60.2
			80, 85, 90, 95	132	172	132						
LT11	6300	1800	80, 85, 90, 95	132	172	132	400	190	10	100	2.06	114
			100, 110	167	212	167						
LT12	12500	1450	100, 110, 120, 125	167	212	167	475	220	12	130	5.00	212
			130	202	252	202						
LT13	22400	1150	120, 125	167	212	167	600	280	14	180	16.0	416
			130, 140, 150	202	252	202						
			160, 170	242	302	242						

注：该联轴器具有一定补偿两轴线相对偏移和减振缓冲能力，适用于安装底座刚性好，冲击载荷不大的中、小功率轴系传动，可用于经常正反转、起动频繁的场合，工作温度为-20～70℃。

第16章　减速器附件

表 16-1　检查孔及检查孔盖　　　　　　　　　　　　（单位：mm）

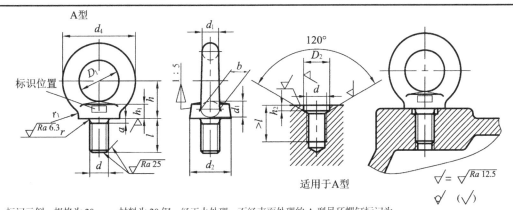

A	100，120，150，180，200
A_1	$A+(5\sim6)\,d_4$
A_2	$\frac{1}{2}(A+A_1)$
B	$B_1-(5\sim6)\,d_4$
B_1	箱体宽$-(15\sim20)$
B_2	$\frac{1}{2}(B+B_1)$
d_4	M6～M8
R	5～10
H	3～6，钢取小值，铸铁取大值
Δ	3～5

表 16-2　吊环螺钉（GB 825—1988 摘录）

标记示例：规格为 20mm、材料为 20 钢、经正火处理、不经表面处理的 A 型吊环螺钉标记为：

螺钉　GB 825　M20

螺纹规格 d/mm		M8	M10	M12	M16	M20	M24	M30	M36
d_1	max/mm	9.1	11.1	13.1	15.2	17.4	21.4	25.7	30
D_1	公称/mm	20	24	28	34	40	48	56	67
d_2	max/mm	21.1	25.1	29.1	35.2	41.4	49.4	57.7	69
h_1	max/mm	7	9	11	13	15.1	19.1	23.2	27.4
l	公称/mm	16	20	22	28	35	40	45	55
d_4	参考/mm	36	44	52	62	72	88	104	123
h	/mm	18	22	26	31	36	44	53	63
r_1	/mm	4	4	6	6	8	12	15	18

螺纹规格 d/mm		M8	M10	M12	M16	M20	M24	M30	M36
r	min/mm	1	1	1	1	1	2	2	3
a	max/mm	2.5	3	3.5	4	5	6	7	8
b	/mm	10	12	14	16	19	24	28	32
D_2	公称(min)/mm	13	15	17	22	28	32	38	45
h_2	公称(min)/mm	2.5	3	3.5	4.5	5	7	8	9.5
最大起重量 W/kN	单螺钉起吊	1.6	2.5	4	6.3	10	16	25	40
	双螺钉起吊 45°(max)	0.8	1.25	2	3.2	5	8	12.5	20

注：① 螺钉采用 20 或 25 钢制造。
　　② 螺纹规格 d 均为商品规格。

表 16-3　减速器的毛重 W

单级圆柱齿轮减速器							二级展开式圆柱齿轮减速器					
a	100	150	200	250	300	350	$a_h×a_s$	100×150	150×200	150×250	200×300	250×350	250×400
W	400	800	1400	2500	3300	6000	W	1600	3000	4800	5400	8000	9000

二级同轴式圆柱齿轮减速器							单级圆锥齿轮减速器				
a	100	150	200	220	300	350	R	100	150	200	250	300
W	1200	1800	3300	5000	6000	8000	W	500	600	1000	1900	2900

圆锥-圆柱齿轮减速器						单级蜗杆减速器						
$R×a$	100×150	100×200	150×250	200×300	250×400	a	80	100	120	150	180	210	240
W	1800	3000	4000	6000	8500	W	300	600	700	1200	2500	3500	5000

注：a、a_h、a_s、R 分别为中心距、高速级中心距、低速级中心距、圆锥齿轮传动的锥距，单位为 mm；毛重 W 的单位为 N。

表 16-4　吊耳和吊钩

吊耳(铸在箱盖上)		吊耳环(铸在箱盖上)	
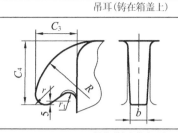	$C_3=(4\sim5)\,\delta_1$; $C_4=(1.3\sim1.5)\,C_3$; $b=(1.8\sim2.5)\,\delta_1$; $R=C_4$; $r_1\approx0.2C_3$; $r\approx0.25C_3$; δ_1: 箱盖壁厚	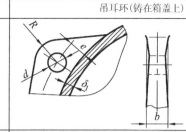	$d=b$; $b\approx(1.8\sim2.5)\,\delta_1$; $R=(1\sim1.2)\,d$; $e\approx(0.8\sim1)\,d$
吊钩(铸在箱座上)		吊钩(铸在箱座上)	
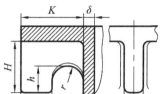	$K=C_1+C_2$(表3-2); $H\approx0.8K$; $h\approx0.5H$; $b\approx(1.8\sim2.5)\,\delta$; $r\approx0.25K$; δ: 箱座壁厚	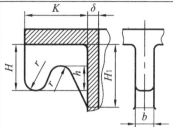	$K=C_1+C_2$(表3-2); $H\approx0.8K$; $h\approx0.5H$; $r\approx K/6$; $b\approx(1.8\sim2.5)\,\delta$; H_1: 按结构确定

表 16-5　外六角螺塞(JB/ZQ 4450—2006)、纸封油圈和皮封油圈　　　　　(单位：mm)

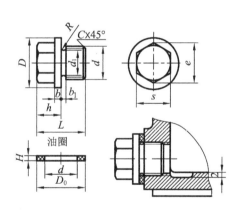

d	d_1	D	e	s	L	h	b	b_1	R	C	D_0	H 纸圈	H 皮圈
M10×1	8.5	18	12.7	11	20	10				0.7	18		
M12×1.25	10.2	22	15	13	24	12	3	3		1.0	22	2	2
M14×1.5	11.8	23	20.8	18	25	12					22		
M18×1.5	15.8	28	24.2	21	27	15					25		
M20×1.5	17.8	30	24.2	21	30	15			1		30		
M22×1.5	19.8	32	27.7	24	30	15					32		
M24×2	21	34	31.2	27	32	16	4	4		1.5	35	3	
M27×2	24	38	34.6	30	35	17					40		2.5
M30×2	27	42	39.3	34	38	18					45		

标记示例:

螺塞 M12×1.25 JB/ZQ 4450—2006

油圈 30×20 (D_0=30、d=20 的纸封油圈)

油圈 30×20 (D_0=30、d=20 的皮封油圈)

材料：螺塞—Q235，纸封油圈—石棉橡胶纸，皮封油圈—工业用革

表 16-6　压配式圆形油标(JB/T 7941.1—1995 摘录)　　　　　　(单位：mm)

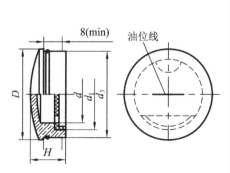

d	D	d_1 公称尺寸	d_1 极限偏差	d_3 公称尺寸	d_3 极限偏差	H	O 形橡胶密封圈(按 GB/T 3452.1—2005)
12	22	12	−0.050 −0.160	20	−0.065 −0.195	14	15×2.65
16	27	18		25			20×2.65
20	34	22	−0.065 −0.195	32	−0.080 −0.240	16	25×3.55
25	40	28		38			31.5×3.55
32	48	35	−0.080 −0.240	45		18	38.7×3.55
40	58	45		55			38.7×3.55
50	70	55	−0.100 −0.290	65	−0.100 −0.290	22	—
63	85	70		80			—

标记示例：视孔 d=32mm、A 型压配式圆形油标标记为：

油标 A32 JB/T 7941.1—1995

表 16-7　**长形油标**（JB/T 7941.3—1995 摘录）　　　　（单位：mm）

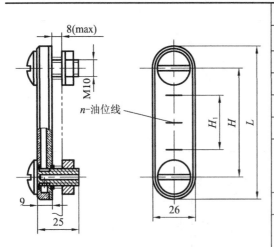

| H | | H_1 | L | n |
公称尺寸	极限偏差			（条数）
80	±0.17	40	110	2
100		60	130	3
125	±0.20	80	155	4
160		120	190	6

O 形橡胶密封圈 （按 GB/T 3452.1—2005）	六角螺母（按 GB/T 6172,1—2016）	弹性垫圈（按 GB/T 861—1987）
10×2.65	M10	10

标记示例：H=80mm、A 型长形油标标记为：
　　　　油标　A80 JB/T 7941.3—1995

表 16-8　**管状油标**（JB/T 7941.4—1995 摘录）　　　　（单位：mm）

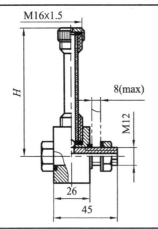

H	O 形橡胶密封圈 （按 GB/T 3452.1）	六角薄螺母 （按 GB/T 6172）	弹性垫圈 （按 GB/T 861）
80，100，125，160， 200	11.8×2.65	M12	12

标记示例：
　　H=80mm、A 型管状油标标记为：油标　A80 JB/T 7941.4

表 16-9　**杆式油标**　　　　　　　　　　　　（单位：mm）

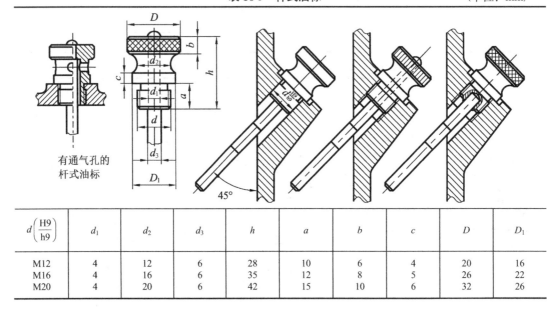

有通气孔的
杆式油标

$d\left(\dfrac{H9}{h9}\right)$	d_1	d_2	d_3	h	a	b	c	D	D_1
M12	4	12	6	28	10	6	4	20	16
M16	4	16	6	35	12	8	5	26	22
M20	4	20	6	42	15	10	6	32	26

表 16-10　通气器　　　　　　　　　　　　　　　　　　　　（单位：mm）

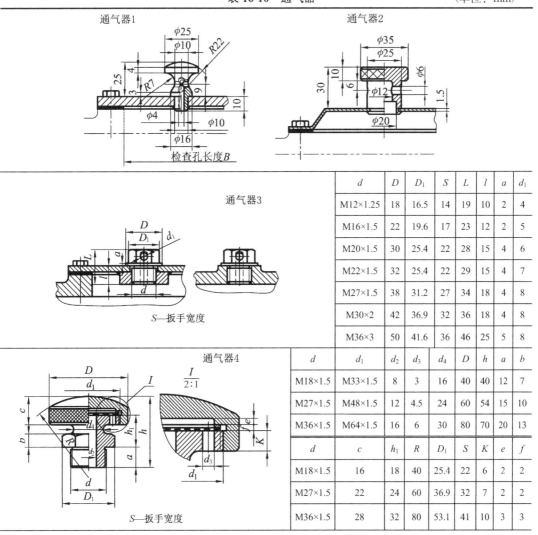

通气器1

通气器2

通气器3

S—扳手宽度

d	D	D_1	S	L	l	a	d_1
M12×1.25	18	16.5	14	19	10	2	4
M16×1.5	22	19.6	17	23	12	2	5
M20×1.5	30	25.4	22	28	15	4	6
M22×1.5	32	25.4	22	29	15	4	7
M27×1.5	38	31.2	27	34	18	4	8
M30×2	42	36.9	32	36	18	4	8
M36×3	50	41.6	36	46	25	5	8

通气器4

S—扳手宽度

d	d_1	d_2	d_3	d_4	D	h	a	b
M18×1.5	M33×1.5	8	3	16	40	40	12	7
M27×1.5	M48×1.5	12	4.5	24	60	54	15	10
M36×1.5	M64×1.5	16	6	30	80	70	20	13

d	c	h_1	R	D_1	S	K	e	f
M18×1.5	16	18	40	25.4	22	6	2	2
M27×1.5	22	24	60	36.9	32	7	2	2
M36×1.5	28	32	80	53.1	41	10	3	3

通气器5

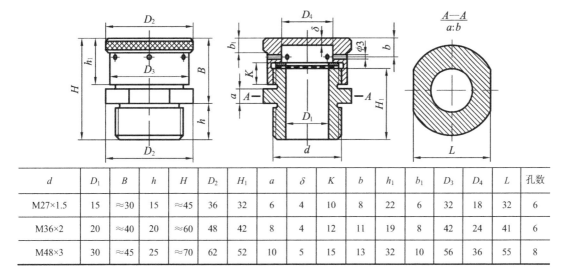

d	D_1	B	h	H	D_2	H_1	a	δ	K	b	h_1	b_1	D_3	D_4	L	孔数
M27×1.5	15	≈30	15	≈45	36	32	6	4	10	8	22	6	32	18	32	6
M36×2	20	≈40	20	≈60	48	42	8	4	12	11	19	8	42	24	41	6
M48×3	30	≈45	25	≈70	62	52	10	5	15	13	32	10	56	36	55	8

表 16-11   凸缘式轴承盖

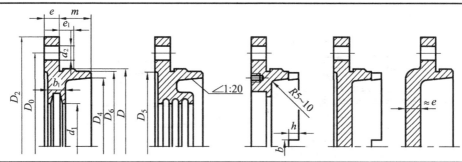

		轴承外径 D/mm	螺钉直径 d_3/mm	螺钉数目
$d_2=d_3+1$ d_3—轴承端盖连接螺钉的直径, 尺寸见右表 $D_0=D+2.5d_3$ $D_2=D_0+2.5d_3$ $e=1.2d_3$ $e_1 \geqslant e$ m 由结构确定	$D_4=D-(10\sim15)$ $D_5=D_0-3d_3$ $D_6=D-(2\sim4)$ b_1、d_1 由密封尺寸确定 $b=5\sim10$ $h=(0.8\sim1)\,b$	$45\sim65$	6	4
		$70\sim100$	8	4
		$110\sim140$	10	6
		$150\sim230$	$12\sim16$	6

注: 材料为 HT150。

表 16-12   嵌入式轴承盖   (单位: mm)

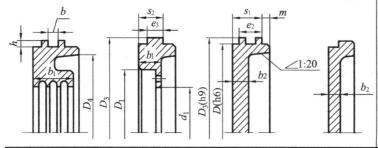

$s_1=15\sim20$
$s_2=10\sim15$
$e_2=8\sim12$
$e_3=5\sim8$
m 由结构确定
$D_3=D+e_2$, 装有 O 形橡胶密封圈时,
按 O 形橡胶密封圈外径取整 (表 14-8)
b、h 尺寸见表 14-8
$b_2=8\sim10$
其余尺寸由密封尺寸确定

注: 材料为 HT150。

表 16-13   挡油盘   (单位: mm)

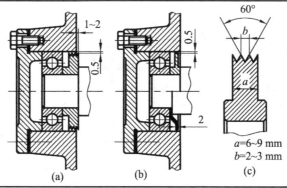

$a=6\sim9$ mm
$b=2\sim3$ mm

(a)   (b)   (c)

注: ① 防止轴承中的润滑脂被箱中的润滑油稀释。方案 b 是用钢板冲压的、方案 a、c 为车制的, 方案 c 密封效果较好, 材料为 Q235。

② 方案 b 也可挡稀油进入轴承。

第17章 极限与配合、几何公差和表面粗糙度

17.1 极限与配合

表 17-1 标准公差和基本偏差代号（GB/T 1800.1—2009 摘录）

名称		代号
标准公差		IT01，IT0，IT1，IT2，…，IT18，共分20级
基本偏差	孔	A，B，C，CD，D，E，EF，F，FG，G，H，J，JS，K，M，N，P，R，S，T，U，V，X，Y，Z，ZA，ZB，ZC
	轴	a，b，c，cd，d，e，ef，f，fg，g，h，j，js，k，m，n，p，r，s，t，u，v，x，y，z，za，zb，zc

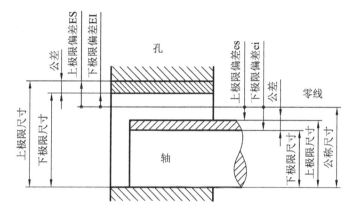

图 17-1　极限与配合部分术语

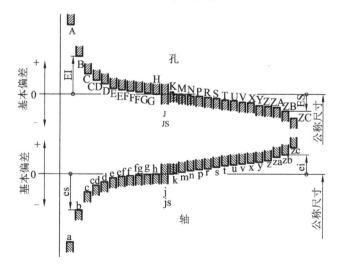

图 17-2　基本偏差系列示意图

表 17-2　配合种类及代号

种类	基孔制 H	基轴制 h	说明
间隙配合	a, b, c, cd, d, e, ef, f, fg, g, h	A, B, C, CD, D, E, EF, F, FG, G, H	间隙依次渐小
过渡配合	j, js, k, m, n	J, JS, K, M, N	依次渐紧
过盈配合	p, r, s, t, u, v, x, y, z, za, zb, zc	P, R, S, T, U, V, X, Y, Z, ZA, ZB, ZC	依次渐紧

表 17-3　公称尺寸至 **800mm** 的标准公差数值(GB/T 1800.1—2009 摘录)　　(单位：μm)

公称尺寸 /mm	标准公差等级																	
	IT1	IT2	IT3	IT4	IT5	IT6	IT7	IT8	IT9	IT10	IT11	IT12	IT13	IT14	IT15	IT16	IT17	IT18
≤3	0.8	1.2	2	3	4	6	10	14	25	40	60	100	140	250	400	600	1000	1400
>3～6	1	1.5	2.5	4	5	8	12	18	30	48	75	120	180	300	480	750	1200	1800
>6～10	1	1.5	2.5	4	6	9	15	22	36	58	90	150	220	360	580	900	1500	2200
>10～18	1.2	2	3	5	8	11	18	27	43	70	110	180	270	430	700	1100	1800	2700
>18～30	1.5	2.5	4	6	9	13	21	33	52	84	130	210	330	520	840	1300	2100	3300
>30～50	1.5	2.5	4	7	11	16	25	39	62	100	160	250	390	620	1000	1600	2500	3900
>50～80	2	3	5	8	13	19	30	46	74	120	190	300	460	740	1200	1900	3000	4600
>80～120	2.5	4	6	10	15	22	35	54	87	140	220	350	540	870	1400	2200	3500	5400
>120～180	3.5	5	8	12	18	25	40	63	100	160	250	400	630	1000	1600	2500	4000	6300
>180～250	4.5	7	10	14	20	29	46	72	115	185	290	460	720	1150	1850	2900	4600	7200
>250～315	6	8	12	16	23	32	52	81	130	210	320	520	810	1300	2100	3200	5200	8100
>315～400	7	9	13	18	25	36	57	89	140	230	360	570	890	1400	2300	3600	5700	8900
>400～500	8	10	15	20	27	40	63	97	155	250	400	630	970	1550	2500	4000	6300	9700
>500～630	9	11	16	22	32	44	70	110	175	280	440	700	1 100	1750	2800	4400	7000	11000
>630～800	10	13	18	25	36	50	80	125	200	320	500	800	1 250	2000	3200	5000	8000	12500

表 17-4　加工方法与公差等级

加工方法	研磨	珩	圆磨、平磨	金刚石车镗	拉削	铰孔	车、镗	铣	刨、插	钻孔	滚压、挤压	冲压	压铸	粉末冶金成形	粉末冶金烧结	砂型铸造、气割	锻造
公差等级 (IT)	01～5	4～7	5～8	5～7	5～8	6～10	7～11	8～11	10～11	10～13	10～11	10～14	11～14	6～8	7～10	16	15

表 17-5　轴的极限偏差（GB/T 1800.2—2009 摘录）　　　　　　（单位：μm）

公称尺寸/mm		公差带 a	c	d				e			f					g			h					
大于	至	11*	▲11	8*	▲9	10*	11*	7*	8*	9*	5*	6*	▲7	8*	9*	5*	▲6	7*	5*	▲6	▲7	8*	▲9	10*
—	3	−270 −330	−60 −120	−20 −34	−20 −45	−20 −60	−20 −80	−14 −24	−14 −28	−14 −39	−6 −10	−6 −12	−6 −16	−6 −20	−6 −31	−2 −6	−2 −8	−2 −12	0 −4	0 −6	0 −10	0 −14	0 −25	0 −40
3	6	−270 −345	−70 −145	−30 −48	−30 −60	−30 −78	−30 −105	−20 −32	−20 −38	−20 −50	−10 −15	−10 −18	−10 −22	−10 −28	−10 −40	−4 −9	−4 −12	−4 −16	0 −5	0 −8	0 −12	0 −18	0 −30	0 −48
6	10	−280 −370	−80 −170	−40 −62	−40 −76	−40 −98	−40 −130	−25 −40	−25 −47	−25 −61	−13 −19	−13 −22	−13 −28	−13 −35	−13 −49	−5 −11	−5 −14	−5 −20	0 −6	0 −9	0 −15	0 −22	0 −36	0 −58
10	18	−290 −400	−95 −205	−50 −77	−50 −93	−50 −120	−50 −160	−32 −50	−32 −59	−32 −75	−16 −24	−16 −27	−16 −34	−16 −43	−16 −59	−6 −14	−6 −17	−6 −24	0 −8	0 −11	0 −18	0 −27	0 −43	0 −70
18	30	−300 −430	−110 −240	−65 −98	−65 −117	−65 −149	−65 −195	−40 −61	−40 −73	−40 −92	−20 −29	−20 −33	−20 −41	−20 −53	−20 −72	−7 −16	−7 −20	−7 −28	0 −9	0 −13	0 −21	0 −33	0 −52	0 −84
30	40	−310 −470	−120 −280	−80 −119	−80 −142	−80 −180	−80 −240	−50 −75	−50 −89	−50 −112	−25 −36	−25 −41	−25 −50	−25 −64	−25 −87	−9 −20	−9 −25	−9 −34	0 −11	0 −16	0 −25	0 −39	0 −62	0 −100
40	50	−320 −480	−130 −290	−80 −119	−80 −142	−80 −180	−80 −240	−50 −75	−50 −89	−50 −112	−25 −36	−25 −41	−25 −50	−25 −64	−25 −87	−9 −20	−9 −25	−9 −34	0 −11	0 −16	0 −25	0 −39	0 −62	0 −100
50	65	−340 −530	−140 −330	−100 −146	−100 −174	−100 −220	−100 −290	−60 −90	−60 −106	−60 −134	−30 −43	−30 −49	−30 −60	−30 −76	−30 −104	−10 −23	−10 −29	−10 −40	0 −13	0 −19	0 −30	0 −46	0 −74	0 −120
65	80	−360 −550	−150 −340	−100 −146	−100 −174	−100 −220	−100 −290	−60 −90	−60 −106	−60 −134	−30 −43	−30 −49	−30 −60	−30 −76	−30 −104	−10 −23	−10 −29	−10 −40	0 −13	0 −19	0 −30	0 −46	0 −74	0 −120
80	100	−380 −600	−170 −390	−120 −174	−120 −207	−120 −260	−120 −340	−72 −107	−72 −126	−72 −159	−36 −51	−36 −58	−36 −71	−36 −90	−36 −123	−12 −27	−12 −34	−12 −47	0 −15	0 −22	0 −35	0 −54	0 −87	0 −140
100	120	−410 −630	−180 −400	−120 −174	−120 −207	−120 −260	−120 −340	−72 −107	−72 −126	−72 −159	−36 −51	−36 −58	−36 −71	−36 −90	−36 −123	−12 −27	−12 −34	−12 −47	0 −15	0 −22	0 −35	0 −54	0 −87	0 −140
120	140	−460 −710	−200 −450	−145 −208	−145 −245	−145 −305	−145 −395	−85 −125	−85 −148	−85 −185	−43 −61	−43 −68	−43 −83	−43 −106	−43 −143	−14 −32	−14 −39	−14 −54	0 −18	0 −25	0 −40	0 −63	0 −100	0 −160
140	160	−520 −770	−210 −460	−145 −208	−145 −245	−145 −305	−145 −395	−85 −125	−85 −148	−85 −185	−43 −61	−43 −68	−43 −83	−43 −106	−43 −143	−14 −32	−14 −39	−14 −54	0 −18	0 −25	0 −40	0 −63	0 −100	0 −160
160	180	−580 −830	−230 −480	−145 −208	−145 −245	−145 −305	−145 −395	−85 −125	−85 −148	−85 −185	−43 −61	−43 −68	−43 −83	−43 −106	−43 −143	−14 −32	−14 −39	−14 −54	0 −18	0 −25	0 −40	0 −63	0 −100	0 −160
180	200	−660 −950	−240 −530	−170 −242	−170 −285	−170 −355	−170 −460	−100 −146	−100 −172	−100 −215	−50 −70	−50 −79	−50 −96	−50 −122	−50 −165	−15 −35	−15 −44	−15 −61	0 −20	0 −29	0 −46	0 −72	0 −115	0 −185
200	225	−740 −1030	−260 −550	−170 −242	−170 −285	−170 −355	−170 −460	−100 −146	−100 −172	−100 −215	−50 −70	−50 −79	−50 −96	−50 −122	−50 −165	−15 −35	−15 −44	−15 −61	0 −20	0 −29	0 −46	0 −72	0 −115	0 −185
225	250	−820 −1110	−280 −570	−170 −242	−170 −285	−170 −355	−170 −460	−100 −146	−100 −172	−100 −215	−50 −70	−50 −79	−50 −96	−50 −122	−50 −165	−15 −35	−15 −44	−15 −61	0 −20	0 −29	0 −46	0 −72	0 −115	0 −185
250	280	−920 −1240	−300 −620	−190 −271	−190 −320	−190 −400	−190 −510	−110 −162	−110 −191	−110 −240	−56 −79	−56<>−88	−56 −108	−56 −137	−56 −186	−17 −40	−17 −49	−17 −69	0 −23	0 −32	0 −52	0 −81	0 −130	0 −210
280	315	−1050 −1370	−330 −650	−190 −271	−190 −320	−190 −400	−190 −510	−110 −162	−110 −191	−110 −240	−56 −79	−56 −88	−56 −108	−56 −137	−56 −186	−17 −40	−17 −49	−17 −69	0 −23	0 −32	0 −52	0 −81	0 −130	0 −210
315	355	−1200 −1560	−360 −720	−210 −299	−210 −350	−210 −440	−210 −570	−125 −182	−125 −214	−125 −265	−62 −87	−62 −98	−62 −119	−62 −151	−62 −202	−18 −43	−18 −54	−18 −75	0 −25	0 −36	0 −57	0 −89	0 −140	0 −230
355	400	−1350 −1710	−400 −760	−210 −299	−210 −350	−210 −440	−210 −570	−125 −182	−125 −214	−125 −265	−62 −87	−62 −98	−62 −119	−62 −151	−62 −202	−18 −43	−18 −54	−18 −75	0 −25	0 −36	0 −57	0 −89	0 −140	0 −230

注：▲为优先公差带，*为常用公差带，其余为一般用途公差带。

| 公称尺寸 /mm | | 公差带 | | | | | | | | | | | | | | | | | | | | | | |
| | | h | | j | | js | | | k | | | m | | | n | | | p | | r | | s | u | |
大于	至	▲11	12*	5	6	5*	6*	7*	5*	▲6	7*	5*	6*	7*	5*	▲6	7*	▲6	7*	6*	7*	▲6	▲6	7*
—	3	0/−60	0/−100	±2	+4/−2	±2	±3	±5	+4/0	+6/0	+10/+0	+6/+2	+8/+2	+12/+2	+8/+4	+10/+4	+14/+4	+12/+6	+16/+6	+16/+10	+20/+10	+20/+14	+24/+18	+28/+18
3	6	0/−75	0/−120	+3/−2	+6/−2	±2.5	±4	±6	+6/+1	+9/+1	+13/+1	+9/+4	+12/+4	+16/+4	+13/+8	+16/+8	+20/+8	+20/+12	+24/+12	+23/+15	+27/+15	+27/+19	+31/+23	+35/+23
6	10	0/−90	0/−150	+4/−2	+7/−2	±3	±4.5	±7	+7/+1	+10/+1	+16/+1	+12/+6	+15/+6	+21/+6	+16/+10	+19/+10	+25/+10	+24/+15	+30/+15	+28/+19	+34/+19	+32/+23	+37/+28	+43/+28
10	18	0/−110	0/−180	+5/−3	+8/−3	±4	±5.5	±9	+9/+1	+12/+1	+19/+1	+15/+7	+18/+7	+25/+7	+20/+12	+23/+12	+30/+12	+29/+18	+36/+18	+34/+23	+41/+23	+39/+28	+44/+33	+51/+33
18	24	0/−130	0/−210	+5/−4	+9/−4	±4.5	±6.5	±10	+11/+2	+15/+2	+23/+2	+17/+8	+21/+8	+29/+8	+24/+15	+28/+15	+36/+15	+35/+22	+43/+22	+41/+28	+49/+28	+48/+35	+54/+41	+62/+41
24	30																						+61/+48	+69/+48
30	40	0/−160	0/−250	+6/−5	+11/−5	±5.5	±8	±12	+13/+2	+18/+2	+27/+2	+20/+9	+25/+9	+34/+9	+28/+17	+33/+17	+42/+17	+42/+26	+51/+26	+50/+34	+59/+34	+59/+43	+76/+60	+85/+60
40	50																						+86/+70	+95/+70
50	65	0/−190	0/−300	+6/−7	+12/−7	±6.5	±9.5	±15	+15/+2	+21/+2	+32/+2	+24/+11	+30/+11	+41/+11	+33/+20	+39/+20	+50/+20	+51/+32	+62/+32	+60/+41	+71/+41	+72/+53	+106/+87	+117/+87
65	80																			+62/+43	+73/+43	+78/+59	+121/+102	+132/+102
80	100	0/−220	0/−350	+6/−9	+13/−9	±7.5	±11	±17	+18/+3	+25/+3	+38/+3	+28/+13	+35/+13	+48/+13	+38/+23	+45/+23	+58/+23	+59/+37	+72/+37	+73/+51	+86/+51	+93/+71	+146/+124	+159/+124
100	120																			+76/+54	+89/+54	+101/+79	+166/+144	+179/+144
120	140	0/−250	0/−400	+7/−11	+14/−11	±9	±12.5	±20	+21/+3	+28/+3	+43/+3	+33/+15	+40/+15	+55/+15	+45/+27	+52/+27	+67/+27	+68/+43	+83/+43	+88/+63	+103/+63	+117/+92	+195/+170	+210/+170
140	160																			+90/+65	+105/+65	+125/+100	+215/+190	+230/+190
160	180																			+93/+68	+108/+68	+133/+108	+235/+210	+250/+210
180	200	0/−290	0/−460	+7/−13	+16/−13	±10	±14.5	±23	+24/+4	+33/+4	+50/+4	+37/+17	+46/+17	+63/+17	+51/+31	+60/+31	+77/+31	+79/+50	+96/+50	+106/+77	+123/+77	+151/+122	+265/+236	+282/+236
200	225																			+109/+80	+126/+80	+159/+130	+287/+258	+304/+258
225	250																			+113/+84	+130/+84	+169/+140	+313/+284	+330/+284
250	280	0/−320	0/−520	+7/−16	±16	±11.5	±16	±26	+27/+4	+36/+4	+56/+4	+43/+20	+52/+20	+72/+20	+57/+34	+66/+34	+86/+34	+88/+56	+108/+56	+126/+94	+146/+94	+190/+158	+347/+315	+367/+315
280	315																			+130/+98	+150/+98	+202/+170	+382/+350	+402/+350
315	355	0/−360	0/−570	+7/−18	±18	±12.5	±18	±28	+29/+4	+40/+4	+61/+4	+46/+21	+57/+21	+78/+21	+62/+37	+73/+37	+94/+37	+98/+62	+119/+62	+144/+108	+165/+108	+226/+190	+426/+390	+447/+390
355	400																			+150/+114	+171/+114	+244/+208	+471/+435	+492/+435

表 17-6　孔的极限偏差（GB/T 1800.2—2009 摘录）　　　　　　（单位：μm）

公称尺寸 /mm		公差带																						
		C	D				E		F				G		H								J	
大于	至	▲11	8*	▲9	10*	11*	8*	9*	6*	7*	▲8	9*	6*	▲7	5	6*	▲7	▲8	▲9	10*	▲11	12*	6	7
—	3	+120 +60	+34 +20	+45 +20	+60 +20	+80 +20	+28 +14	+39 +14	+12 +6	+16 +6	+20 +6	+31 +6	+8 +2	+12 +2	+4 0	+6 0	+10 0	+14 0	+25 0	+40 0	+60 0	+100 0	+2 -4	+4 -6
3	6	+145 +70	+48 +30	+60 +30	+78 +30	+105 +30	+38 +20	+50 +20	+18 +10	+22 +10	+28 +10	+40 +10	+12 +4	+16 +4	+5 0	+8 0	+12 0	+18 0	+30 0	+48 0	+75 0	+120 0	+5 -3	±6
6	10	+170 +80	+62 +40	+76 +40	+98 +40	+130 +40	+47 +25	+61 +25	+22 +13	+28 +13	+35 +13	+49 +13	+14 +5	+20 +5	+6 0	+9 0	+15 0	+22 0	+36 0	+58 0	+90 0	+150 0	+5 -4	+8 -7
10	18	+205 +95	+77 +50	+93 +50	+120 +50	+160 +50	+59 +32	+75 +32	+27 +16	+34 +16	+43 +16	+59 +16	+17 +6	+24 +6	+8 0	+11 0	+18 0	+27 0	+43 0	+70 0	+110 0	+180 0	+6 -5	+10 -8
18	30	+240 +110	+98 +65	+117 +65	+149 +65	+195 +65	+73 +40	+92 +40	+33 +20	+41 +20	+53 +20	+72 +20	+20 +7	+28 +7	+9 0	+13 0	+21 0	+33 0	+52 0	+84 0	+130 0	+210 0	+8 -5	+12 -9
30	40	+280 +120	+119 +80	+142 +80	+180 +80	+240 +80	+89 +50	+112 +50	+41 +25	+50 +25	+64 +25	+87 +25	+25 +9	+34 +9	+11 0	+16 0	+25 0	+39 0	+62 0	+100 0	+160 0	+250 0	+10 -6	+14 -11
40	50	+290 +130																						
50	65	+330 +140	+146 +100	+174 +100	+220 +100	+290 +100	+106 +60	+134 +60	+49 +30	+60 +30	+76 +30	+104 +30	+29 +10	+40 +10	+13 0	+19 0	+30 0	+46 0	+74 0	+120 0	+190 0	+300 0	+13 -6	+18 -12
65	80	+340 +150																						
80	100	+390 +170	+174 +120	+207 +120	+260 +120	+340 +120	+126 +72	+159 +72	+58 +36	+71 +36	+90 +36	+123 +36	+34 +12	+47 +12	+15 0	+22 0	+35 0	+54 0	+87 0	+140 0	+220 0	+350 0	+16 -6	+22 -13
100	120	+400 +180																						
120	140	+450 +200	+208 +145	+245 +145	+305 +145	+395 +145	+148 +85	+185 +85	+68 +43	+83 +43	+106 +43	+143 +43	+39 +14	+54 +14	+18 0	+25 0	+40 0	+63 0	+100 0	+160 0	+250 0	+400 0	+18 -7	+26 -14
140	160	+460 +210																						
160	180	+480 +230																						
180	200	+530 +240	+242 +170	+285 +170	+355 +170	+460 +170	+172 +100	+215 +100	+79 +50	+96 +50	+122 +50	+165 +50	+44 +15	+61 +15	+20 0	+29 0	+46 0	+72 0	+115 0	+185 0	+290 0	+460 0	+22 -7	+30 -16
200	225	+550 +260																						
225	250	+570 +280																						
250	280	+620 +300	+271 +190	+320 +190	+400 +190	+510 +190	+191 +110	+240 +110	+88 +56	+108 +56	+137 +56	+186 +56	+49 +17	+69 +17	+23 0	+32 0	+52 0	+81 0	+130 0	+210 0	+320 0	+520 0	+25 -7	+36 -16
280	315	+650 +330																						
315	355	+720 +360	+299 +210	+350 +210	+440 +210	+570 +210	+214 +125	+265 +125	+98 +62	+119 +62	+151 +62	+202 +62	+54 +18	+75 +18	+25 0	+36 0	+57 0	+89 0	+140 0	+230 0	+360 0	+570 0	+29 -7	+39 -18
355	400	+760 +400																						

注：▲为优先公差带，*为常用公差带，其余为一般用途公差带。

公称尺寸/mm 大于	至	JS 6*	7*	8*	9	10	K 6*	▲7	8*	M 6*	7*	8*	N 6*	▲7	8*	9	P 6*	▲7	9	R 6*	7*	S 6*	▲7	U ▲7
—	3	±3	±5	±7	±12	±20	0 −6	0 −10	0 −14	−2 −8	−2 −12	−2 −16	−4 −10	−4 −14	−4 −18	−4 −29	−6 −12	−6 −16	−6 −31	−10 −16	−10 −20	−14 −20	−14 −24	−18 −28
3	6	±4	±6	±9	±15	±24	+2 −6	+3 −9	+5 −13	−1 −9	0 −12	+2 −16	−5 −13	−4 −16	−2 −20	0 −30	−9 −17	−8 −20	−12 −42	−12 −20	−11 −23	−16 −24	−15 −27	−19 −31
6	10	±4.5	±7	±11	±18	±29	+2 −7	+5 −10	+6 −16	−3 −12	0 −15	+1 −21	−7 −16	−4 −19	−3 −25	0 −36	−12 −21	−9 −24	−15 −51	−16 −25	−13 −28	−20 −29	−17 −32	−22 −37
10	18	±5.5	±9	±13	±21	±36	+2 −9	+6 −12	+8 −19	−4 −15	0 −18	+2 −25	−9 −20	−5 −23	−3 −30	0 −43	−15 −26	−11 −29	−18 −61	−20 −31	−16 −34	−25 −36	−21 −39	−26 −44
18	24	±6.5	±10	±16	±26	±42	+2 −11	+6 −15	+10 −23	−4 −17	0 −21	+4 −29	−11 −24	−7 −28	−3 −36	0 −52	−18 −31	−14 −35	−22 −74	−24 −37	−20 −41	−31 −44	−27 −48	−33 −54
24	30																							−40 −61
30	40	±8	±12	±19	±31	±50	+3 −13	+7 −18	+12 −27	−4 −20	0 −25	+5 −34	−12 −28	−8 −33	−3 −42	0 −62	−21 −37	−17 −42	−26 −88	−29 −45	−25 −50	−38 −54	−34 −59	−51 −76
40	50																							−61 −86
50	65	±9.5	±15	±23	±37	±60	+4 −15	+9 −21	+14 −32	−5 −24	0 −30	+5 −41	−14 −33	−9 −39	−4 −50	0 −74	−26 −45	−21 −51	−32 −106	−35 −54	−30 −60	−47 −66	−42 −72	−76 −106
65	80																				−37 −56	−32 −62	−53 −72	−48 −78	−91 −121
80	100	±11	±17	±27	±43	±70	+4 −18	+10 −25	+16 −38	−6 −28	0 −35	+6 −48	−16 −38	−10 −45	−4 −58	0 −87	−30 −52	−24 −59	−37 −124	−44 −66	−38 −73	−64 −86	−58 −93	−111 −146
100	120																				−47 −69	−41 −76	−72 −94	−66 −101	−131 −166
120	140	±12.5	±20	±31	±50	±80	+4 −21	+12 −28	+20 −43	−8 −33	0 −40	+8 −55	−20 −45	−12 −52	−4 −67	0 −100	−36 −61	−28 −68	−43 −143	−56 −81	−48 −88	−85 −110	−77 −117	−155 −195
140	160																				−58 −83	−50 −90	−93 −118	−85 −125	−175 −215
160	180																				−61 −86	−53 −93	−101 −126	−93 −133	−195 −235
180	200	±14.5	±23	±36	±57	±92	+5 −24	+13 −33	+22 −50	−8 −37	0 −46	+9 −63	−22 −51	−14 −60	−5 −77	0 −115	−41 −70	−33 −79	−50 −165	−68 −97	−60 −106	−113 −142	−105 −151	−219 −265
200	225																				−71 −100	−63 −109	−121 −150	−113 −159	−241 −287
225	250																				−75 −104	−67 −113	−131 −160	−123 −169	−267 −313
250	280	±16	±26	±40	±65	±105	+5 −27	+16 −36	+25 −56	−9 −41	0 −52	+9 −72	−25 −57	−14 −66	−5 −86	0 −130	−47 −79	−36 −88	−56 −186	−85 −117	−74 −126	−149 −181	−138 −190	−295 −347
280	315																				−89 −121	−78 −130	−161 −193	−150 −202	−330 −382
315	355	±18	±28	±44	±70	±115	+7 −29	+17 −40	+28 −61	−10 −46	0 −57	+11 −78	−26 −62	−16 −73	−5 −94	0 −140	−51 −87	−41 −98	−62 −202	−97 −133	−87 −144	−179 −215	−169 −226	−369 −426
355	400																				−103 −139	−93 −150	−197 −233	−187 −244	−414 −471

表 17-7　线性尺寸的未注公差（GB/T 1804—2000 摘录）　　　　（单位：mm）

公差等级	线形尺寸的极限偏差数值								倒圆半径与倒角高度尺寸的极限偏差数值			
	公称尺寸分段								公称尺寸分段			
	0.5～3	>3～6	>6～30	>30～120	>120～400	>400～1 000	>1 000～2 000	>2 000～4 000	0.5～3	>3～6	>6～30	>30
精密 f	±0.05	±0.05	±0.1	±0.15	±0.2	±0.3	±0.5	—	±0.2	±0.5	±1	±2
中等 m	±0.1	±0.1	±0.2	±0.3	±0.5	±0.8	±1.2	±2	±0.2	±0.5	±1	±2
粗糙 c	±0.2	±0.3	±0.5	±0.8	±1.2	±2	±3	±4	±0.4	±1	±2	±4
最粗 v	—	±0.5	±1	±1.5	±2.5	±4	±6	±8	±0.4	±1	±2	±4

在图样上、技术文件或标准中的表示方法示例：GB/T 1804–m（表示选用中等级）

表 17-8　优先配合特性及应用举例

基孔制	基轴制	优先配合特性及应用举例
$\dfrac{H11}{c11}$	$\dfrac{C11}{h11}$	间隙非常大，用于很松的、转动很慢的动配合，或要求大公差与大间隙的外露组件，或要求装配方便的很松的配合
$\dfrac{H9}{d9}$	$\dfrac{D9}{h9}$	间隙很大的自由转动配合，用于精度非主要要求时，或有大的温度变动、高速转或大的轴颈压力时
$\dfrac{H8}{f7}$	$\dfrac{F8}{h7}$	间隙不大的转动配合，用于中等转速与中等轴颈压力的精确传动，也用于装配较易的中等定位配合
$\dfrac{H7}{g6}$	$\dfrac{G7}{h6}$	间隙很小的滑动配合，用于不希望自由转动，但可以自由移动和滑动并精密定位时，也可用于要求明确的定位配合
$\dfrac{H7}{h6}$ $\dfrac{H8}{h7}$ $\dfrac{H9}{h9}$ $\dfrac{H11}{h11}$	$\dfrac{H7}{h6}$ $\dfrac{H8}{h7}$ $\dfrac{H9}{h9}$ $\dfrac{H11}{h11}$	均为间隙定位配合，零件可自由拆装，而工作时一般相对静止不动。在最大实体条件下的间隙为零，在最小实体条件下的间隙由公差等级决定
$\dfrac{H7}{k6}$	$\dfrac{K7}{h6}$	过渡配合，用于精密定位
$\dfrac{H7}{n6}$	$\dfrac{N7}{h6}$	过渡配合，允许有加大过盈的更精密定位
$\dfrac{H7*}{p6}$	$\dfrac{P7}{h6}$	过盈定位配合，即小过盈配合，用于定位精度特别重要时，能以最好的定位精度达到部件的刚性及对中性要求，而对内孔承受压力无特殊要求，不依靠配合的紧固性传递摩擦负荷
$\dfrac{H7}{s6}$	$\dfrac{S7}{h6}$	中等压入配合，适用于一般钢件，或用于薄壁件的冷缩配合，用于铸件可得到最紧的配合
$\dfrac{H7}{u6}$	$\dfrac{U7}{h6}$	压入配合，适用于可以承受大压入力的零件或不宜承受大压入力的冷缩配合

注：*公称尺寸小于或等于 3mm 为过渡配合。

17.2　几　何　公　差

表 17-9　几何特征符号、附加符号及其标注（GB/T 1182—2018 摘录）

公差特征项目的符号						被测要素、基准要素的标注要求及其他附加符号			
公差	特征项目	符号	公差	特征项目	符号	说明	符号	说明	符号
形状公差	直线度	—	方向公差	平行度	//	被测要素的标注		延伸公差带	Ⓟ
				垂直度	⊥	基准要素的标注	Ⓐ　Ⓐ	自由状态（非刚性零件）条件	Ⓕ
	平面度	▱		倾斜度	∠				
	圆度	○	位置公差	同轴（同心）度	◎	基准目标的标注	$\frac{\phi 2}{A1}$	全周（轮廓）	
	圆柱度	⌭		对称度	=	理论正确尺寸	5	包容要求	Ⓔ
				位置度	⊕	最大实体要求	Ⓜ	公共公差带	CZ
形状、方向或位置公差	线轮廓度	⌒	跳动公差	圆跳动	↗				
	面轮廓度	⌓		全跳动	↗↗	最小实体要求	Ⓛ	任意横截面	ACS
公差框格	// | 0.1 | A ⊕ | Φ0.1 | A | B | C 2h					公差要求在矩形方框中给出，该方框由 2 格或多个组成。框格中的内容从左到右按以下次序填写： ——公差特征的符号； ——公差值； ——如果需要，用一个或多个字母表示基准要素或基准体系。 （h 为图样中采用字母的高度）			

表 17-10　直线度、平面度公差（GB/T 1184—1996 摘录）　　　　　　　（单位：μm）

精度等级	主参数 L/ mm													应用举例
	≤10	>10 ~16	>16 ~25	>25 ~40	>40 ~63	>63 ~100	>100 ~160	>160 ~250	>250 ~400	>400 ~630	>630 ~1000	>1000 ~1600	>1600 ~2500	
5	2	2.5	3	4	5	6	8	10	12	15	20	25	30	普通精度机床导轨，柴油机进、排气门导杆
6	3	4	5	6	8	10	12	15	20	25	30	40	50	
7	5	6	8	10	12	15	20	25	30	40	50	60	80	轴承体的支承面，压力机导轨及滑块，减速器箱体、油泵、轴系支承轴承的接合面
8	8	10	12	15	20	25	30	40	50	60	80	100	120	
9	12	15	20	25	30	40	50	60	80	100	120	150	200	辅助机构及手动机械的支承面，液压管件和法兰的连接面
10	20	25	30	40	50	60	80	100	120	150	200	250	300	
11	30	40	50	60	80	100	120	150	200	250	300	400	500	离合器的摩擦片，汽车发动机缸盖接合面
12	60	80	100	120	150	200	250	300	400	500	600	800	1000	

标注示例	说明	标注示例	说明
	圆柱表面上任一素线必须位于轴向平面内、距离为公差值 0.02mm 的两平面之间		ϕd 圆柱体的轴线必须位于直径为公差值 0.04mm 的圆柱面内
	棱线必须位于箭头所示方向、距离为公差值 0.02mm 的两平行平面之间		上表面必须位于距离为公差值 0.1mm 的两平行平面内

表 17-11　圆度、圆柱度公差（GB/T 1184—1996 摘录）　　　　　（单位：μm）

主参数 $d(D)$ 图例

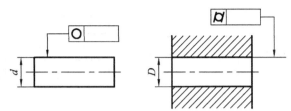

精度等级	主参数 d / mm												应用举例
	>3~6	>6~10	>10~18	>18~30	>30~50	>50~80	>80~120	>120~180	>180~250	>250~315	>315~400	>400~500	
5	1.5	1.5	2	2.5	2.5	3	4	5	7	8	9	10	安装 P6、P0 级滚动轴承的配合面，中等压力下的液压装置工作面(包括泵、压缩机的活塞和气缸)，风动绞车曲轴，通用减速器轴颈，一般机床主轴
6	2.5	2.5	3	4	4	5	6	8	10	12	13	15	
7	4	4	5	6	7	8	10	12	14	16	18	20	发动机的胀圈、活塞销及连杆的孔等，千斤顶或压力油缸活塞，水泵及减速器轴颈，液压传动系统的分配机构，拖拉机气缸体与气缸套配合面，炼胶机冷铸轧辊
8	5	6	8	9	11	13	15	18	20	23	25	27	
9	8	9	11	13	16	19	22	25	29	32	36	40	起重机、卷扬机用的滑动轴承，带软密封的低压泵的活塞和气缸，通用机械杠杆与拉杆、拖拉机的活塞环与套筒孔
10	12	15	18	21	25	30	35	40	46	52	57	63	
11	18	22	27	33	39	46	54	63	72	81	89	97	
12	30	36	43	52	62	74	87	100	115	130	140	155	

标注示例	说明
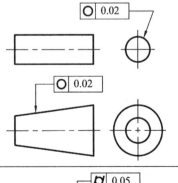	被测圆柱(或圆锥)面任一正截面的圆周必须位于半径差为公差值 0.02mm 的同心圆之间
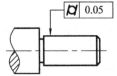	被测圆柱面必须位于半径差为公差值 0.05mm 的两同轴圆柱面之间

表 17-12 平行度、垂直度、倾斜度公差(GB/T 1184—1996 摘录)　　　　(单位：μm)

主参数 L、d(D)图例

精度等级	主参数 L、d(D)/mm													应用举例	
	≤10	>10~16	>16~25	>25~40	>40~63	>63~100	>100~160	>160~250	>250~400	>400~630	>630~1000	>1000~1600	>1600~2500	平行度	垂直度
5	5	6	8	10	12	15	20	25	30	40	50	60	80	机床主轴孔对基准面要求，重要轴承孔对基准面要求，床头箱体重要孔间要求，一般减速器壳体孔、齿轮泵的轴孔端面等	机床重要支承面，发动机轴和离合器的凸缘、气缸的支承端面，装 P4、P5 级轴承的箱体的凸肩
6	8	10	12	15	20	25	30	40	50	60	80	100	120	一般机床零件的工作面或基准面，压力机和锻锤的工作面，中等精度钻模的工作面，一般刀、量、模具；机床一般轴孔对基准面的要求，床头箱一般孔间要求，气缸轴线，变速器箱孔，主轴花键对定心直径，重型机械轴承盖的端面，卷扬机、手动传动装置中的传动轴	低精度机床主要基准面和工作面、回转工作台端面跳动，一般导轨，主轴箱体孔刀架、砂轮架及工作台回转中心，机床轴肩、气缸配合面对其轴线、活塞销孔对活塞中心线以及装 P6、P0 级轴承壳体孔的轴线等
7	12	15	20	25	30	40	50	60	80	100	120	150	200		
8	20	25	30	40	50	60	80	100	120	150	200	250	300		
9	30	40	50	60	80	100	120	150	200	250	300	400	500	低精度零件，重型机械滚动轴承端盖；柴油机和煤气发动机的曲轴孔、轴颈等	花键轴轴肩端面、带式输送机法兰盘等端面对轴心线，手动卷扬机及传动装置中轴承端面、减速器壳体平面等
10	50	60	80	100	120	150	200	250	300	400	500	600	800		
11	80	100	120	150	200	250	300	400	500	600	800	1000	1200	零件的非工作面，卷扬机、输送机上用的减速器壳体平面	
12	120	150	200	250	300	400	500	600	800	1000	1200	1500	2000		

标注示例	说明	标注示例	说明
‖ 0.05 A	上表面必须位于距离为公差值 0.05mm，且平行于基准面 A 的两平行平面之间	⊥ 0.1 A　φd	φd 的轴线必须位于距离为公差值 0.1mm，且垂直于基准平面的两平行平面之间（若框格内数字标注为 φ0.1mm，则说明 φd 的轴线必须位于直径为公差值 0.1mm，且垂直于基准平面 A 的圆柱面内）
‖ 0.03 A	孔轴线必须位于距离为公差值 0.03mm，且平行于基准面 A 的两平行平面之间	⊥ 0.05 A	左侧端面必须位于距离为公差值 0.05mm，且垂直于基准线的两平行平面之间

表 17-13　同轴度、对称度、圆跳动和全跳动公差(GB/T 1184—1996摘录)　　（单位：μm）

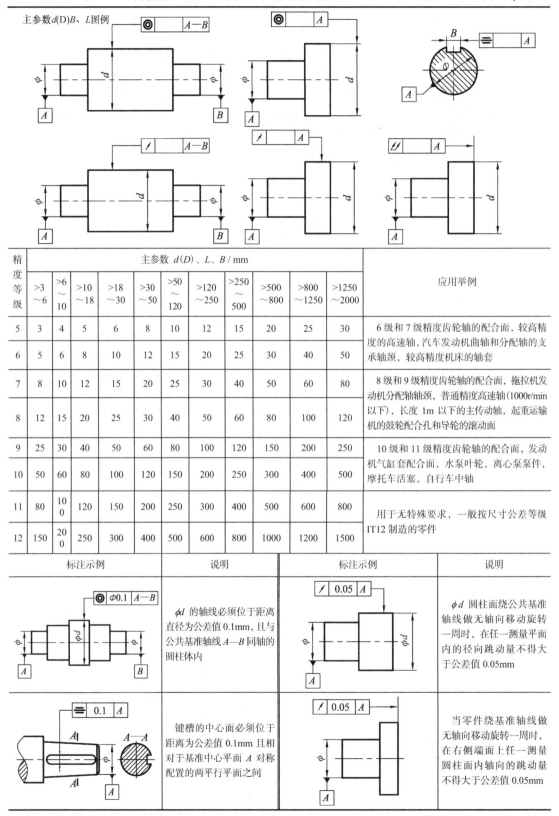

精度等级	主参数 $d(D)$、L、B / mm											应用举例
	>3~6	>6~10	>10~18	>18~30	>30~50	>50~120	>120~250	>250~500	>500~800	>800~1250	>1250~2000	
5	3	4	5	6	8	10	12	15	20	25	30	6级和7级精度齿轮轴的配合面，较高精度的高速轴，汽车发动机曲轴和分配轴的支承轴颈，较高精度机床的轴套
6	5	6	8	10	12	15	20	25	30	40	50	
7	8	10	12	15	20	25	30	40	50	60	80	8级和9级精度齿轮轴的配合面，拖拉机发动机分配轴颈，普通精度高速轴(1000r/min以下)，长度1m以下的主传动轴，起重运输机的鼓轮配合孔和导轮的滚动面
8	12	15	20	25	30	40	50	60	80	100	120	
9	25	30	40	50	60	80	100	120	150	200	250	10级和11级精度齿轮轴的配合面，发动机气缸套配合面，水泵叶轮，离心泵泵件，摩托车活塞，自行车中轴
10	50	60	80	100	120	150	200	250	300	400	500	
11	80	100	120	150	200	250	300	400	500	600	800	用于无特殊要求，一般按尺寸公差等级IT12制造的零件
12	150	200	250	300	400	500	600	800	1000	1200	1500	

标注示例	说明	标注示例	说明
	ϕd 的轴线必须位于距离直径为公差值0.1mm，且与公共基准轴线 A—B 同轴的圆柱体内		ϕd 圆柱面绕公共基准轴线做无轴向移动旋转一周时，在任一测量平面内的径向跳动量不得大于公差值0.05mm
	键槽的中心面必须位于距离为公差值0.1mm且相对于基准中心平面 A 对称配置的两平行平面之间		当零件绕基准轴线做无轴向移动旋转一周时，在右侧端面上任一测量圆柱面内轴向的跳动量不得大于公差值0.05mm

表 17-14　主要加工方法能达到的平行度、垂直度公差等级

加工方法			公差等级	加工方法			公差等级
面对面	研磨		1~4	轴线对轴线（或平面）	磨	粗	7~8
	刮		1~6			细	4~7
	磨	粗	5~8		镗	粗	8~10
		细	4~6			细	7~8
		精	2~4			精	6~7
	铣		6~11		金刚石镗		4~6
	刨		7~11		车	粗	10~11
	拉		7~9			细	7~10
	插		7~8		铣		6~10
					钻		9~12

表 17-15　主要加工方法能达到的平面度、直线度公差等级

加工方法			公差等级	加工方法			公差等级
车	普车、立车、自动	粗	11~12	磨	无心磨、外圆磨、平磨	粗	9~11
		细	9~10			细	7~9
		精	5~8			精	2~7
铣	万能铣	粗	11~12	研磨	机动、手工	粗	4~5
		细	10~11			细	3
		精	6~9			精	1~2
刨	龙门刨、牛头刨	粗	11~12	刮研	刮、研、手工	粗	6~7
		细	9~10			细	4~5
		精	7~9			精	1~3

表 17-16　主要加工方法能达到的圆度、圆柱度公差等级

加工方法			公差等级	加工方法			公差等级
轴	精密车削		3~5	孔	钻		7~12
	普通车削		5~10		镗	普通镗 粗	7~10
	普通立车	粗	6~10			普通镗 细	5~8
		细	5~7			普通镗 精	4~5
	自动、半自动车	粗	8~9			金刚镗 细	3~4
		细	7~8			金刚镗 精	1~3
		精	6~7		铰孔		5~7
	外圆磨	粗	5~7		扩孔		5~7
		细	3~5		内圆磨	细	4~5
		精	1~3			精	3~4
	无心磨	粗	6~7		研磨	细	4~6
		细	2~5			精	1~4
	研磨		2~5		珩磨		6~8
	精磨		1~2				

表 17-17　主要加工方法能达到的同轴度、跳动度公差等级

加工方法		公差等级	加工方法		公差等级
车、镗	孔	4～9	磨	孔	2～7
	轴	3～8		轴	1～6
铰		5～7	珩磨		2～4
			研磨		1～3

17.3　表面粗糙度

表 17-18　表面粗糙度主要评定参数 *Ra*、*Rz* 的数值系列（GB/T 1031—2009 摘录）　　　（单位：μm）

Ra				*Rz*				
0.012	0.2	3.2	50	0.025	0.4	6.3	100	1600
0.025	0.4	6.3	100	0.05	0.8	12.5	200	—
0.05	0.8	12.5	—	0.1	1.6	25	400	—
0.1	1.6	25	—	0.2	3.2	50	800	—

注：① 在表面粗糙度参数常用的范围内（*Ra* 为 0.025～6.3μm，*Rz* 为 0.1～25μm），推荐优先选用 *Ra*。
　　② 根据表面功能和生产的经济合理性，当选用的数值系列不能满足要求时，可选取表 17-19 中的补充系列值。

表 17-19　表面粗糙度主要评定参数 *Ra*、*Rz* 的补充系列（GB/T 1031—2009 摘录）　　　（单位：μm）

Ra				*Rz*				
0.008	0.125	2.0	32	0.032	0.50	8.0	125	—
0.010	0.160	2.5	40	0.040	0.63	10.0	160	—
0.016	0.25	4.0	63	0.063	1.00	16.0	250	—
0.020	0.32	5.0	80	0.080	1.25	20	320	—
0.032	0.50	8.0	—	0.125	2.0	32	500	—
0.040	0.63	10.0	—	0.160	2.5	40	630	—
0.063	1.00	16.0	—	0.25	4.0	63	1000	—
0.080	1.25	20	—	0.32	5.0	80	1250	—

表 17-20　*Ra*、*Rz* 值与取样长度 *lr* 和评定长度 *ln* 的对应关系（GB/T 1031—2009 摘录）

Ra/μm	*Rz*/μm	*lr*/mm	*ln*/mm
≥ 0.008～0.02	≥ 0.025～0.10	0.08	0.4
>0.02～0.1	>0.10～0.50	0.25	1.25
>0.1～2.0	>0.50～10.0	0.8	4.0
>2.0～10.0	>10.0～50.0	2.5	12.5
>10.0～80.0	>50～320	8.0	40.0

注：按本表给定取样长度时，在图样上可以省略不标。

表 17-21　表面粗糙度选用举例

$Ra/\mu m$（不大于）	表面状况	加工方法	应用举例
100	明显可见的刀痕	粗车、镗、刨、钻	粗加工的表面，如粗车、粗刨、切断等表面，用粗锉刀和粗砂轮等加工的表面，一般很少采用
25、50			粗加工后的表面，焊接前的焊缝、粗钻孔壁等
12.5	可见刀痕	粗车、刨、铣、钻	一般非结合面，如轴的端面、倒角、齿轮及带轮的侧面、键槽的非工作面，减重孔眼表面等
6.3	可见加工痕迹	车、镗、刨、钻、铣、锉、磨、粗铰、铣齿	不重要零件的非配合表面，如支柱、支架、外壳、衬套、轴、盖的端面，紧固件的自由表面，紧固件通孔表面，内、外花键的非定心表面，不作为计量基准的齿轮顶圆表面等
3.2	微见加工痕迹	车、镗、刨、铣、刮1～2点/cm²、拉、磨、锉、滚压、铣齿	和其他零件连接不形成配合的表面，如箱体、外壳、端盖等零件的端面；要求有定心及配合特性的固定支承面，如定心的轴肩、键和键槽的工作表面；不重要的紧固螺纹的表面；需要滚花或氧化处理的表面
1.6	看不清加工痕迹	车、镗、刨、铣、铰、拉、磨、滚压、刮1～2点/cm²、铣齿	安装直径超过80mm的0级轴承的外壳孔，普通精度齿轮的齿面，定位销孔，V带轮的表面，外径定心的花键外径，轴承盖的定心凸肩表面等
0.8	可辨加工痕迹的方向	车、镗、拉、磨、立铣、刮3～10点/cm²、滚压	要求保证定心及配合特性的表面，如锥销与圆柱销的表面，与0级精度滚动轴承配合的轴颈和外壳孔，中速转动的轴颈，直径超过80mm的5、6级滚动轴承配合的轴颈与外壳孔及内外花键的定心内径，外花键键侧及定心外径，过盈配合IT7级的孔(H7)，间隙配合IT8、IT9级的孔(H8、H9)，磨削的齿轮表面等
0.4	微见加工痕迹的方向	铰、磨、镗、拉、刮3～10点/cm²、滚压	要求长期保持配合性质稳定的配合表面，IT7级的轴、孔配合表面，精度较高的轮齿表面，受变应力作用的重要零件，与直径小于80mm的5、6级轴承配合的轴颈表面，与橡胶密封件接触的轴表面，尺寸大于120mm的IT3～IT6级孔和轴用量规的测量表面
0.2	不可辨加工痕迹的方向	布轮磨、磨、研磨、超级加工	工作时受变应力作用的重要零件的表面；保证零件的疲劳强度、防腐性和耐久性，并在工作时不破坏配合性质的表面，如轴颈表面、要求气密性的表面和支承表面、圆锥定心表面等；IT5、IT6级配合表面，高精度齿轮的齿面，与4级滚动轴承配合的轴颈表面，尺寸大于315mm的IT7～IT9级孔和轴用量规及尺寸大于120～315mm的IT10～IT12级孔和轴用量规的测量表面等
0.1	暗光泽面		工作时受较大变应力作用的重要零件的表面；保证精确定心的锥体表面；液压传动中的孔表面；气缸套的内表面，活塞销的外表面，仪器导轨面，阀的工作面；尺寸小于120mm的IT10～IT12级孔和轴用量规测量表面等
0.05	亮光泽面	超级加工	保证高度气密性的接合表面，如活塞、柱塞和气缸内表面；摩擦离合器的摩擦表面；对同轴度有精确要求的轴和孔；滚动导轨中的钢球或滚子和高速摩擦的工作表面
0.025	镜状光泽面		高压柱塞泵中柱塞和柱塞套的配合表面，中等精度仪器零件配合表面，尺寸大于120mm的IT6级孔用量规、小于120mm的IT7～IT9级孔和轴用量规测量表面
0.012	雾状镜面		仪器的测量表面和配合表面，尺寸超过100mm的块规工作面
0.008			块规的工作表面，高精度测量仪器的测量面，高精度仪器摩擦机构的支承表面

表 17-22　表面粗糙度符号代号及其注法（GB/T 131—2006 摘录）

表面粗糙度符号及意义		表面粗糙度数值及其有关的规定在符号中注写的位置
符号	意义及说明	
（基本符号）	基本符号，表示表面可用任何方法获得，当不加注粗糙度参数值或有关说明（如表面处理、局部热处理状况等）时，仅适用于简化代号标注，不能单独使用	
（去除材料符号）	基本符号上加一短画，表示表面用去除材料方法获得，如车、铣、钻、磨、剪切、抛光、腐蚀、电火花加工、气割等	*a* 为注写表面结构的单一要求，表面结构参数代号、极限值和传输带或取样长度； *b* 为如果需要，在位置 *b* 注写第二表面要求； *c* 为注写加工方法； *d* 为注写表面纹理方向； *e* 为注写加工余量，mm
（不去除材料符号）	基本符号上加一小圆，表示用不去除材料的方法获得，如铸、锻、冲压变形、热轧、冷轧、粉末冶金等，或者用于保持原供应状况的表面（包括保持上道工序的状况）	
（带横线符号）	在上述三个符号的长边上均可加一横线，用于标注有关参数和说明	
（带小圆符号）	在上述三符号上均可加一小圆，表示构成封闭轮廓的所有表面具有相同的表面粗糙度要求	

表 17-23　表面粗糙度标注方法示例（GB/T 131—2006 摘录）

代号	意义	代号	意义
$Ra\,3.2$	用去除材料方法获得的表面粗糙度，*Ra* 的上限值为 3.2μm	$Ra\ \max\ 3.2$	用去除材料方法获得的表面粗糙度，*Ra* 的最大值为 3.2μm
$Ra\,3.2$	用不去除材料方法获得的表面粗糙度，*Ra* 的上限值为 3.2μm	$Ra\ \max\ 3.2$ $Ra\ \min\ 1.6$	用去除材料方法获得的表面粗糙度，*Ra* 的最大值为 3.2μm，*Ra* 的最小值为 1.6μm

　　表面粗糙度符号、代号一般注在可见轮廓、尺寸界线、引出线或它们的延长线上。符号的尖端必须从材料外指向表面

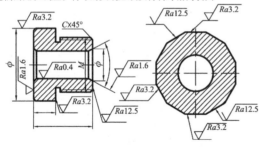

　　中心孔的工作表面、键槽工作面、倒角、圆角的表面，可以简化标注

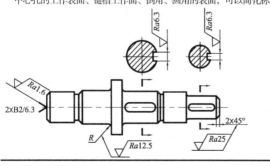

　　同一表面有不同粗糙度要求时，必须用细实线画出其分界线，并注出相应的表面粗糙度符号和尺寸

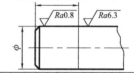

　　在不致引起误解时，表面结构要求可标注在给定的尺寸线上，或标注在几何公差框格的上方

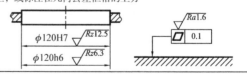

$\phi120H7$　$Rz12.5$
$\phi120h6$　$Rz6.3$

$Ra1.6$　0.1

　　需要将零件局部热处理或局部镀涂时，应用粗点划线画出其范围并标注相应的尺寸，也可将其要求注写在表面粗糙度符号长边的横线上

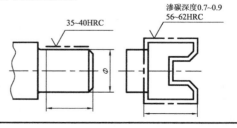

渗碳深度0.7~0.9
56~62HRC
35~40HRC

续表

齿轮、渐开线花键、螺纹等工作表面内有画出齿(牙)形时的标注方法

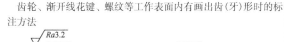
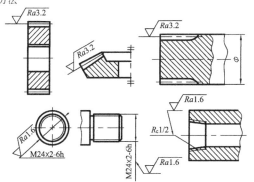

零件上连续表面及重复要素(孔、槽、齿等)的表面和用细实线连接不连续的表面，其表面粗糙度符号只注一次

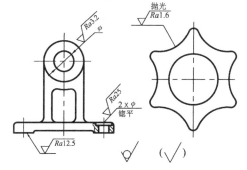

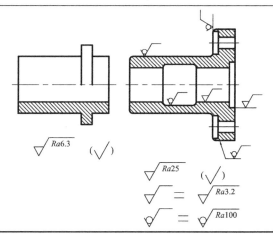

如果在工件的多数(包括全部)表面有相同的表面结构要求，其表面结构要求可统一标注在标题栏附近。

零件的大部分表面具有相同的表面粗糙度要求时，可采用简化标注，可用带字母的完整符号，以等式的形式，在图形或标题栏附近，对有相同表面粗糙度要求的表面进行简化标注。

为了简化标注方法，或当位置受到限制时，可以标注简化代号，也可以采用省略注法，但必须在标题栏附近说明这些简化代号的意义。

当用同一标注和简化标注方法时，其符号和文字说明高度均应是图形上其他表面所注代号和文字的 1.4 倍

第18章 齿轮传动和蜗杆传动精度公差

18.1 渐开线圆柱齿轮精度（摘自 GB/T 10095）

18.1.1 偏差的名称和代号

齿轮各项偏差的名称和代号见表 18-1。

表 18-1 齿轮各项偏差的名称和代号

名称	代号	名称	代号	名称	代号
单个齿距偏差 齿距累积偏差 齿距累积总偏差	f_{pt} F_{pk} F_p	螺旋线总偏差 螺旋线形状偏差 螺旋线倾斜偏差	F_β $f_{f\beta}$ $f_{H\beta}$	径向综合总偏差 一齿径向综合偏差	F_i'' f_i''
齿廓总偏差 齿廓形状偏差 齿廓倾斜偏差	F_α $f_{f\alpha}$ $f_{H\alpha}$	切向综合总偏差 一齿切向综合偏差	F_i' f_i'	径向跳动	F_r

18.1.2 精度等级及其选择

1. 精度等级

（1）GB/T 10095.1—2008 对齿轮同侧齿面偏差规定了 13 个精度等级，用数字 0～12 按由高到低的顺序排列，0 级是最高的精度等级，12 级是最低的精度等级。

（2）GB/T 10095.2—2008 对径向综合偏差规定了 9 个精度等级，其中 4 级最高，12 级最低；对径向跳动规定了 13 个精度等级，其中 0 级最高，12 级最低。

2. 精度等级的选择

根据齿轮精度对齿轮传动性能的影响，可以将评定齿轮精度的偏差项目分为三类，即影响传递运动准确性项目（Ⅰ类）、影响传递运动平稳性项目（Ⅱ类）和影响载荷分布均匀性项目（Ⅲ类），见表 18-2。

表 18-2 各项偏差对齿轮传动性能的影响

齿轮传动性能	公差及极限偏差项目
传递运动的准确性	F_p、F_{pk}、F_i'、F_i''、F_r
传递运动的平稳性	F_α、f_{pt}、f_i'、f_i''、F_β、$f_{f\alpha}$、$f_{f\beta}$
载荷分布的均匀性	F_β、F_α、$f_{H\alpha}$、$f_{H\beta}$

选择齿轮精度时，必须根据其用途、工作条件及性能要求（如运动精度、圆周速度、传递功率、工作时间、工作寿命、振动和噪声等方面的要求）来确定，同时需要考虑工艺的可能性和经济性。选择齿轮精度等级可按齿轮工作条件、应用场合和性能要求采用类比法，表 18-3 列出了

各类机械所采用的圆柱齿轮精度等级，可供参考。对于精密齿轮传动系统也可采用计算法。

表 18-3　圆柱齿轮各级精度的应用范围

要素		精度等级					
		4	5	6	7	8	9
工作条件及应用范围	机床	高精度和精密的分度链末端齿轮、高精度和精密的分度链的中间齿轮	一般精度的分度链末端齿轮、高精度和精密的分度链的中间齿轮	V级机床主传动的重要齿轮、一般精度的分度链的中间齿轮、油泵齿轮	Ⅳ级和Ⅲ级以上精度等级机床的进给齿轮	一般精度的机床齿轮	没有传动精度要求的手动齿轮
圆周速度 /(m/s)	直齿轮	>30	>15~30	>10~15	>6~10	<6	
	斜齿轮	>50	>30~50	>15~30	>8~15	<8	
工作条件及应用范围	航空船舶车辆	需要很高平稳性、低噪声的船用和航空齿轮	需要高平稳性、低噪声的船用和航空齿轮，需要很高平稳性、低噪声的机车和轿车的齿轮	用于高速传动、有高平稳性、低噪声要求的机车、航空、船舶和轿车的齿轮	用于有平稳性、低噪声要求的航空、船舶和轿车的齿轮	用于中等速度、较平稳传动的载货汽车和拖拉机的齿轮	用于较低速、噪声要求不高的载货汽车第一挡与倒挡拖拉机和联合收割机齿轮
圆周速度 /(m/s)	直齿轮	>35	>20	≤20	≤15	≤10	≤4
	斜齿轮	>70	>35	≤35	≤25	≤15	≤6
工作条件及应用范围	动力齿轮	用于很高速度的透平传动齿轮	用于高速的透平传动齿轮、重型机械进给机构和高速载重齿轮	用于高速传动的齿轮，工业机械有高可靠性要求的齿轮，重型机械的功率传动齿轮，作业率很高的起重运输机械齿轮	用于高速和适度功率或大功率和适度速度条件下的齿轮，冶金、矿山、石油、林业、轻工、工程机械、起重运输机械和小型工业齿轮箱(普通减速器)有可靠性要求的齿轮	用于中等速度、较平稳传动的齿轮，冶金、矿山、石油、林业、轻工、化工、工程机械、起重运输机械和小型工业齿轮箱(普通减速器)的齿轮	用于一般性工作和噪声要求不高的齿轮，受载低于计算载荷的传动齿轮，速度大于1m/s 的开式齿轮传动和转盘齿轮
圆周速度 /(m/s)	直齿轮	>70	>30	<30	<15	<10	≤4
	斜齿轮				<25	<15	≤6
工作条件及应用范围	其他	检验 7~8 级精度齿轮的测量齿轮	检验 8~9 级精度齿轮的测量齿轮，印刷机械印刷辊子用的齿轮	读数装置中特别精密传动的齿轮	读数装置的传动及具有非直齿的速度传动齿轮，印刷机械传动齿轮	普通印刷机传动的齿轮	
单级传动功率		不低于 0.99(包括轴承不低于 0.982)			不低于 0.98（包括轴承不低于 0.975）	不低于 0.97（包括轴承不低于 0.965）	不低于 0.96（包括轴承不低于 0.95）

一般情况下，在给定的技术文件中，齿轮的三类精度指标应选用相同的精度等级。但也允许根据齿轮使用要求，对三类指标选用不同的等级，而对同类指标中各项偏差选用相同的等级；

对于单面工作的齿轮，可适当降低非工作齿面的精度要求。

齿轮传动的用途和工作条件不同，对三类偏差的要求也就不同。通常根据齿轮传动性能的主要要求，首先确定某一类偏差的精度等级，然后确定齿轮的其余精度要求。

(1) 分度、读数齿轮(如精密机床分度机构和仪器读数机构中的齿轮)。要求传递精确的角位移，其主要要求为传递运动的准确性高。可根据传动链的运动精度，按误差传递规律计算出齿轮一转中允许的最大转角误差，定出影响 I 类偏差项目的精度等级，然后根据工作条件确定其他精度项目。

(2) 高速动力齿轮(如汽轮机减速器的齿轮)。其特点是传递功率大、速度高，主要要求传动平稳、振动和噪声小，同时对齿面接触也有较高要求。首先根据圆周速度或噪声强度要求定出 II 类偏差项目的精度等级，同时 III 类偏差的精度不宜低于 II 类偏差，I 类偏差精度也不应过低。

(3) 低速动力齿轮(如轧钢机、矿山机械及起重机械用齿轮)。其特点是传递功率大、速度低，主要要求齿面接触良好，对运动准确性和传动平稳性要求不高。可按所承受载荷及使用寿命，计算齿面接触强度，确定 III 类偏差项目的精度等级。低速重载齿轮可选择 III 类偏差精度高于 II 类偏差精度，中、轻载齿轮 II、III 类偏差精度同级。

18.1.3　侧隙(GB/Z 18620.2—2008 摘录)

在一对装配好的齿轮副中，侧隙 j 是相啮齿轮非工作齿面间的间隙，它是在节圆上齿槽宽度超过相啮合的轮齿齿厚的量(称为圆周侧隙 j_{wt})。侧隙通常在法向平面上或沿啮合线测量，称为法向侧隙 j_{bn}。

相啮齿的侧隙是由一对齿轮运行时的中心距以及每个齿轮的实效齿厚所控制的。

所有相啮的齿轮必定要有一定的侧隙，以贮藏润滑油，补偿齿轮受载后的弹性变形、热膨胀、齿轮及齿轮传动装置其他零件的制造误差和装配误差等，避免齿轮在传动过程中卡死或烧伤。运行时，侧隙随速度、温度、负载等的变动而变化。在静态可测量的条件下，必须有足够大的装配侧隙，以保证在带负载运行于最不利的工作条件下仍有足够的工作侧隙。

需要的侧隙量与齿轮的尺寸、精度等级以及安装和应用情况有关。

1. 最小侧隙

最小侧隙 j_{bnmin} 是当一个齿轮的齿以最大允许实效齿厚与一个也具有最大允许实效齿厚的相配齿以最紧的允许中心距相啮合时，在静态条件下存在的最小允许侧隙。

表 18-4 列出了工业传动装置推荐的最小侧隙，传动装置中，齿轮和箱体均由黑色金属制造，工作时节圆线速度小于 15m/s，其箱体、轴和轴承都采用常用的商业制造公差。

表 18-4　对于中、大模数齿轮最小侧隙 j_{bnmin} 的推荐数据　　(单位：mm)

m_n	最小中心距 a_i						m_n	最小中心距 a_i					
	50	100	200	400	800	1600		50	100	200	400	800	1600
1.5	0.09	0.11	—	—	—	—	8	—	0.24	0.27	0.34	0.47	—
2	0.10	0.12	0.15	—	—	—	12	—	—	0.35	0.42	0.55	—
3	0.12	0.14	0.17	0.24	—	—	18	—	—	—	0.54	0.67	0.94
5	—	0.18	0.21	0.28									

2. 最大侧隙

一对齿轮副中的最大侧隙 j_{bnmax} 是齿厚公差、中心距变动和轮齿几何形状变异等综合影响的结果。两个理想的齿轮按最小齿厚的规定制成，且在最松的允许中心距条件下啮合时，得到理论的最大侧隙。最大侧隙中心距对外齿轮是指最大的工作中心距，对内齿轮是指最小的工作中心距。

通常，最大侧隙并不影响传递运动的性能和平稳性，同时，实效齿厚偏差也不是选择齿轮精度等级的主要考虑因素。在这些情况下，选择齿厚及其测量方法并非关键，可以用最方便的方法。在很多应用场合，允许用较宽的齿厚公差或工作侧隙，这样做不影响齿轮的性能和承载能力，却可以获得较经济的制造成本。除非十分必要，不应采用很紧的齿厚公差，因为这对于制造成本有很大的影响。在需要严格控制最大侧隙时，必须仔细研究各影响因素，以恰当规定有关齿轮的精度等级、中心距公差和测量方法。

3. 齿厚偏差

侧隙是通过减薄齿厚的方法(即控制齿厚偏差)来实现的。齿厚偏差是指分度圆上实际齿厚与理论齿厚之差(对斜齿轮指法向齿厚)。表 18-5 列出了标准圆柱齿轮齿厚偏差计算公式。对非机械类各专业学生也可参考表 18-6 选取。

表 18-5　标准圆柱齿轮齿厚偏差计算公式

名称	公式	说明
最小法向侧隙	$j_{bnmin} = \dfrac{2}{3}(0.06 + 0.0005a + 0.03m_n)$	f_{pt1}, f_{pt2} 分别为两齿轮的单个齿距偏差(表 18-7)； f_a 为中心距极限偏差(表 18-17)； F_β 为螺旋线总偏差(表 18-11)； F_r 为径向跳动(表 18-14)； a 为中心距； m_n 为法向模数； α_n 为法向压力角； b_r 为切齿径向进刀公差，其值取决于齿轮精度等级和分度圆直径，6 级：1.26IT8，7 级：IT9，8 级：1.26IT9，9 级：IT10
侧隙减少量(由齿轮副加工和安装误差引起)	$J_n = \sqrt{0.88(f_{pt1}^2 + f_{pt2}^2) + 2.104F_\beta^2}$	
齿厚公差	$T_{sn} = \sqrt{F_r^2 + b_r^2} \times 2\tan\alpha_n$	
齿厚上极限偏差	$E_{sns} = -\left(f_a\tan\alpha_n + \dfrac{j_{bnmin} + J_n}{2\cos\alpha_n}\right)$	
齿厚下极限偏差	$E_{sni} = E_{sns} - T_{sn}$	

表 18-6　齿厚极限偏差 E_{sns} 和 E_{sni} 的参考值　　　　　　　　　　（单位：μm）

精度等级	法向模数 m_n/mm	分度圆直径/mm					
		≤80	>80～125	>125～180	>180～250	>250～315	>315～400
7	≥1～3.5	−112 −168	−112 −168	−128 −192	−128 −192	−160 −256	−192 −256
	>3.5～6.3	−108 −180	−108 −180	−120 −200	−160 −240	−160 −240	−160 −240
	>6.3～10	−120 −160	−120 −160	−132 −220	−132 −220	−176 −264	−176 −264
8	≥1～3.5	−120 −200	−120 −200	−132 −220	−176 −264	−176 −264	−176 −264
	>3.5～6.3	−100 −150	−150 −200	−168 −280	−168 −280	−168 −280	−168 −280
	>6.3～10	−112 −168	−112 −168	−128 −256	−192 −256	−192 −256	−192 −256

续表

精度等级	法向模数 m_n/mm	分度圆直径/mm					
		≤80	>80～125	>125～180	>180～250	>250～315	>315～400
9	≥1～3.5	−112 −224	−168 −280	−192 −320	−192 −320	−192 −320	−256 −384
	>3.5～6.3	−144 −216	−144 −216	−160 −320	−160 −320	−240 −400	−240 −400
	>6.3～10	−160 −240	−160 −240	−180 −270	−180 −270	−180 −270	−270 −360

注：本表不属于国家标准，仅供参考。表中偏差值适用于一般传动。

18.1.4　推荐的检验项目

GB/Z 18620.1—2008 和 GB/Z 18620.2—2008 分别给出了圆柱齿轮轮齿同侧齿面的检验实施规范和径向综合偏差、径向跳动、齿厚和侧隙的检验实施规范。

各种轮齿要素的检验需要多种测量仪器。在涉及齿轮旋转的所有测量中，必须保证齿轮实际工作的轴线与测量过程中的旋转轴线相重合。

在检验中，测量全部轮齿要素的偏差既不经济也没有必要，因为其中有些要素对于特定齿轮的功能并没有明显的影响。另外，有些测量项目可以代替另一些项目，例如，切向综合偏差检验能代替齿距偏差检验，径向综合偏差检验能代替径向跳动检验。质量控制测量项目的增减必须由供需双方协商确定。

标准推荐的基本检验项目是齿距累积总偏差 F_p、单个齿距偏差 f_{pt}、齿廓总偏差 F_α 和螺旋线总偏差 F_β，高速齿轮才须控制齿距累积偏差 F_{pk}。切向综合总偏差 F_i'、一齿切向综合偏差 f_i' 为资料性附录项目，不是必检项目；在有高于产品齿轮四个精度等级的测量齿轮可用时，经供需双方协商同意，可用该两项代替齿距累积总偏差 F_p、单个齿距偏差 f_{pt}、齿距累积偏差 F_{pk} 等三项齿距偏差的检测。齿廓形状偏差 $f_{f\alpha}$、齿廓倾斜偏差 $f_{H\alpha}$、螺旋线形状偏差 $f_{f\beta}$ 和螺旋线倾斜偏差 $f_{H\beta}$ 为资料性附录项目，供制造者作工艺分析用。径向综合总偏差 F_i'' 与一齿径向综合偏差 f_i'' 为资料性附录项目，与其他项目有不同的精度等级范围，在批量生产或小模数齿轮生产中由供需双方协议确定使用。径向跳动 F_r 为资料性附录项目，可与其他项目组成项目组，若单独使用，适用于低精度大齿轮检验。

国家标准中没有规定齿轮的公差组和检验组。对产品齿轮可采用两种检验形式来评定和验收其制造质量。一种检验形式是综合检验，另一种检验形式是单项检验，但两种检验形式不能同时采用。

1. 综合检验

检验项目有径向综合总偏差 F_i'' 与一齿径向综合偏差 f_i''。

2. 单项检验

按照齿轮的使用要求，可选择下列检验组中的一组来评定和验收齿轮精度：

(1)单个齿距偏差 f_{pt}、齿距累积总偏差 F_p、齿廓总偏差 F_α、螺旋线总偏差 F_β；

(2)单个齿距偏差 f_{pt}、齿距累积偏差 F_{pk}、齿距累积总偏差 F_p、齿廓总偏差 F_α、螺旋线总

偏差 F_β、径向跳动 F_r;

　　(3)单个齿距偏差 f_{pt}、径向跳动 F_r(仅用于 10～12 级);

　　(4)切向综合总偏差 F_i'、一齿切向综合偏差 f_i'(有协议要求时)。

　　3. 齿轮精度的标注

　　当齿轮所有精度指标的公差同为某一精度等级时,图样上标注该精度等级和标准号。例如,各检验项目同为 7 级精度,标注为:

　　7 GB/T 10095.1—2008 或 7 GB/T 10095.2—2008

　　若齿轮各精度指标的公差的精度等级不同,则分别加以标注。例如,齿廓总偏差 F_α 为 6 级,单个齿距偏差 f_{pt}、齿距累积总偏差 F_p、螺旋线总偏差 F_β 均为 7 级,标注为:

　　$6(F_\alpha)$,$7(f_{pt}、F_p、F_\beta)$ GB/T 10095.1—2008

18.1.5　齿轮精度数值表

表 18-7　单个齿距偏差 $\pm f_{pt}$

分度圆直径 d/mm	模数 m/mm	精度等级					分度圆直径 d/mm	模数 m/mm	精度等级				
		5	6	7	8	9			5	6	7	8	9
		$\pm f_{pt}$ /μm							$\pm f_{pt}$ /μm				
$20<d\leqslant50$	$0.5\leqslant m\leqslant2$	5.0	7.0	10	14	20	$125<d\leqslant280$	$0.5\leqslant m\leqslant2$	6.0	8.5	12	17	24
	$2<m\leqslant3.5$	5.5	7.5	11	15	22		$2<m\leqslant3.5$	6.5	9	13	18	26
	$3.5<m\leqslant6$	6.0	8.5	12	17	24		$3.5<m\leqslant6$	7.0	10	14	20	28
	$6<m\leqslant10$	7.0	10	14	20	28		$6<m\leqslant10$	8.0	11	16	23	32
$50<d\leqslant125$	$0.5\leqslant m\leqslant2$	5.5	7.5	11	15	21	$280<d\leqslant560$	$0.5\leqslant m\leqslant2$	6.5	9.5	13	19	27
	$2<m\leqslant3.5$	6.0	8.5	12	17	23		$2<m\leqslant3.5$	7.0	10	14	20	29
	$3.5<m\leqslant6$	6.5	9.0	13	18	26		$3.5<m\leqslant6$	8.0	11	16	22	31
	$6<m\leqslant10$	7.5	10	15	21	30		$6<m\leqslant10$	8.5	12	17	25	35

注:标准规定 $\pm F_{pk}=\pm(f_{pt}+1.6\sqrt{(k-1)m_n})$,其中,通常取 $k=z/8$。

表 18-8　齿距累积总偏差 F_p

分度圆直径 d/mm	模数 m/mm	精度等级					分度圆直径 d/mm	模数 m/mm	精度等级				
		5	6	7	8	9			5	6	7	8	9
		F_p /μm							F_p /μm				
$20<d\leqslant50$	$0.5\leqslant m\leqslant2$	14	20	29	41	57	$125<d\leqslant280$	$0.5\leqslant m\leqslant2$	24	35	49	69	98
	$2<m\leqslant3.5$	15	21	30	42	59		$2<m\leqslant3.5$	25	35	50	70	100
	$3.5<m\leqslant6$	15	22	31	44	62		$3.5<m\leqslant6$	25	36	51	72	102
	$6<m\leqslant10$	16	23	33	46	65		$6<m\leqslant10$	26	37	53	75	106
$50<d\leqslant125$	$0.5\leqslant m\leqslant2$	18	26	37	52	74	$280<d\leqslant560$	$0.5\leqslant m\leqslant2$	32	46	64	91	129
	$2<m\leqslant3.5$	19	27	38	53	76		$2<m\leqslant3.5$	33	46	65	92	131
	$3.5<m\leqslant6$	19	28	39	55	78		$3.5<m\leqslant6$	33	47	66	94	133
	$6<m\leqslant10$	20	29	41	58	82		$6<m\leqslant10$	34	48	68	97	137

表 18-9　齿廓总偏差 F_α

分度圆直径 d/mm	模数 m/mm	精度等级					分度圆直径 d/mm	模数 m/mm	精度等级				
		5	6	7	8	9			5	6	7	8	9
		F_α /μm							F_α /μm				
$20<d\leqslant50$	$0.5\leqslant m\leqslant2$	5.0	7.5	10	15	21	$125<d\leqslant280$	$0.5\leqslant m\leqslant2$	7.0	10	14	20	28
	$2<m\leqslant3.5$	7.0	10	14	20	29		$2<m\leqslant3.5$	9.0	13	18	25	36
	$3.5<m\leqslant6$	9.0	12	18	25	35		$3.5<m\leqslant6$	11	15	21	30	42
	$6<m\leqslant10$	11	15	22	31	43		$6<m\leqslant10$	13	18	25	36	50
$50<d\leqslant125$	$0.5\leqslant m\leqslant2$	6.0	8.5	12	17	23	$280<d\leqslant560$	$0.5\leqslant m\leqslant2$	8.5	12	17	23	33
	$2<m\leqslant3.5$	8.0	11	16	22	31		$2<m\leqslant3.5$	10	15	21	29	41
	$3.5<m\leqslant6$	9.5	13	19	27	38		$3.5<m\leqslant6$	12	17	24	34	48
	$6<m\leqslant10$	12	16	23	33	46		$6<m\leqslant10$	14	20	28	40	56

表 18-10　齿廓形状偏差 $f_{f\alpha}$

分度圆直径 d/mm	模数 m/mm	精度等级					分度圆直径 d/mm	模数 m/mm	精度等级				
		5	6	7	8	9			5	6	7	8	9
		$f_{f\alpha}$ /μm							$f_{f\alpha}$ /μm				
$20<d\leqslant50$	$0.5\leqslant m\leqslant2$	4.0	5.5	8.0	11	16	$125<d\leqslant280$	$0.5\leqslant m\leqslant2$	5.5	7.5	11	15	21
	$2<m\leqslant3.5$	5.5	8.0	11	16	22		$2<m\leqslant3.5$	7.0	9.5	14	19	28
	$3.5<m\leqslant6$	7.0	9.5	14	19	27		$3.5<m\leqslant6$	8.0	12	16	23	33
	$6<m\leqslant10$	8.5	12	17	24	34		$6<m\leqslant10$	10	14	20	28	39
$50<d\leqslant125$	$0.5\leqslant m\leqslant2$	4.5	6.5	9.0	13	18	$280<d\leqslant560$	$0.5\leqslant m\leqslant2$	6.5	9.0	13	18	26
	$2<m\leqslant3.5$	6.0	8.5	12	17	24		$2<m\leqslant3.5$	8.0	11	16	22	32
	$3.5<m\leqslant6$	7.5	10	15	21	29		$3.5<m\leqslant6$	9.0	13	18	26	37
	$6<m\leqslant10$	9.0	13	18	25	36		$6<m\leqslant10$	11	15	22	31	43

表 18-11　螺旋线总偏差 F_β

分度圆直径 d/mm	齿宽 b/mm	精度等级					分度圆直径 d/mm	齿宽 b/mm	精度等级				
		5	6	7	8	9			5	6	7	8	9
		F_β /μm							F_β /μm				
$20<d\leqslant50$	$4\leqslant b\leqslant10$	6.5	9.0	13	18	25	$125<d\leqslant280$	$4\leqslant b\leqslant10$	7.0	10	14	20	29
	$10<b\leqslant20$	7.0	10	14	20	29		$10<b\leqslant20$	8.0	11	16	22	32
	$20<b\leqslant40$	8.0	11	16	23	32		$20<b\leqslant40$	9.0	13	18	25	36
	$40<b\leqslant80$	9.5	13	19	27	38		$40<b\leqslant80$	10	15	21	29	41
	$80<b\leqslant160$	11	16	23	32	46		$80<b\leqslant160$	12	17	25	35	49
$50<d\leqslant125$	$4\leqslant b\leqslant10$	6.5	9.5	13	19	27	$280<d\leqslant560$	$4\leqslant b\leqslant10$	8.5	12	17	24	34
	$10<b\leqslant20$	7.5	11	15	21	30		$10<b\leqslant20$	9.5	13	19	27	38
	$20<b\leqslant40$	8.5	12	17	24	34		$20<b\leqslant40$	11	15	22	31.	44
	$40<b\leqslant80$	10	14	20	28	39		$40<b\leqslant80$	13	18	26	36	52
	$80<b\leqslant160$	12	17	24	33	47		$80<b\leqslant160$	15	21	30	43	60

表 18-12　径向综合总偏差 F_i''

分度圆直径 d/mm	法向模数 m_n/mm	5	6	7	8	9	分度圆直径 d/mm	法向模数 m_n/mm	5	6	7	8	9
		精度等级 F_i''/μm							精度等级 F_i''/μm				
20<d≤50	0.5≤m_n≤0.8	14	20	28	40	56	125<d≤280	0.5≤m_n≤0.8	22	31	44	63	89
	0.8<m_n≤1.0	15	21	30	42	60		0.8<m_n≤1.0	23	33	46	65	92
	1.0<m_n≤1.5	16	23	32	45	64		1.0<m_n≤1.5	24	34	48	68	97
	1.5<m_n≤2.5	18	26	37	52	73		1.5<m_n≤2.5	26	37	53	75	106
	2.5<m_n≤4.0	22	31	44	63	89		2.5<m_n≤4.0	30	43	61	86	121
	4.0<m_n≤6.0	28	39	56	79	111		4.0<m_n≤6.0	36	51	72	102	144
	6.0<m_n≤10	37	52	74	104	147		6.0<m_n≤10	45	64	90	127	180
50<d≤125	0.5≤m_n≤0.8	17	25	35	49	70	280<d≤560	0.5≤m_n≤0.8	29	40	57	81	114
	0.8<m_n≤1.0	18	26	36	52	73		0.8<m_n≤1.0	29	42	59	83	117
	1.0<m_n≤1.5	19	27	39	55	77		1.0<m_n≤1.5	30	43	61	86	122
	1.5<m_n≤2.5	22	31	43	61	86		1.5<m_n≤2.5	33	46	65	92	131
	2.5<m_n≤4.0	25	36	51	72	102		2.5<m_n≤4.0	37	52	73	104	146
	4.0<m_n≤6.0	31	44	62	88	124		4.0<m_n≤6.0	42	60	84	119	169
	6.0<m_n≤10	40	57	80	114	161		6.0<m_n≤10	51	73	103	145	205

表 18-13　一齿径向综合偏差 f_i''

分度圆直径 d/mm	法向模数 m_n/mm	5	6	7	8	9	分度圆直径 d/mm	法向模数 m_n/mm	5	6	7	8	9
		精度等级 f_i''/μm							精度等级 f_i''/μm				
20<d≤50	0.5≤m_n≤0.8	2.5	4.0	5.5	7.5	11	125<d≤280	0.8<m_n≤1.0	3.5	5.0	7.0	10	14
	0.8<m_n≤1.0	3.5	5.0	7.0	10	14		1.0<m_n≤1.5	4.5	6.5	9.0	13	18
	1.0<m_n≤1.5	4.5	6.5	9.0	13	18		1.5<m_n≤2.5	6.5	9.5	13	19	27
	1.5<m_n≤2.5	6.5	9.5	13	19	26		2.5<m_n≤4.0	10	15	21	29	41
	2.5<m_n≤4.0	10	14	20	29	41		4.0<m_n≤6.0	15	22	31	44	62
	4.0<m_n≤6.0	15	22	31	43	61		6.0<m_n≤10	24	34	48	67	95
	0.5≤m_n≤0.8	3.0	4.0	5.5	8.0	11		0.5≤m_n≤0.8	3.0	4.0	5.5	8.0	11
50<d≤125	0.5≤m_n≤0.8	3.0	4.0	5.5	8.0	11	280<d≤560	0.8<m_n≤1.0	3.5	5.0	7.5	10	15
	0.8<m_n≤1.0	3.5	5.0	7.0	10	14		1.0<m_n≤1.5	4.5	6.5	9.0	13	18
	1.0<m_n≤1.5	4.5	6.5	9.0	13	18		1.5<m_n≤2.5	6.5	9.5	13	19	27
	1.5<m_n≤2.5	6.5	9.5	13	19	26		2.5<m_n≤4.0	10	15	21	29	41
	2.5<m_n≤4.0	10	14	20	29	41		4.0<m_n≤6.0	15	22	31	44	62
	4.0<m_n≤6.0	15	22	31	44	62		6.0<m_n≤10	24	34	48	68	96
	6.0<m_n≤10	24	34	48	67	95		0.5≤m_n≤2.0	11	16	23	32	46

表 18-14　径向跳动 F_r

分度圆直径 d/mm	法向模数 m_n /mm	精度等级					分度圆直径 d/mm	法向模数 m_n /mm	精度等级				
		5	6	7	8	9			5	6	7	8	9
		F_r /μm							F_r /μm				
20<d≤50	2.0<m_n≤3.5	12	17	24	34	47	125<d≤280	2.0<m_n≤3.5	20	28	40	56	80
	3.5<m_n≤6.0	12	17	25	35	49		3.5<m_n≤6.0	20	29	41	58	82
	6.0<m_n≤10	13	19	26	37	52		6.0<m_n≤10	21	30	42	60	85
	0.5≤m_n≤2.0	15	21	29	42	59		0.5≤m_n≤2.0	26	36	51	73	103
50<d≤125	2.0<m_n≤3.5	15	21	30	43	61	280<d≤560	2.0<m_n≤3.5	26	37	52	74	105
	3.5<m_n≤6.0	16	22	31	44	62		3.5<m_n≤6.0	27	38	53	75	106
	6.0<m_n≤10	16	23	33	46	65		6.0<m_n≤10	27	39	55	77	109
	0.5≤m_n≤2.0	20	28	39	55	78							

18.1.6　齿轮坯的精度

齿坯的内孔、顶圆与端面通常作为齿轮加工、测量和装配的基准，它们的精度对齿轮加工、测量和装配有很大影响，必须规定其公差。基准轴线的基准面与工作安装面的形状公差和跳动公差见表 18-15。齿坯的尺寸公差和形状公差见表 18-16。

表 18-15　基准面与工作安装面的形状公差和跳动公差

确定轴线的基准面	公差项目		
	圆度	圆柱度	平面度
两个"短的"圆柱或圆锥形基准面	0.04(L/b)F_β 或 0.1F_p，取两者中小值	—	—
一个"长的"圆柱或圆锥形基准面	—	0.04(L/b)F_β 或 0.1F_p，取两者中小值	—
一个短的圆柱面和一个端面	0.06F_p	—	0.06(D_d/b)F_β
确定轴线的基准面	跳动量(总的指示幅度)		
	径向		轴向
仅指圆柱或圆锥形基准面	0.15(L/b)F_β 或 0.3F_p，取两者中大值		—
一个圆柱基准面和一个端面基准面	0.3F_p		0.2(D_d/b)F_β

注：① 齿轮坯的公差应减至能经济地制造的最小值。
　　② L 为较大的轴承跨距；D_d 为基准直径；b 为齿宽。
　　③ 工作安装面的形状公差不应大于表中所给定的数值。如果用其他的制造安装面，应采用同样的限制。

表 18-16　齿坯的尺寸公差和形状公差

齿轮精度等级		6	7	8	9	10
孔	尺寸公差 形状公差	IT6	IT7		IT8	
轴	尺寸公差 形状公差	IT5	IT6		IT7	
齿顶圆直径	作测量基准	IT8			IT9	
	不作测量基准	尺寸公差按 IT11 给定，但不大于 0.1m_n				

18.1.7　中心距和轴线的平行度

1. 中心距允许偏差

中心距偏差是指设计者规定的允许偏差,公称中心距是在考虑了最小侧隙及两齿轮的齿顶和其相啮合的非渐开线齿廓齿根部分的干涉后确定的。GB/Z 18620.3—2008 中没有推荐偏差允许值,表 18-17 给出了 GB/T 10095—1988 的中心距极限偏差值,供初学者参考。

在齿轮只是单向承载运转而不经常反转的情况下,最大侧隙的控制不是一个重要的考虑因素,此时中心距允许偏差主要取决于重合度。

在控制运动用的齿轮中,其侧隙必须控制。当齿轮上的负载常常反向时,中心距偏差考虑下列因素:

(1)轴、箱体和轴承的偏斜;

(2)由箱体的偏差和轴承的间隙导致齿轮轴线的不一致;

(3)由箱体的偏差和轴承的间隙导致齿轮轴线的错斜;

(4)安装误差;

(5)轴承跳动;

(6)温度的影响(随箱体和齿轮零件间的温差、中心距和材料不同而变化);

(7)旋转件的离心伸胀;

(8)其他因素,如润滑剂污染的允许程度及非金属齿轮材料的溶胀。

当确定影响间隙偏差的所有尺寸的公差时,应该遵照 GB/Z 18620.2—2008 中关于齿厚公差和侧隙的推荐内容。

表 18-17　中心距极限偏差 $\pm f_a$ 值(GB/T 10095—1988 摘录)

齿轮精度等级			4	5、6	7、8	9
f_a			1/2IT6	1/2IT7	1/2IT8	1/2IT9
齿轮副中心距 a/ mm	大于	到				
	30	50	8	12.5	19.5	31
	50	80	9.5	15	23	37
	80	120	11	17.5	27	43.5
	120	180	12.5	20	31.5	50
	180	250	14.5	23	36	57.5
	250	315	16	26	40.5	65
	315	400	18	28.5	44.5	70
	400	500	20	31.5	48.5	77.5
	500	630	22	35	55	87

2. 轴线平行度偏差

由于轴线平行度偏差的影响与其向量的方向有关,对轴线平面内的偏差 $f_{\Sigma\delta}$ 和垂直平面上的偏差 $f_{\Sigma\beta}$ 作了不同的规定(图 18-1)。

轴线平面内的偏差 $f_{\Sigma\delta}$ 是在两轴线的公共平面上测量的,该公共平面是由两轴承跨距中较长的一个 L 和另一根轴上的一个轴承来确定的,如果两对轴承的跨距相同,则用小齿轮轴和大齿轮轴的一个轴承。垂直平面上的偏差 $f_{\Sigma\beta}$ 是在与轴线公共平面相垂直的"交错轴平面"上测量的。这两种偏差要素推荐最大值见表 18-18。

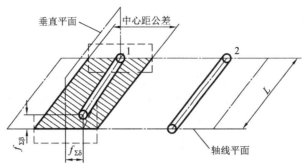

图 18-1　轴线平行度偏差

表 18-18　轴线平行度偏差

名称及代号	推荐最大值计算式	
垂直平面上的偏差 $f_{\Sigma\beta}$	$f_{\Sigma\beta}=0.5\left(\dfrac{L}{b}\right)F_{\beta}$	L 为最大轴承跨距; b 为齿宽; F_{β} 见表 18-11
轴线平面内的偏差 $f_{\Sigma\delta}$	$f_{\Sigma\delta}=2f_{\Sigma\beta}$	

18.1.8　齿厚和公法线长度

1. 齿厚

表 18-19　标准齿轮固定弦齿厚的计算公式

名称		直齿轮(外啮合、内啮合)	斜齿轮(外啮合、内啮合)
固定弦齿高 $\bar{h}_c$	外齿轮	$\bar{h}_c = h_a - \dfrac{\pi m}{8}\sin(2\alpha)$	$\bar{h}_{cn} = h_a - \dfrac{\pi m_n}{8}\sin(2\alpha_n)$
	内齿轮	$\bar{h}_{c2} = h_{a2} - \dfrac{\pi m}{8}\sin(2\alpha) + \Delta\bar{h}_2$ 式中，$\Delta\bar{h}_2 = \dfrac{d_{a2}}{2}(1-\cos\delta_{a2})$, $\delta_{a2} = \dfrac{\pi}{2z_2} - \text{inv}\,\alpha + \text{inv}\,\alpha_{a2}$	$\bar{h}_{cn2} = h_{a2} - \dfrac{\pi m_n}{8}\sin(2\alpha_n) + \Delta\bar{h}_2$ 式中，$\Delta\bar{h}_2 = \dfrac{d_{a2}}{2}(1-\cos\delta_{a2})$, $\delta_{a2} = \dfrac{\pi}{2z_2} - \text{inv}\,\alpha_t + \text{inv}\,\alpha_{at2}$
固定弦齿厚 $\bar{s}_c$		$\bar{s}_c = \dfrac{\pi m}{2}\cos^2\alpha$	$\bar{s}_{cn} = \dfrac{\pi m_n}{2}\cos^2\alpha_n$

注：$\alpha = 20°$、$h_a^* = 1$(或 $\alpha_n = 20°$、$h_{an}^* = 1$) 的 $\bar{h}_c$、$\bar{s}_c$(或 $\bar{h}_{cn}$、$\bar{s}_{cn}$) 可由表 18-20 查出。

表 18-20　标准外齿轮的固定弦齿厚 $\bar{s}_c$(或 $\bar{s}_{cn}$)和固定弦齿高 $\bar{h}_c$(或 $\bar{h}_{cn}$)($\alpha = \alpha_n = 20°$、$h_a^* = h_{an}^* = 1$)　(单位: mm)

m(或 m_n)	$\bar{s}_c$(或 $\bar{s}_{cn}$)	$\bar{h}_c$(或 $\bar{h}_{cn}$)	m(或 m_n)	$\bar{s}_c$(或 $\bar{s}_{cn}$)	$\bar{h}_c$(或 $\bar{h}_{cn}$)	m(或 m_n)	$\bar{s}_c$(或 $\bar{s}_{cn}$)	$\bar{h}_c$(或 $\bar{h}_{cn}$)
1.25	1.734	0.934	4.5	6.242	3.364	16	22.193	11.961
1.5	2.081	1.121	5	6.935	3.738	18	24.967	13.456
1.75	2.427	1.308	5.5	7.629	4.112	20	27.741	14.952
2	2.774	1.495	6	8.322	4.485	22	30.515	16.447
2.25	3.121	1.682	6.5	9.016	4.859	25	34.676	18.690
2.5	3.468	1.869	7	9.709	5.233	28	38.837	20.932
2.75	3.814	2.056	8	11.096	5.981	30	41.612	22.427
3	4.161	2.243	9	12.483	6.728	32	44.386	23.922
3.25	4.508	2.430	10	13.871	7.476	36	49.934	26.913
3.5	4.855	2.617	11	15.258	8.224	40	55.482	29.903
3.75	5.202	2.803	12	16.645	8.971	45	62.417	33.641
4	5.548	2.990	14	19.419	10.466	50	69.353	37.379

注：① 本表也可以用于标准内齿轮，但应将本表中的 $\bar{h}_c$(或 $\bar{h}_{cn}$)加上 $\left(\Delta\bar{h}_2 - 7.54/z_2\right)$($\Delta\bar{h}_2$ 的计算方法见表 18-19)。

表 18-21　标准外齿轮的分度圆弦齿厚 $\overline{s}_c$（或 $\overline{s}_n$）和分度圆弦齿高 $\overline{h}_c$（或 $\overline{h}_n$）（$m=m_n=1$、$h_a^*=h_{an}^*=1$）（单位:mm）

z（或 z_v）	$\overline{s}$（或 $\overline{s}_n$）	$\overline{h}$（或 $\overline{h}_n$）	z（或 z_v）	$\overline{s}$（或 $\overline{s}_n$）	$\overline{h}$（或 $\overline{h}_n$）	z（或 z_v）	$\overline{s}$（或 $\overline{s}_n$）	$\overline{h}$（或 $\overline{h}_n$）	z（或 z_v）	$\overline{s}$（或 $\overline{s}_n$）	$\overline{h}$（或 $\overline{h}_n$）
8	1.5607	1.0769	42	1.5704	1.0147	76	1.5707	1.0081	110	1.5707	1.0056
9	1.5628	1.0684	43	1.5704	1.0143	77	1.5707	1.0080	111	1.5707	1.0056
10	1.5643	1.0616	44	1.5705	1.0140	78	1.5707	1.0079	112	1.5707	1.0055
11	1.5655	1.0560	45	1.5705	1.0137	79	1.5707	1.0078	113	1.5707	1.0055
12	1.5663	1.0513	46	1.5705	1.0134	80	1.5707	1.0077	114	1.5707	1.0054
13	1.5670	1.0474	47	1.5705	1.0131	81	1.5707	1.0076	115	1.5707	1.0054
14	1.5675	1.0440	48	1.5705	1.0128	82	1.5707	1.0075	116	1.5707	1.0053
15	1.5679	1.0411	49	1.5705	1.0126	83	1.5707	1.0074	117	1.5707	1.0053
16	1.5683	1.0385	50	1.5705	1.0123	84	1.5707	1.0073	118	1.5707	1.0052
17	1.5686	1.0363	51	1.5705	1.0121	85	1.5707	1.0073	119	1.5708	1.0052
18	1.5688	1.0342	52	1.5706	1.0119	86	1.5707	1.0072	120	1.5708	1.0051
19	1.5690	1.0324	53	1.5706	1.0116	87	1.5707	1.0071	121	1.5708	1.0051
20	1.5692	1.0308	54	1.5706	1.0114	88	1.5707	1.0070	122	1.5708	1.0051
21	1.5693	1.0294	55	1.5706	1.0112	89	1.5707	1.0069	123	1.5708	1.0050
22	1.5695	1.0280	56	1.5706	1.0110	90	1.5707	1.0069	124	1.5708	1.0050
23	1.5696	1.0268	57	1.5706	1.0108	91	1.5707	1.0068	125	1.5708	1.0049
24	1.5697	1.0257	58	1.5706	1.0106	92	1.5707	1.0067	126	1.5708	1.0049
25	1.5698	1.0247	59	1.5706	1.0105	93	1.5707	1.0066	127	1.5708	1.0049
26	1.5698	1.0237	60	1.5706	1.0103	94	1.5707	1.0066	128	1.5708	1.0048
27	1.5699	1.0228	61	1.5706	1.0101	95	1.5707	1.0065	129	1.5708	1.0048
28	1.5700	1.0220	62	1.5706	1.0099	96	1.5707	1.0064	130	1.5708	1.0047
29	1.5700	1.0213	63	1.5706	1.0098	97	1.5707	1.0064	131	1.5708	1.0047
30	1.5701	1.0206	64	1.5706	1.0096	98	1.5707	1.0063	132	1.5708	1.0047
31	1.5701	1.0199	65	1.5706	1.0095	99	1.5707	1.0062	133	1.5708	1.0046
32	1.5702	1.0193	66	1.5706	1.0093	100	1.5707	1.0062	134	1.5708	1.0046
33	1.5702	1.0187	67	1.5707	1.0092	101	1.5707	1.0061	135	1.5708	1.0046
34	1.5702	1.0181	68	1.5707	1.0091	102	1.5707	1.0060	140	1.5708	1.0044
35	1.5703	1.0176	69	1.5707	1.0089	103	1.5707	1.0060	145	1.5708	1.0043
36	1.5703	1.0171	70	1.5707	1.0088	104	1.5707	1.0059	150	1.5708	1.0041
37	1.5703	1.0167	71	1.5707	1.0087	105	1.5707	1.0059	200	1.5708	1.0031
38	1.5703	1.0162	72	1.5707	1.0086	106	1.5707	1.0058	∞	1.5708	1.0000
39	1.5704	1.0158	73	1.5707	1.0084	107	1.5707	1.0058			
40	1.5704	1.0154	74	1.5707	1.0083	108	1.5707	1.0057			
41	1.5704	1.0150	75	1.5707	1.0082	109	1.5707	1.0057			

注：① 当模数 m（或 m_n）≠1 时，应将查得结果乘以模数 m（或 m_n）。

② 本表可用于斜齿圆柱齿轮和锥齿轮，所不同的是齿数要按当量齿数 z_v，当量齿数小数部分可用插值法求出。

2. 公法线长度

公法线长度测量可替代齿厚测量，公法线长度变动(新标准无此项参数)反映齿轮切向误差，可作为齿轮运动准确性的评定指标，我国齿轮实际生产中，常用其与 F_r 组合来代替 F_p 或 F_i'。

表 18-22 标准齿轮公法线长度及偏差的计算公式

项目	代号	直齿轮(外啮合、内啮合)	斜齿轮(外啮合、内啮合)
跨测齿数(对内齿轮为跨测齿槽数)	k	$k = \dfrac{\alpha z}{180°} + 0.5$ 4 舍 5 入成整数	$k = \dfrac{\alpha_n z'}{180°} + 0.5$，式中，$z' = z\dfrac{\mathrm{inv}\,\alpha_t}{\mathrm{inv}\,\alpha_n}$ k 值应 4 舍 5 入成整数
		α 或 $\alpha_n = 20°$ 时的 k 可由表 18-23 查出	
公法线长度	W	$W = W^* m$ $W^* = \cos\alpha[\pi(k-0.5) + z\,\mathrm{inv}\,\alpha]$	$W_n = W^* m_n$ $W^* = \cos\alpha_n[\pi(k-0.5) + z'\,\mathrm{inv}\,\alpha]$
		α 或 $\alpha_n = 20°$ 时的 W^* 可由表 18-23 查出	
公法线长度上极限偏差	E_{bns}	$E_{bns} = E_{sns}\cos\alpha_n$，$E_{sns}$ 为齿厚上极限偏差 (表 18-5)	
公法线长度下极限偏差	E_{bni}	$E_{bni} = E_{sni}\cos\alpha_n$，$E_{sni}$ 为齿厚下极限偏差 (表 18-5)	

表 18-23 标准齿轮公法线长度(跨距) W^* ($m = m_n = 1$、$\alpha = \alpha_n = 20°$、$x = x_n = 0$)　　　(单位：mm)

假想齿数 z'	跨测齿数 k	公法线长度 W^*	假想齿数 z'	跨测齿数 k	公法线长度 W^*	假想齿数 z'	跨测齿数 k	公法线长度 W^*	假想齿数 z'	跨测齿数 k	公法线长度 W^*
8	2	4.5402	28	4	10.7246	48	6	16.9090	68	8	23.0934
9	2	4.5542	29	4	10.7386	49	6	16.9230	69	8	23.1074
10	2	4.5683	30	4	10.7526	50	6	16.9370	70	8	23.1214
11	2	4.5823	31	4	10.7666	51	6	16.9510	71	8	23.1354
12	2	4.5963	32	4	10.7806	52	6	16.9660	72	9	26.1015
13	2	4.6103	33	4	10.7946	53	6	16.9790	73	9	26.1155
14	2	4.6243	34	4	10.8086	54	7	19.9452	74	9	26.1295
15	2	4.6383	35	4	10.8227	55	7	19.9592	75	9	26.1435
16	2	4.6523	36	5	13.7888	56	7	19.9732	76	9	26.1575
17	2	4.6663	37	5	13.8028	57	7	19.9872	77	9	26.1715
18	3	7.6324	38	5	13.8168	58	7	20.0012	78	9	26.1855
19	3	7.6464	39	5	13.8308	59	7	20.0152	79	9	26.1996
20	3	7.6604	40	5	13.8448	60	7	20.0292	80	9	26.2136
21	3	7.6744	41	5	13.8588	61	7	20.0432	81	10	29.1797
22	3	7.6885	42	5	13.8728	62	7	20.0572	82	10	29.1937
23	3	7.7025	43	5	13.8868	63	8	23.0233	83	10	29.2077
24	3	7.7165	44	5	13.9008	64	8	23.0373	84	10	29.2217
25	3	7.7305	45	6	16.8670	65	8	23.0513	85	10	29.2357
26	3	7.7445	46	6	16.8810	66	8	23.0654	86	10	29.2497
27	4	10.7106	47	6	16.8950	67	8	23.0794	87	10	29.2637

续表

假想齿数 z'	跨测齿数 k	公法线长度 W^*	假想齿数 z'	跨测齿数 k	公法线长度 W^*	假想齿数 z'	跨测齿数 k	公法线长度 W^*	假想齿数 z'	跨测齿数 k	公法线长度 W^*
88	10	29.2777	117	14	41.4924	146	17	50.7550	175	20	60.0175
89	10	29.2917	118	14	41.5064	147	17	50.7690	176	20	60.0315
90	11	32.2579	119	14	41.5204	148	17	50.7830	177	20	60.0455
91	11	32.2719	120	14	41.5344	149	17	50.7970	178	20	60.0595
92	11	32.2859	121	14	41.5484	150	17	50.8110	179	20	60.0736
93	11	32.2999	122	14	41.5625	151	17	50.8250	180	21	63.0397
94	11	32.3139	123	14	41.5765	152	17	50.8390	181	21	63.0537
95	11	32.3279	124	14	41.5905	153	18	53.8051	182	21	63.0677
96	11	32.3419	125	14	41.6045	154	18	53.8192	183	21	63.0817
97	11	32.3559	126	15	44.5706	155	18	53.8332	184	21	63.0957
98	11	32.3699	127	15	44.5846	156	18	53.8472	185	21	63.1097
99	12	35.3361	128	15	44.5986	157	18	53.8612	186	21	63.1237
100	12	35.3501	129	15	44.6126	158	18	53.8752	187	21	63.1377
101	12	35.3641	130	15	44.6266	159	18	53.8892	188	21	63.1517
102	12	35.3781	131	15	44.6406	160	18	53.9032	189	22	66.1179
103	12	35.3921	132	15	44.6546	161	18	53.9172	190	22	66.1319
104	12	35.4061	133	15	44.6686	162	19	56.8833	191	22	66.1459
105	12	35.4201	134	15	44.6826	163	19	56.8973	192	22	66.1599
106	12	35.4341	135	16	47.6488	164	19	56.9113	193	22	66.1739
107	12	35.4481	136	16	47.6628	165	19	56.9253	194	22	66.1879
108	13	38.4142	137	16	47.6768	166	19	56.9394	195	22	66.2019
109	13	38.4282	138	16	47.6908	167	19	56.9534	196	22	66.2159
110	13	38.4423	139	16	47.7048	168	19	56.9674	197	22	66.2299
111	13	38.4563	140	16	47.7188	169	19	56.9814	198	23	69.1961
112	13	38.4703	141	16	47.7328	170	19	56.9954	199	23	69.2101
113	13	38.4843	142	16	47.7468	171	20	59.9615	200	23	69.2241
114	13	38.4983	143	16	47.7608	172	20	59.9755			
115	13	38.5123	144	17	50.7270	173	20	59.9895			
116	13	38.5263	145	17	50.7410	174	20	60.0035			

斜齿轮假想齿数系数 $K = \dfrac{\mathrm{inv}\,\alpha_{t}}{\mathrm{inv}\,\alpha_{n}}$

β	K	差值	β	K	差值	β	K	差值	β	K	差值
8°	1.0283		12°	1.0651	0.0037	16°	1.1192	0.0052	20°	1.1938	0.0071
8°20′	1.0308	0.0025	12°20′	1.0689	0.0038	16°20′	1.1246	0.0054	20°20′	1.2011	0.0073
8°40′	1.0333	0.0025	12°40′	1.0728	0.0039	16°40′	1.1302	0.0056	20°40′	1.2085	0.0074
9°	1.0360	0.0027	13°	1.0769	0.0041	17°	1.1358	0.0056	21°	1.2162	0.0077
9°20′	1.0388	0.0028	13°20′	1.0811	0.0042	17°20′	1.1417	0.0059	21°20′	1.2240	0.0078
9°40′	1.0417	0.0029	13°40′	1.0854	0.0043	17°40′	1.1476	0.0059	21°40′	1.2319	0.0079
10°	1.0447	0.0030	14°	1.0898	0.0044	18°	1.1537	0.0061	22°	1.2401	0.0082
10°20′	1.0478	0.0031	14°20′	1.0944	0.0046	18°20′	1.1600	0.0063	22°20′	1.2485	0.0084
10°40′	1.0510	0.0032	14°40′	1.0991	0.0047	18°40′	1.1665	0.0065	22°40′	1.2570	0.0085
11°	1.0544	0.0034	15°	1.1039	0.0048	19°	1.1731	0.0066	23°	1.2658	0.0088
11°20′	1.0578	0.0034	15°20′	1.1089	0.0050	19°20′	1.1798	0.0067	23°20′	1.2747	0.0089
11°40′	1.0614	0.0036	15°40′	1.1140	0.0051	19°40′	1.1867	0.0069	23°40′	1.2839	0.0092

斜齿轮假想齿数小数部分的公法线长度 ΔW^*

z'	0.00	0.01	0.02	0.03	0.04	0.05	0.06	0.07	0.08	0.09
0.0	0.0000	0.0001	0.0003	0.0004	0.0006	0.0007	0.0008	0.0010	0.0011	0.0013
0.1	0.0014	0.0015	0.0017	0.0018	0.0020	0.0021	0.0022	0.0024	0.0025	0.0027
0.2	0.0028	0.0029	0.0031	0.0032	0.0034	0.0035	0.0036	0.0038	0.0039	0.0041
0.3	0.0042	0.0043	0.0045	0.0046	0.0048	0.0049	0.0050	0.0052	0.0053	0.0055
0.4	0.0056	0.0057	0.0059	0.0060	0.0062	0.0063	0.0064	0.0066	0.0067	0.0069
0.5	0.0070	0.0071	0.0073	0.0074	0.0076	0.0077	0.0078	0.0080	0.0081	0.0083
0.6	0.0084	0.0085	0.0087	0.0088	0.0090	0.0091	0.0092	0.0094	0.0095	0.0097
0.7	0.0098	0.0099	0.0101	0.0102	0.0104	0.0105	0.0106	0.0108	0.0109	0.0111
0.8	0.0112	0.0113	0.0115	0.0116	0.0118	0.0119	0.0120	0.0122	0.0123	0.0125
0.9	0.0126	0.0127	0.0129	0.0130	0.0132	0.0133	0.0134	0.0136	0.0137	0.0139

注：① 本表可用于标准外啮合和内啮合的直齿轮与斜齿轮。

② 对直齿轮 $z'=z$，对斜齿轮 $z'=z\dfrac{\mathrm{inv}\,\alpha_{\mathrm{t}}}{\mathrm{inv}\,\alpha_{\mathrm{n}}}=zK$，$K$ 可由本表查出。

③ 对内齿轮 k 为跨测齿槽数。

④ 对直齿轮，$W_{\mathrm{n}}=W^*m$；对斜齿轮，可分别按假想齿数 z' 的整数部分和小数部分查出 W^* 和 ΔW^*，公法线长度 $W_{\mathrm{n}}=(W^*+\Delta W^*)m_{\mathrm{n}}$。

18.1.9　齿轮接触斑点

图 18-2 和表 18-24 给出了在齿轮装配后(空载)检测时，所预计的在齿轮精度等级和接触斑点分布之间关系的一般指示(对齿廓和螺旋线修形的齿面不适用)，不是证明齿轮精度等级的可替代方法。实际的接触斑点不一定同图 18-2 中所示的一致，在啮合机架上所获得的齿轮检查结果应当是相似的。

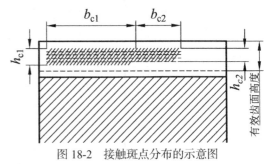

图 18-2　接触斑点分布的示意图

表 18-24　直齿轮、斜齿轮装配后的接触斑点　　　　　(单位：%)

精度等级 按 GB/T 10095	b_{c1} 占齿宽的百分比		h_{c1} 占有效齿面高度的百分比		b_{c2} 占齿宽的百分比		h_{c2} 占有效齿面高度的百分比	
	直齿轮	斜齿轮	直齿轮	斜齿轮	直齿轮	斜齿轮	直齿轮	斜齿轮
4级及更高	50	50	70	50	40	40	50	30
5 和 6	45	45	50	40	35	35	30	20
7 和 8	35	35	50	40	35	35	30	20
9～12	25	25	50	40	25	25	30	20

18.1.10　齿面表面粗糙度

齿面粗糙度规定值应优先从表 18-25 所给出的范围中选择，Ra 和 Rz 均可作为粗糙度指标，但是两者不应在同一部分使用。齿轮精度等级和粗糙度等级之间没有直接的关系。

表 18-25　算术平均偏差 Ra 和微观不平度十点高度 Rz 的推荐极限值　　　　（单位：μm）

精度等级	Ra			Rz		
	模数/mm			模数/mm		
	$m<6$	$6 \leqslant m \leqslant 25$	$m>25$	$m<6$	$6 \leqslant m \leqslant 25$	$m>25$
4	—	0.32	—	—	2.0	—
5	0.5	0.63	0.80	3.2	4.0	5.0
6	0.8	1.00	1.25	5.0	6.3	8.0
7	1.25	1.6	2.0	8.0	10.0	12.5
8	2.0	2.5	3.2	12.5	16	20
9	3.2	4.0	5.0	20	25	32

注：表中关于 Ra 和 Rz 相当的表面状况等级不与特定的制造工艺对应。

18.1.11　图样标注

1. 需要在工作图中标注的一般尺寸数据

(1) 顶圆直径及其公差；

(2) 分度圆直径；

(3) 齿宽；

(4) 孔（轴）径及其公差；

(5) 定位面及其要求（径向和端面跳动公差应标注在分度圆附近）；

(6) 轮齿表面粗糙度（轮齿齿面粗糙度标注在齿高中部圆上或另行标注）。

2. 需要在参数表中列出的数据

(1) 齿廓类型；

(2) 法向模数 m_n；

(3) 齿数 z；

(4) 齿廓齿形角 α；

(5) 齿顶高系数 h_a^*；

(6) 螺旋角 β；

(7) 螺旋方向 R（L）；

(8) 径向变位系数 x；

(9) 齿厚（或公法线长度及跨齿数），公称值及上、下极限偏差；

(10) 配对齿轮的图号及其齿数齿轮精度等级；

(11) 检验项目、代号及其允许值。

18.2　锥齿轮精度（摘自 GB/T 11365—1989）

18.2.1　精度等级及其选择

渐开线锥齿轮精度国家标准对齿轮及齿轮副规定 12 个精度等级。1 级的精度最高，12 级的精度最低。

按照误差的特性及它们对传动性能的主要影响，将锥齿轮与齿轮副的公差项目分成三个公差组，见表 18-26。根据使用要求允许各公差组选用不同的精度等级。但对齿轮副中大小齿轮的同一公差组，应规定同一精度等级。

锥齿轮精度应根据传动用途、使用条件、传递的功率、圆周速度以及其他技术要求决定。锥齿轮第 II 组公差的精度主要根据圆周速度决定，见表 18-27。

表 18-26　锥齿轮各项公差的分组

公差组	公差与极限偏差项目	误差特性	对传动性能的主要影响
I	F_i', F_p, F_r, F_{pk}, $F_{i\Sigma}''$	以齿轮一转为周期的误差	传递运动的准确性
II	f_i', $f_{i\Sigma}''$, f_{zk}', $\pm f_{pt}$, f_c	在齿轮一周内，多次周期的重复出现的误差	传递运动的平稳性
III	接触斑点	齿向线的误差	载荷分布的均匀性

注：F_i' 为切向综合公差；F_p 为齿距累积公差；F_{pk} 为 k 个齿距累积公差；F_r 为齿圈跳动公差；$F_{i\Sigma}''$ 为齿轮副轴交角综合公差；f_i' 为一齿切向综合公差；$f_{i\Sigma}''$ 为一齿轴交角综合公差；f_{zk}' 为周期误差的公差；$\pm f_{pt}$ 为齿距极限偏差；f_c 为齿形相对误差的公差。

表 18-27　锥齿轮第 II 组精度等级的选择

第 II 组精度等级	直齿		非直齿	
	≤350HBW	>350HBW	≤350HBW	>350HBW
	圆周速度/(m/s) (≤)			
7	7	6	16	13
8	4	3	9	7
9	3	2.5	6	5

注：① 表中的圆周速度按圆锥齿轮平均直径计算。
② 本表不属于国家标准，仅供参考。

18.2.2　侧隙

标准规定齿轮副的最小法向侧隙为 6 种：a、b、c、d、e 与 h，最小法向侧隙以 a 为最大，h 为 0。最小法向侧隙的种类与精度等级无关，其值见表 18-28。当最小法向侧隙的种类确定后，由表 18-30 和表 18-35 查取齿厚上极限偏差 $E_{\bar{s}s}$ 和轴交角极限偏差 $\pm E_{\Sigma}$。

最大法向侧隙应按下式计算：

$$j_{nmax} = (|E_{\bar{s}s1} + E_{\bar{s}s2}| + T_{\bar{s}1} + T_{\bar{s}2} + E_{\bar{s}\Delta1} + E_{\bar{s}\Delta2})\cos\alpha_n$$

式中，$E_{\bar{s}\Delta}$ 为 j_{nmax} 制造误差的补偿部分，其值见表 18-30；$T_{\bar{s}}$ 为齿厚公差，按表 18-29 查取。

法向侧隙的公差种类为 A、B、C、D 与 H 五种。

法向侧隙公差种类与最小法向侧隙种类的对应关系见图 18-3。

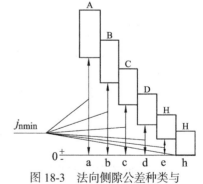

图 18-3　法向侧隙公差种类与最小法向侧隙种类对应关系

表 18-28 最小法向侧隙 j_{nmin} 值 （单位：μm）

中点锥距/mm	大于	—			50			100		
	到	50			100			200		
小轮分锥角/(°)	大于	—	15	25	—	15	25	—	15	25
	到	15	25	—	15	25	—	15	25	—
最小法向侧隙种类	d	22	33	39	33	39	46	39	54	63
	c	36	52	62	52	62	74	62	87	100
	b	58	84	100	84	100	120	100	140	160

注：① 表中数值用于 $\alpha = 20°$ 的正交齿轮副；
② 对正交齿轮副按中点锥距 R_m 值查取 j_{nmin} 值。

表 18-29 齿厚公差 $T_{\bar{s}}$ 值 （单位：μm）

齿圈跳动公差		法向侧隙公差种类			齿圈跳动公差		法向侧隙公差种类		
大于	到	D	C	B	大于	到	D	C	B
32	40	55	70	85	60	80	90	110	130
40	50	65	80	100	80	100	110	140	170
50	60	75	95	120	100	125	130	170	200

表 18-30 锥齿轮有关 $E_{\bar{s}s}$ 值与 $E_{\bar{s}\Delta}$ 值

公差项目		齿厚上极限偏差 $E_{\bar{s}s}$ 值					最大法向侧隙 j_{nmax} 的制造误差补偿部分 $E_{\bar{s}\Delta}$ 值											
基本值	中点法向模数/mm						第Ⅱ组精度等级											
							7				8				9			
		中点分度圆直径/mm					中点分度圆直径/mm											
		≤125		>125~400			≤125		>125~400		≤125		>125~400		≤125		>125~400	
		分锥角/(°)					分锥角/(°)											
		≤20	>20~45	≤20	>45	≤20	>20~45	≤20	>45	≤20	>20~45	≤20	>45	≤20	>20~45	≤20	>45	≤20
	≥1~3.5	−20	−20	−22	−28	−32	−30	20	20	22	28	32	30	22	22	24	30	36	32	24	24	25	32	38	36
	>3.5~6.3	−22	−22	−25	−32	−32	−30	22	22	25	32	32	30	24	24	28	36	36	32	25	25	30	38	38	36
系数	最小法向侧隙种类						第Ⅱ组精度等级											
							7				8				9			
	d						2.0				2.2				—			
	c						2.7				3.0				3.2			
	b						3.8				4.2				4.6			

注：各最小法向侧隙种类和各种精度等级齿轮的 $E_{\bar{s}s}$ 值由本表查出基本值乘以系数得出。

18.2.3 推荐的检验项目

锥齿轮及齿轮副的检验项目应根据工作要求和生产规模确定。对于 7~9 级精度的一般齿轮传动，推荐的检验项目列于表 18-31。

表 18-31　推荐的锥齿轮和锥齿轮副检验项目

项目		精度等级		
		7	8	9
公差组	I	F_p		F_r
	II	$\pm f_{pt}$		
	III	接触斑点		
锥齿轮副	对锥齿轮	$E_{\overline{ss}}$，$E_{\overline{si}}$		
	对箱体	$\pm f_a$		
	对传动	$\pm f_{AM}$，$\pm f_a$，$\pm E_\Sigma$，j_{nmin}		
齿轮毛坯公差		齿坯顶锥母线跳动公差，基准端面跳动公差，外径尺寸极限偏差，齿坯轮冠距和顶锥角极限偏差		

注：f_a 为齿轮副轴间距极限偏差；f_{AM} 为齿圈轴向位移极限偏差；E_Σ 为齿轮副轴交角极限偏差；其余见表 18-26 注。

18.2.4　图样标注

在齿轮工作图上应标注齿轮的精度等级及最小法向侧隙种类和法向侧隙公差种类的数字(字母)代号。标注示例如下。

(1)齿轮的三个公差组精度同为 7 级，最小法向侧隙种类为 b，法向侧隙公差种类为 B：

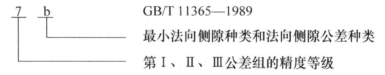

(2)齿轮的三个公差组精度同为 7 级，最小法向侧隙为 120μm，法向侧隙公差种类为 B：

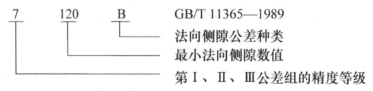

(3)齿轮的第 I 公差组精度为 8 级，第 II、III 公差组精度为 7 级，最小法向侧隙种类为 c，法向侧隙公差种类为 B：

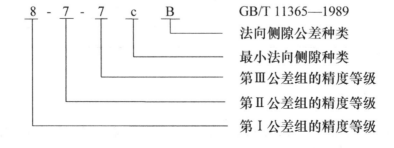

18.2.5　锥齿轮精度数值表

表 18-32　锥齿轮有关 F_r，$\pm f_{pt}$ 值　　　　　　　　　（单位：μm）

中点分度圆直径 /mm		中点法向模数 /mm	齿圈径向跳动公差 F_r			周节极限偏差 $\pm f_{pt}$		
			第Ⅰ组精度等级			第Ⅱ组精度等级		
			7	8	9	7	8	9
—	125	≥1～3.5	36	45	56	14	20	28
		>3.5～6.3	40	50	63	18	25	36
125	400	≥1～3.5	50	63	80	16	22	32
		>3.5～6.3	56	71	90	20	28	40

表 18-33　锥齿轮齿距累积公差 F_p 值　　　　　　　　　（单位：μm）

中点分度圆弧长 L/mm		Ⅰ组精度等级			中点分度圆弧长 L/mm		Ⅰ组精度等级		
大于	到	7	8	9	大于	到	7	8	9
32	50	32	45	63	160	315	63	90	125
50	80	36	50	71	315	630	90	125	180
80	160	45	63	90	630	1000	112	160	224

注：F_p 按中点分度圆弧长 L 查表得出，$L = \dfrac{\pi d_m}{2} = \dfrac{\pi m_{nm} z}{2\cos\beta}$，式中，$\beta$ 为锥齿轮螺旋角；m_{nm} 为中点法向模数；d_m 为齿宽中点分度圆直径。

表 18-34　接触斑点

Ⅱ组精度等级	7	8，9
沿齿长方向/%	50～70	35～65
沿齿高方向/%	55～75	40～70

注：① 表中数值范围用于齿面修形的齿轮。对齿面不作修形的齿轮，其接触斑点不小于其平均值。
② 沿齿长方向为接触痕迹长度 b'' 与工作长度 b' 之比，即 $b''/b' \times 100\%$；沿齿高方向为接触痕迹高度 h'' 与接触痕迹中部的工作齿高 h' 之比，即 $h''/h' \times 100\%$。

表 18-35　锥齿轮副检验安装误差项目 $\pm f_a$，$\pm f_{AM}$，$\pm E_\Sigma$　　　（单位：μm）

中心锥距 /mm		轴间距极限偏差 $\pm f_a$			齿圈轴向位移极限偏差 $\pm f_{AM}$										轴交角极限偏差 $\pm E_\Sigma$				
		第Ⅱ组精度等级			分锥角 /(°)		第Ⅱ组精度等级								小轮分锥角 /(°)		最小法向间隙种类		
							7			8			9						
							中点法向模数/mm												
大于	到	7	8	9	小于	到	≥1～3.5	>3.5～6.3	>6.3～10	≥1～3.5	>3.5～6.3	>6.3～10	≥1～3.5	>3.5～6.3	>6.3～10	大于	到	d	c	b
—	50	18	28	36	—	20	20	11	—	28	16	—	40	22	—	—	15	11	18	30
					20	45	17	9.5	—	24	13	—	34	19	—	15	25	16	26	42
					45	—	7.1	4	—	10	—	—	14	8	—	25	—	19	30	50
50	100	20	30	45	—	20	67	38	24	95	53	34	140	75	50	—	15	16	26	42
					20	45	56	32	21	80	45	30	120	63	42	15	25	19	30	50
					45	—	24	13	8.5	34	17	12	48	26	17	25	—	22	32	60

续表

中心锥距 /mm		轴间距极限偏差 ±f_a 第Ⅱ组精度等级			齿圈轴向位移极限偏差 ±f_AM										轴交角极限偏差 ±E_Σ		最小法向间隙种类		
					分锥角 /(°)	第Ⅱ组精度等级									小轮分锥角 /(°)				
						7			8			9							
						中点法向模数/mm													
大于	到	7	8	9	小于 / 到	≥1~3.5	>3.5~6.3	>6.3~10	≥1~3.5	>3.5~6.3	>6.3~10	≥1~3.5	>3.5~6.3	>6.3~10	大于	到	d	c	b
100	200	25	36	55	— / 20	150	80	53	200	120	75	300	160	105	—	15	19	30	50
					20 / 45	130	71	45	180	100	63	260	140	90	15	25	26	45	71
					45 / —	53	30	19	75	40	26	105	60	38	25	—	32	50	80
200	400	30	45	75	— / 20	340	180	120	480	250	170	670	360	240	—	15	22	32	60
					20 / 45	280	150	100	400	210	140	560	300	200	15	25	36	56	90
					45 / —	120	63	40	170	90	60	240	130	82	25	—	40	63	100

注：① ±f_a 值用于无纵向修形的齿轮副；±f_AM 值用于 α = 20° 的非修形齿轮。

② ±E_Σ 值的公差带位置相对于零线，可以不对称或取在一侧；±E_Σ 值用于 α = 20° 的正交齿轮副。

18.2.6 锥齿轮齿坯公差与表面粗糙度

表18-36 齿坯轮冠距与顶锥角极限偏差

中点法向模数/mm	轮冠距极限偏差/μm	顶锥角极限偏差/(′)
>1.2~10	0 / −75	+8 / 0

表18-37 齿坯尺寸公差

精度等级	7, 8	9
轴径尺寸公差	IT6	IT7
孔径尺寸公差	IT7	IT8
外径尺寸极限偏差	$\begin{pmatrix} 0 \\ -IT8 \end{pmatrix}$	$\begin{pmatrix} 0 \\ -IT9 \end{pmatrix}$

注：当三个公差组精度等级不同时，按最高精度等级确定公差值。

表 18-38 齿坯顶锥母线跳动和基准面跳动公差 （单位：μm）

项目		尺寸范围		精度等级		项目		尺寸范围		精度等级	
		大于	到	7, 8	9			大于	到	7, 8	9
顶锥母线跳动公差/μm	外径/mm	30	50	30	60	基准端面跳动公差/μm	基准端面直径/mm	30	50	12	20
		50	120	40	80			50	120	15	25
		120	250	50	100			120	250	20	30
		250	500	60	120			250	500	25	40
		500	800	80	150			500	800	30	50
		800	1250	100	200			800	1250	40	60

注：当三个公差组精度等级不同时，按最高的精度等级确定公差值。

表 18-39　锥齿轮表面粗糙度 Ra 推荐值　　　　　　　（单位：μm）

精度等级	表面粗糙度				
	齿侧面	基准孔（轴）	端面	顶锥面	背锥面
7	0.8	—	—	—	—
8	1.6				3.2
9	3.2		3.2		6.3
10	6.3				6.3

注：齿侧面按第Ⅱ组，其他按第Ⅰ组精度等级查表。

18.3　圆柱蜗杆、蜗轮精度（摘自 GB/T 10089—2018 和 GB/T 12760—2018）

18.3.1　偏差的名称和代号

表 18-40　蜗杆蜗轮各项偏差的名称和代号

名称		代号	名称		代号
蜗杆偏差	齿廓总偏差	$F_{\alpha 1}$	蜗轮偏差	单个齿距偏差	f_{p2}
	齿廓形状偏差	$f_{f\alpha 1}$		齿距累积总偏差	F_{p2}
	齿廓倾斜偏差	$f_{H\alpha 1}$		相邻齿距偏差	f_{u2}
	轴向齿距偏差	f_{px}		齿廓总偏差	$F_{\alpha 2}$
	相邻轴向齿距偏差	f_{ux}		径向跳动偏差	F_{r2}
	径向跳动偏差	F_{r1}	啮合偏差	单面啮合偏差	F_i'
	导程偏差	F_{pz}		单面一齿啮合偏差	f_i'
				蜗杆副的接触斑点	—

18.3.2　精度等级及其选择

为了满足蜗杆蜗轮传动机构的所有性能要求，如传动的平稳性、载荷分布均匀性、传递运动的准确性以及长使用寿命，应保证蜗杆蜗轮的轮齿尺寸参数偏差以及中心距偏差和轴交角偏差在规定的允许范围内。7、8、9 级精度的蜗杆蜗轮的偏差允许值参见蜗杆蜗轮传动精度数值表（18.3.4 节）。

1）精度等级

标准对蜗杆蜗轮传动机构规定了 12 个精度等级，第 1 级的精度最高，第 12 级的精度最低。根据使用要求不同，允许选用不同精度等级的偏差组合。蜗杆和配对蜗轮的精度等级一般取成相同，也允许取成不相同。在硬度高的钢制蜗杆和材质较软的蜗轮组成的传动机构中，可选择比蜗轮精度等级高的蜗杆，在磨合期可使蜗轮的精度提高。例如蜗杆可以选择 8 级精度，蜗轮选择 9 级精度。

蜗杆、蜗轮精度应根据传动用途、使用条件、传递功率、圆周速度以及其他技术要求确定。根据需要，依据蜗轮圆周速度确定精度等级时，可参考表 18-41。

表 18-41　精度等级与蜗轮圆周速度关系

项目	精度等级		
	7	8	9
蜗轮圆周速度，m/s	≤7.5	≤3	≤1.5

注：此表不属于国家标准内容，仅供参考。

2）侧隙

应根据工作条件和使用要求确定蜗杆传动的最小法向侧隙，侧隙的大小与精度等级无关。最小法向侧隙 j_{nmin} 值可参考表 18-42 选取。

传动的最小法向侧隙由蜗杆齿厚的减薄量来保证，即取蜗杆齿厚上偏差 $E_{ss1} = -(j_{nmin}/\cos\alpha_n + E_{s\Delta})$（$E_{s\Delta}$ 为制造误差的补偿部分），齿厚下偏差 $E_{si1} = E_{ss1} - T_{s1}$。最大法向侧隙由蜗杆、蜗轮齿厚公差 T_{s1}、T_{s2} 确定。蜗轮齿厚上偏差 $E_{ss2} = 0$，下偏差 $E_{si1} = -T_{s2}$。对于精度为 7、8、9 级的 $E_{s\Delta}$、T_{s1} 和 T_{s2} 的值，按表 18-43～表 18-45 的规定。

表 18-42　最小法向侧隙 j_{nmin} 值　　　　　（单位：μm）

传动中心距 a/mm	侧隙种类			传动中心距 a/mm	侧隙种类		
	较大	中等	较小		较大	中等	较小
≤30	84	52	33	>120～180	160	100	63
>30～50	100	62	39	>180～250	185	115	72
>50～80	120	74	46	>250～315	210	130	81
>80～120	140	87	54	>315～400	230	140	89

注：① 传动的最小圆周侧隙 $j_{tmin} \approx j_{nmin}/\cos\gamma'\cos\alpha_n$，式中：$\gamma'$ 为蜗杆节圆柱量程角；α_n 为蜗杆法向齿形角。
② 此表摘自 GB 10089—88，供参考。表中的"较大、中等、较小"分别对应 GB 10089—88 中的"b、c、d"类。

表 18-43　蜗杆齿厚上偏差（E_{ss1}）中的制造误差补偿部分 $E_{s\Delta}$ 值　　　（单位：μm）

传动中心距 a/mm	精度等级														
	7					8					9				
	模数 m/(mm)														
	≥1～3.5	>3.5～6.3	>6.3～10	>10～16	>16～25	≥1～3.5	>3.5～6.3	>6.3～10	>10～16	>16～25	≥1～3.5	>3.5～6.3	>6.3～10	>10～16	>16～25
≤30	45	50	60	—	—	50	68	80	—	—	75	90	110	—	—
>30～50	48	56	63	—	—	56	71	85	—	—	80	95	115	—	—
>50～80	50	58	65	—	—	58	75	90	—	—	90	100	120	—	—
>80～120	56	63	71	80	—	63	78	90	110	—	95	105	125	160	—
>120～180	60	68	75	85	115	68	80	95	115	150	100	110	130	165	215
>180～250	71	75	80	90	120	75	85	100	115	155	110	120	140	170	220
>250～315	75	80	85	95	120	80	90	100	120	155	120	130	145	180	225
>315～400	80	85	90	100	125	85	95	105	125	160	130	140	155	185	230

注：此表摘自 GB 10089—88，供参考。

表 18-44　蜗杆齿厚公差 T_{s1} 值　　　　　（单位：μm）

模数 m/mm	精度等级			模数 m/mm	精度等级		
	7	8	9		7	8	9
≥1～3.5	45	53	67	>10～16	95	120	150
>3.5～6.3	56	71	90	>16～25	130	160	200
>6.3～10	71	90	110				

注：① 当传动最大法向侧隙 j_{nmin} 无要求时，允许 T_{s1} 增大，最大不超过表中值的两倍。
② 此表摘自 GB 10089—88，供参考。

表 18-45　蜗轮齿厚公差 T_{s2} 值　　　　　　　　　　　　　（单位：μm）

模数 m /mm	蜗轮分度圆直径 d_2/mm								
	≤125			>125～400			>400～800		
	精度等级								
	7	8	9	7	8	9	7	8	9
≥1～3.5	90	110	130	100	120	140	110	130	160
>3.5～6.3	110	130	160	120	140	170	120	140	170
>6.3～10	120	140	170	130	160	190	130	160	190
>10～16	—	—	—	140	170	210	160	190	230
>16～25	—	—	—	170	210	260	190	230	290

注：① 在最小侧隙能保证的条件下，T_{s2} 公差带允许采用对称分布。

② 此表摘自 GB 10089—88，供参考。

18.3.3　图样标注

圆柱蜗杆、蜗轮图样上应注明的尺寸数据包括一般尺寸数据和需要用参数表格列出的数据。参数表格中需要列出的数据项目可根据需要增减，其中检验项目则按使用要求和用户意见根据 GB/T 10089—2018 和有关标准的规定确定。圆柱蜗杆和蜗轮的图样见本书第 20 章的图 20-17 和图 20-18，图样中的参数表一般放置于图面的右上方，图样的技术要求一般放置于图面右下方。

1) 蜗杆图样上应注明的尺寸数据

(1) 需要在图样上标注的一般尺寸数据为：齿顶圆直径 d_{a1} 及其公差；分度圆直径 d_1；齿宽 b_1；轴 (孔) 径及其公差；定位面及其要求；蜗杆轮齿表面粗糙度。

(2) 需要用参数表格列出的数据为：配对蜗轮的图号及齿数 z_2；蜗杆类型；模数 m；齿数 z_1；齿形角；齿顶高系数 h_{a1}^*；导程 p_z；导程角 γ；螺旋方向；齿厚 s_1 及其上下偏差，或量柱测量距 M_1 及其偏差，或测量弦齿厚 $\bar{s}_1$ 及其偏差；精度等级；检验项目代号及其允差值。

说明：

(1) 对于 ZI 蜗杆还应给出基圆直径 d_{b1} 和基圆导程角 γ_{b1}，列入参数表格中。

(2) 对于 ZK$_1$、ZK$_3$、ZC$_1$、ZC$_2$ 蜗杆，还应给出成形刀具直径 d_0，以及刀具齿形角 α_0 或刀具圆弧半径 ρ，列入参数表格中。

2) 蜗轮图样上应注明的尺寸数据

(1) 需要在图样上标注的一般尺寸数据为：蜗轮顶圆直径 d_{e2} 及其公差；蜗轮喉圆直径 d_{a2} 及其公差；咽喉母圆半径 r_{g2}；蜗轮齿宽 b_2；孔 (轴) 径及其公差；定位面及其要求；蜗轮中间平面与基准面的距离及公差；蜗轮轮齿表面粗糙度；咽喉母圆中心到蜗轮轴线距离；配对蜗杆分度圆直径 d_1。

(2) 需要用参数表格列出的数据为：配对蜗杆的图号及齿数 z_1；模数 m；齿数 z_2；分度圆直径 d_2；齿顶高系数 h_{a2}^*；变位系数 χ_2；分度圆齿厚 s_2 及其上下偏差，或双啮中心距及其偏差，或测量弦齿厚 $\bar{s}_2$ 及其偏差 (对非互换性的传动，可不给出该项数据，但应给出传动的侧隙值要求)；精度等级；检验项目代号及其允许值。

3) 其他

(1) 根据蜗杆、蜗轮的具体结构形状及其技术条件的要求，还应给其他在加工和测量时所必需的数据。

(2)对于带轴的蜗杆、蜗轮,以及轴、孔不作为定心基准的蜗轮,再切齿前作为定心检查或校对用的测量表面应给出的径向跳动公差。

(3)作为检验轮齿加工精度的基准,应给出其尺寸数据和形位公差,如蜗杆、蜗轮的顶圆柱面,蜗杆中心孔等。

(4)根据蜗杆、蜗轮的具体结构,给出其他必要的结构尺寸数据。

(5)对蜗杆、蜗轮分别给出其他必要的技术要求。

18.3.4　轮齿尺寸参数偏差的检验规则

1)轮齿尺寸参数偏差的允许值(表 18-46)

表 18-46　7、8、9 级精度轮齿偏差的允许值　　　　　　　　(单位：μm)

模数 $m(m_t, m_x)$ /mm	偏差 F_α 精度等级			偏差	分度圆直径 d/mm										
					>10~50 精度等级			>50~125 精度等级			>125~280 精度等级			>280~560 精度等级		
	7	8	9		7	8	9	7	8	9	7	8	9	7	8	9
>0.5~2.0	11	15	21	f_u	12	16	23	13	18	25	14	19	27	15	21	29
				f_p	9	12	17	10	14	19	11	15	21	12	16	23
				F_{p2}	25	36	50	33	47	65	41	58	81	47	66	92
				F_r	18	25	35	22	30	42	24	33	46	27	38	54
				F_i'	29	41	58	35	49	69	41	58	81	47	66	92
				f'	14	19	27	15	21	29	15	21	29	16	22	31
>2.0~3.55	15	21	29	f_u	13	18	25	14	19	27	15	21	29	16	22	31
				f_p	10	14	19	11	15	21	12	16	23	13	18	25
				F_{p2}	31	44	61	39	55	77	47	66	92	55	77	108
				F_r	22	30	42	27	38	54	31	44	61	35	49	69
				F_i'	35	49	69	43	60	85	49	69	96	55	77	108
				f'	18	25	35	18	25	35	19	26	36	20	27	38
>3.55~6.0	19	26	36	f_u	15	21	29	15	21	29	16	22	31	18	25	35
				f_p	12	16	23	12	16	23	13	18	25	14	19	27
				F_{p2}	33	47	65	43	60	85	51	71	100	59	82	115
				F_r	25	36	50	31	44	61	35	49	69	39	55	77
				F_i'	41	58	81	49	69	96	55	77	108	61	85	119
				f'	22	30	42	22	30	42	22	30	42	24	33	46

续表

模数 $m(m_t, m_x)$ /mm	偏差 F_α 精度等级				分度圆直径 d/mm										
					>10～50 精度等级			>50～125 精度等级			>125～280 精度等级			>280～560 精度等级		
	7	8	9		7	8	9	7	8	9	7	8	9	7	8	9
>6.0～10	24	33	46	f_u	17	23	33	18	25	35	19	26	36	20	27	38
				f_p	14	19	27	14	19	27	15	21	29	16	22	31
				F_{p2}	35	49	69	45	63	88	55	77	108	63	88	123
				F_r	29	41	58	35	49	69	39	55	77	45	63	88
				F_i'	47	66	92	55	77	108	63	88	123	69	96	134
				f'	25	36	50	25	36	50	27	38	54	27	38	54
>10～16	31	44	61	f_u	22	30	42	22	30	42	22	30	42	24	33	46
				f_p	17	23	33	17	23	33	18	25	35	19	26	36
				F_{p2}	37	52	73	49	69	96	59	82	115	67	93	131
				F_r	33	47	65	39	55	77	45	63	88	51	71	100
				F_i'	55	77	108	65	91	127	73	102	142	78	110	154
				f'	33	47	65	33	47	65	35	49	69	35	49	69
>16～25	39	55	77	f_u	25	36	50	27	38	54	27	38	54	29	41	58
				f_p	22	30	42	22	30	42	22	30	42	24	33	46
				F_{p2}	41	58	81	53	74	104	63	88	123	73	102	142
				F_r	39	55	77	45	63	88	51	71	100	57	80	111
				F_i'	65	91	127	73	102	142	80	113	158	88	123	173
				f'	43	60	85	43	60	85	43	60	85	43	60	85

偏差 F_{pz}	测量长度/mm	轴向模数 m_x /mm	蜗杆头数 z_1											
			1 精度等级			2 精度等级			3 和 4 精度等级			5 和 6 精度等级		
			7	8	9	7	8	9	7	8	9	7	8	9
	15	>0.5～2	9	12	17	10	14	19	11	15	21	13	18	25
	25	>2～3.55	11	15	21	12	16	23	14	19	27	17	23	33
	45	>3.55～6	13	18	25	16	22	31	18	25	35	22	30	42
	75	>6～10	17	23	33	20	27	38	24	33	46	27	38	54
	125	>10～16	22	30	42	25	36	50	29	41	58	33	47	65
	200	>16～25	25	36	50	31	44	61	37	52	73	43	60	85

2) 中心距偏差和轴交角偏差的允许值

蜗杆蜗轮传动的中心距偏差和轴交角偏差的允许值 GB/T 10089—2018 中未作规定，可参考表 18-47 和表 18-48 进行选取。

表 18-47　蜗杆副的中心距极限偏差 $\pm f_a$　　　　　　　　（单位：μm）

传动中心距 a/mm			≤30	>30～50	>50～80	>80～120	>120～180	>180～250	>250～315	>315～400
蜗杆副的中心距极限偏差 $\pm f_a$	精度等级	7	26	31	37	44	50	58	65	70
		8								
		9	42	50	60	70	80	92	105	115

表 18-48　蜗杆副的轴交角极限偏差 $\pm f_\Sigma$　　　　　　　　（单位：μm）

蜗轮宽度 b_2/mm			≤30	>30～50	>50～80	>80～120	>120～180	>180～250	>250
蜗杆副的轴交角极限偏差 $\pm f_\Sigma$	精度等级	7	12	14	16	19	22	25	28
		8	17	19	22	24	28	32	36
		9	24	28	32	36	42	48	53

3) 蜗杆副的接触斑点要求

蜗杆副的接触斑点主要按其形状、分布位置和面积大小来评定，7、8、9 精度等级的蜗杆副接触斑点要求见表 18-49。

表 18-49　蜗杆副的接触斑点要求

精度等级	接触面积的百分比/%		接触形状	接触位置
	沿齿高不小于	沿齿长不小于		
7, 8	55	50	不作要求	接触斑点痕迹应偏于啮出端，但不允许在齿顶和啮入、啮出端的棱边接触
9	45	40		

注：采用修形齿面的蜗杆传动，接触斑点的接触形状要求可不受本标准规定的限制。

18.3.5　蜗杆、蜗轮的齿坯公差与表面粗糙度

蜗杆、蜗轮的齿坯公差与表面粗糙度新国标中未作规定，可参考表 18-50、表 18-51 和表 18-52 进行选取。

表 18-50　蜗杆、蜗轮齿坯尺寸和形状公差

精度等级		7	8	9	精度等级		7	8	9
孔	尺寸公差		IT7	IT8	轴	尺寸公差		IT6	IT7
	形状公差		IT6	IT7		形状公差		IT5	IT6
齿顶圆直径公差			IT8	IT9			—	—	—

注：当齿顶圆不作测量齿厚基准时，尺寸公差按 IT11 确定，但不得大于 0.1mm。

表 18-51　蜗杆、蜗轮齿坯基准面径向和端面跳动公差　　　　（单位：μm）

基准面直径 d/mm		≤31.5	>31.5～63	>63～125	>125～400	>400～800
精度等级	7, 8	7	10	14	18	22
	9	10	16	22	28	36

注：当以齿顶圆作为测量基准时，也即为蜗杆、蜗轮的齿坯基准面。

表 18-52 蜗杆、蜗轮表面粗糙度 *Ra* 推荐值　　　　　　　　　　　（单位：μm）

精度等级	齿面		顶圆	
	蜗杆	蜗轮	蜗杆	蜗轮
7 8	0.8 1.6		1.6	3.2
9	3.2		3.2	6.3

第19章 电 动 机

19.1 YE3 系列(IP55)超高效率三相异步电动机(摘自 GB/T 28575—2012)

表 19-1 YE3 系列三相异步电动机技术参数

机座号	额定功率 /kW	满载转速 r/min	效率η /%	功率因数 cosφ	堵转转矩 额定转矩	堵转电流 额定电流	最大转矩 额定转矩	最小转矩 额定转矩	质量 /kg
同步转速 3000 r/min									
YE3-80M1-2	0.75	2870	80.7	0.82	2.3	7.0	2.3	1.5	19
YE3-80M2-2	1.1	2880	82.7	0.83	2.2	7.3	2.3	1.5	22
YE3-90S-2	1.5	2900	84.2	0.84	2.2	7.6	2.3	1.5	28
YE3-90L-2	2.2	2900	85.9	0.85	2.2	7.6	2.3	1.4	33
YE3-100L1-2	3	2900	87.1	0.87	2.2	7.8	2.3	1.4	43
YE3-112M-2	4	2910	88.1	0.88	2.2	8.3	2.3	1.4	53
YE3-132S1-2	5.5	2915	89.2	0.88	2.0	8.3	2.3	1.2	71
YE3-132S2-2	7.5	2915	90.1	0.88	2.0	7.9	2.3	1.2	79
YE3-160M1-2	11	2940	91.2	0.89	2.0	8.1	2.3	1.2	124
YE3-160M2-2	15	2945	91.9	0.89	2.0	8.1	2.3	1.2	135
YE3-160L-2	18.5	2945	92.4	0.89	2.0	8.2	2.3	1.1	145
YE3-180M-2	22	2950	92.7	0.89	2.0	8.2	2.3	1.1	202
同步转速 1500 r/min									
YE3-80M2-4	0.75	1430	82.5	0.75	2.3	6.6	2.3	1.6	24
YE3-90S-4	1.1	1435	84.1	0.76	2.3	6.8	2.3	1.6	32
YE3-90L-4	1.5	1435	85.3	0.77	2.3	7.0	2.3	1.6	36
YE3-100L1-4	2.2	1445	86.7	0.81	2.3	7.6	2.3	1.5	43
YE3-100L2-4	3	1445	87.7	0.82	2.3	7.6	2.3	1.5	49
YE3-112M-4	4	1450	88.6	0.82	2.2	7.8	2.3	1.5	63
YE3-132S-4	5.5	1460	89.6	0.83	2.0	7.9	2.3	1.4	80
YE3-132M-4	7.5	1460	90.4	0.84	2.0	7.5	2.3	1.4	100
YE3-160M-4	11	1470	91.4	0.85	2.2	7.7	2.3	1.4	126
YE3-160L-4	15	1470	92.1	0.86	2.2	7.8	2.3	1.4	148
YE3-180M-4	18.5	1475	92.6	0.86	2.0	7.8	2.3	1.2	190
YE3-180L-4	22	1475	93.0	0.86	2.0	7.8	2.3	1.2	205
同步转速 1000 r/min									
YE3-90S-6	0.75	925	78.9	0.71	2.0	6.0	2.1	1.5	29
YE3-90L-6	1.1	925	81.0	0.73	2.0	6.0	2.1	1.3	36
YE3-100L-6	1.5	945	82.5	0.73	2.0	6.5	2.1	1.3	44
YE3-112M-6	2.2	960	84.3	0.74	2.0	6.6	2.1	1.3	54
YE3-132S-6	3	965	85.6	0.74	2.0	6.8	2.1	1.3	69
YE3-132M1-6	4	970	86.8	0.74	2.0	6.8	2.1	1.3	88
YE3-132M2-6	5.5	970	88.0	0.75	2.0	7.0	2.1	1.3	101
YE3-160M-6	7.5	975	89.1	0.79	2.0	7.0	2.1	1.3	125
YE3-160L-6	11	975	90.3	0.80	2.0	7.2	2.1	1.2	140
YE3-180L-6	15	980	91.2	0.81	2.0	7.3	2.1	1.2	190
YE3-200L1-6	18.5	980	91.7	0.81	2.0	7.3	2.1	1.2	230
YE3-200L2-6	22	980	92.2	0.81	2.0	7.4	2.1	1.2	250

注: ① S-短机座; M-中机座; L-长机座。
② 满载转速、质量非标准内容,仅供参考,各厂家可能略有不同(表中数据取自江苏利得尔电机有限公司的产品手册)。

19.2　YE3 系列(IP55)三相异步电动机外形及安装

表 19-2　YE3 系列(IP55)三相异步电动机外形及安装尺寸(机座带底脚，端盖上无凸缘的电动机)

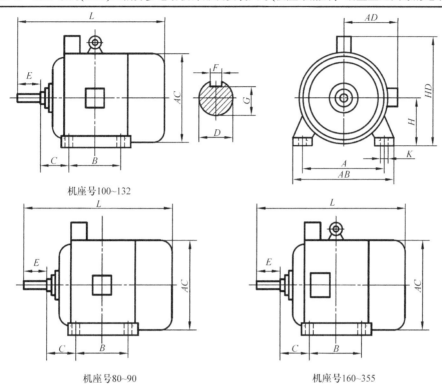

机座号100~132

机座号80~90　　　　机座号160~355

机座号	级数	安装尺寸/mm									外形尺寸/mm				
		A	B	C	D	E	F	G	H	K	AB	AC	AD	HD	L
80M	2，4，6	125	100	50	19	40	6	15.5	80	10	165	175	145	220	305
90S	2，4，6	140	100	56	24	50	8	20	90	10	180	205	170	265	360
90L	2，4，6	140	125	56	24	50	8	20	90	10	180	205	170	265	390
100L	2，4，6	160	140	63	28	60	8	24	100	12	205	215	180	270	435
112M	2，4，6	190	140	70	28	60	8	24	112	12	230	255	200	310	440
132S	2，4，6	216	140	89	38	80	10	33	132	12	270	310	230	365	510
132M	2，4，6	216	178	89	38	80	10	33	132	12	270	310	230	365	550
160M	2，4，6	254	210	108	42	110	12	37	160	14.5	320	340	260	425	730
160L	2，4，6	254	254	108	42	110	12	37	160	14.5	320	340	260	425	760
180M	2，4，6	279	241	121	48	110	14	42.5	180	14.5	355	390	285	460	770
180L	2，4，6	279	279	121	48	110	14	42.5	180	14.5	355	390	285	460	800

第3部分　课程设计参考图例及设计题目

第 20 章　课程设计参考图例

本章给出机械设计课程设计的一些典型参考图例，包括两个方面的内容。第一个方面是有关减速器的装配图：单级圆柱齿轮减速器(Ⅰ)、单级圆柱齿轮减速器(Ⅱ)、二级展开式圆柱齿轮减速器、二级分流式圆柱齿轮减速器、二级同轴式圆柱齿轮减速器、单级圆锥齿轮减速器、圆锥-圆柱齿轮减速器和蜗杆减速器。第二个方面是有关减速器的零件工作图：单级圆柱齿轮减速器箱盖、单级圆柱齿轮减速器箱座、蜗杆减速器箱盖、蜗杆减速器箱座、轴、圆柱齿轮轴、圆柱齿轮、锥齿轮、蜗杆和蜗轮。本章所给出的图例为设计者(尤其是初学设计者)提供一个最基本的参考资料。根据设计问题的要求，设计者还可参考其他有关手册和图册。

在参考有关图例时要对其进行必要的分析，不能生搬硬套。由于减速器的使用条件、工作参数等千差万别，减速器的型式(特别是在一些具体的局部结构上)是多种多样的。如果要采用图例中的某些结构，一定要进行分析，以便决定是否适用。同时要注意的是，图例中某些图上内容进行了一些简化或增加了一些指导性的说明和扩充性的提示，这样就使得某些图与正式的装配工作图和零件工作图有差别。例如，尺寸标注不全、省去了明细表或标题栏、增加了若干可选用结构，等等。有关装配工作图和零件工作图的设计问题可参见第 1 部分中的有关内容。

机械设计是一项复杂、细致的创造性劳动。任何设计都不可能由设计者脱离前人长期经验的积累而凭空想象出来；同时，任何一项新的设计都有其特定的要求和具体的工作条件，没有现成的设计方案可供照抄照搬。因此，既要克服"闭门造车"的设计思想，又要防止盲目地、不加分析地全盘抄袭现有设计资料的做法，应从具体的设计任务出发，充分利用已有技术资料，认真分析现有方案的特点，从中吸取合理的部分，以开拓自己的设计思想，充实和完善自己的设计方案。另外，正确地利用已有资料，既可避免许多重复工作，加快设计进程，也是创新的基础和提高设计质量的重要保证。长期的设计和生产实践已积累了许多可供参考与借鉴的宝贵经验和资料。善于继承和发扬前人的设计经验与长处，合理地使用各种技术资料也是设计工作能力的一种体现。要养成勤于观察和思索的习惯，敢于提出问题，敢于创新，逐渐培养和提高设计能力。

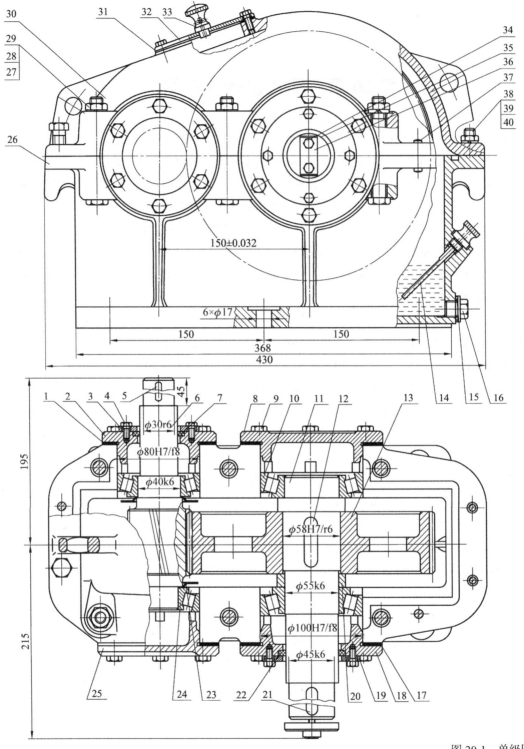

30
29
28
27
26
31
32 33
34
35
36
37
38
39
40

150±0.032

6×φ17

150
150
368
430

1 2 3 4 5
45
6 7
8 9 10 11 12
13
14 15 16

φ30r6

φ80H7/f8

φ40k6

φ58H7/r6

φ55k6

φ100H7/f8

φ45k6

195

215

25
24 23
22 21
20 19 18 17

图 20-1　单级圆

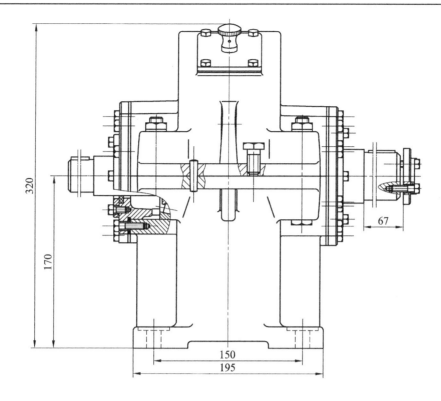

技术特性

功率：4kW；高速轴转速：572r/min；传动比：3.95。

技术要求

1.装配前，所有零件用煤油清洗，滚动轴承用汽油清洗，机体内不许有任何杂物存在。内壁涂
　上不被机油浸蚀的涂料两次。

2.啮合侧隙用铅丝检验不小于0.16mm，铅丝不得大于最小侧隙的4倍。

3.用涂色法检验斑点：按齿高接触斑点不小于40%；按齿长接触斑点不小于50%，必要时可用
　研磨或刮后研磨以便改善接触情况。

4.应调整轴承轴向间隙：$\Phi40$为0.05~0.1mm，$\Phi55$为0.08~0.15mm。

5.检查减速器剖分面、各接触面及密封处，均不允许漏油，剖分面允许涂以密封胶或水玻璃，
　不允许使用任何填料。

6.机座内装HJ-50润滑油至规定高度。

7.表面涂灰色油漆。

注：本图是减速器设计的主要图纸，也是绘制零件工作图及装配减速器时的主要依据，所以标
　　注了件号、明细表、技术要求、技术特性及必要的尺寸等。

柱齿轮减速器（Ⅰ）

40	垫圈10	2	65Mn	GB93—1987	
39	螺母M10	2	Q235	GB/T 6170—2015	
38	螺栓M10×35	3	Q235	GB/T 27—2013	
37	销B8×3	2	35	GB/T 117—2000	
36	止动垫片	1	Q215		
35	轴承挡圈	1	Q235		
34	螺栓M6×20	2	Q235	GB/T 27—2013	
33	通气器	1	Q235		
32	观察孔盖	1	Q215		
31	垫片	1	石棉橡胶纸		
30	箱盖	1	HT200		
29	垫圈12	6	65Mn	GB93—1987	
28	螺母M12	6	Q235	GB/T 6170—2015	
27	螺栓M12×35	6	Q235	GB/T 27—2013	
26	箱座	1	HT200		
25	轴承盖	2	HT200		
24	轴承30208	2		GB/T 297—2015	
23	挡油环	2	Q275		
22	毡封油圈	1	半粗毛羊毡		
21	键14×56	1	Q275	GB/T 1096—2003	
20	定距环	1	Q235		
19	密封盖	1	Q235		

图 20-1　单级圆柱齿轮减速器(Ⅰ)(续)

18	轴承盖	1	HT200		
17	调整垫片	2组	08F		
16	螺塞	1	Q235		
15	垫片	1	石棉橡胶纸		
14	油标尺	1			组合件
13	大齿轮	1	45		$m_n=3$; $z=79$
12	键16×56	1	Q275	GB/T 1096—2003	
11	轴	1	45		
10	轴承30211	2		GB/T 297—2015	
9	螺栓M8×15	24	Q235	GB/T 27—2013	
8	轴承盖	1	HT200		
7	毡封油圈	1	半粗毛羊毡		
6	齿轮轴	1	45		$m_n=3$; $z=20$
5	键8×50	1	Q235	GB/T 1096—2003	
4	螺栓M6×16	12	Q235	GB/T 27—2013	
3	密封盖	1	HT200		
2	轴承盖	1	HT200		
1	调整垫片	2组	08F		
序号	名　称	数　量	材　料	代　号	备　注

			图　号		比　例	
			材　料		数　量	
设计		年 月	机械设计课程设计		(校名)	
绘图						
审核					(班名)	

图 20-1　单级圆柱齿轮减速器(Ⅰ)(续)

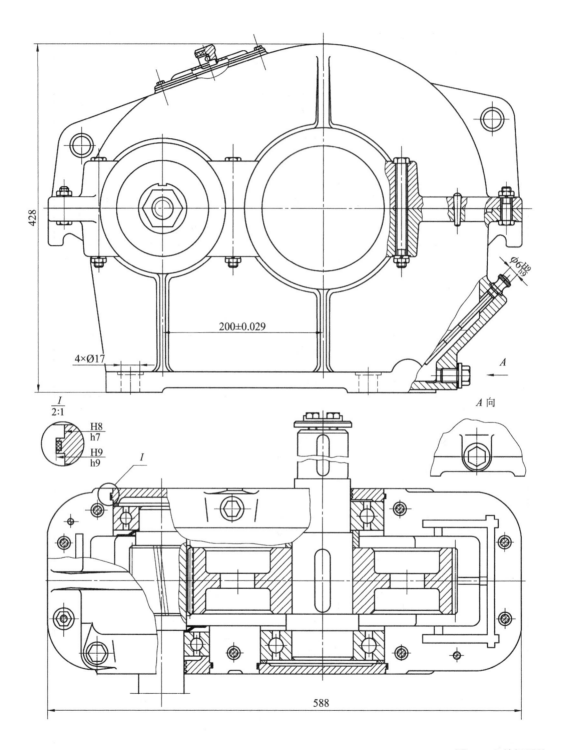

$\dfrac{I}{2:1}$

$\dfrac{H8}{h7}$

$\dfrac{H9}{h9}$

图 20-2　单级圆柱

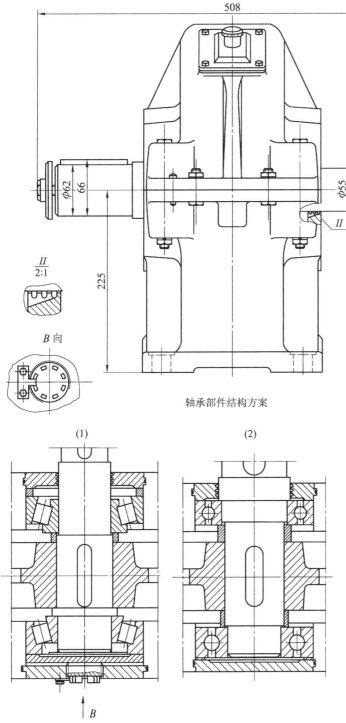

轴承部件结构方案

B 向

$\dfrac{II}{2:1}$

(1)　　　　　　　　　　(2)

齿轮减速器(Ⅱ)

注：本图为一级圆柱斜齿轮减速器结构图。轴承依靠齿轮搅动油池的油来润滑，这种方法只有在速度高时才能实现。当速度不高时，宜在结构上引导润滑油进入轴承。图中采用嵌入式轴承端盖，结构简单，不用螺钉而减轻了重量，缩短了轴承座尺寸。这种结构密封性差，所以在端盖凸缘处都有O形橡胶密封圈。轴承调整不方便，只用于不可调轴承。当用可调的轴承时，应有调整机构，如方案(1)所示。露出轴与端盖之间用油沟式密封，并制有回油槽。

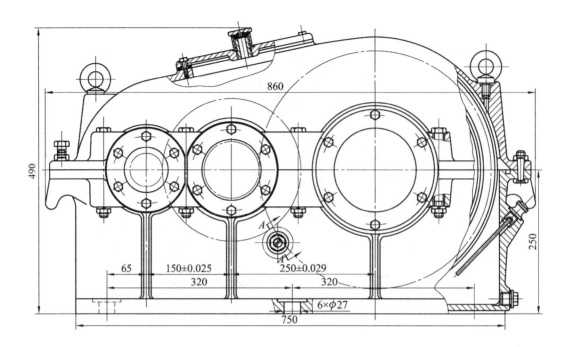

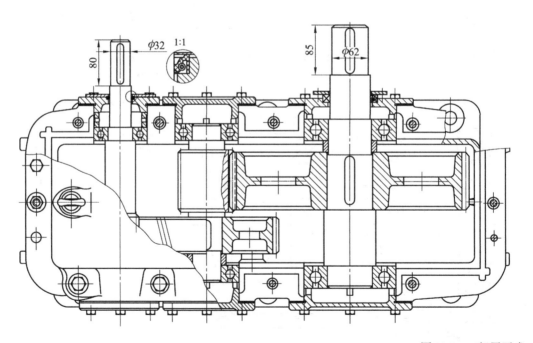

图 20-3 二级展开式

A—A旋转

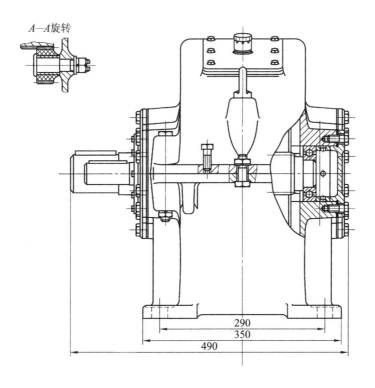

290
350
490

高速轴
结构方案

机体轴承孔端面处形状

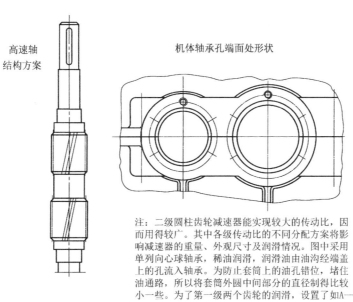

注：二级圆柱齿轮减速器能实现较大的传动比，因而用得较广。其中各级传动比的不同分配方案将影响减速器的重量、外观尺寸及润滑情况。图中采用单列向心球轴承，稀油润滑，润滑油由油沟经端盖上的孔流入轴承。为防止套筒上的油孔错位，堵住油通路，所以将套筒外圆中间部分的直径制得比较小一些。为了第一级两个齿轮的润滑，设置了如IA—A剖视图上所示的小齿轮。在高速轴上有时铣出两个齿轮(见高速轴结构方案)，一个工作，一个备用。

圆柱齿轮减速器

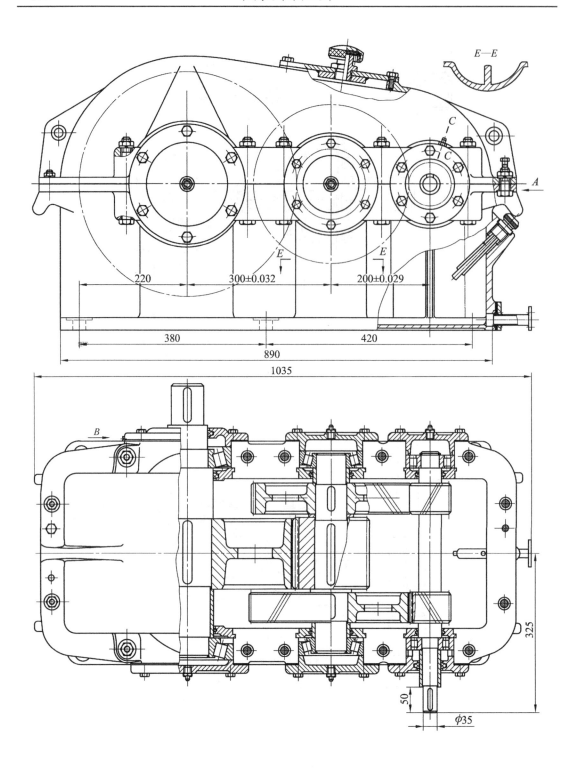

图 20-4　二级分流式

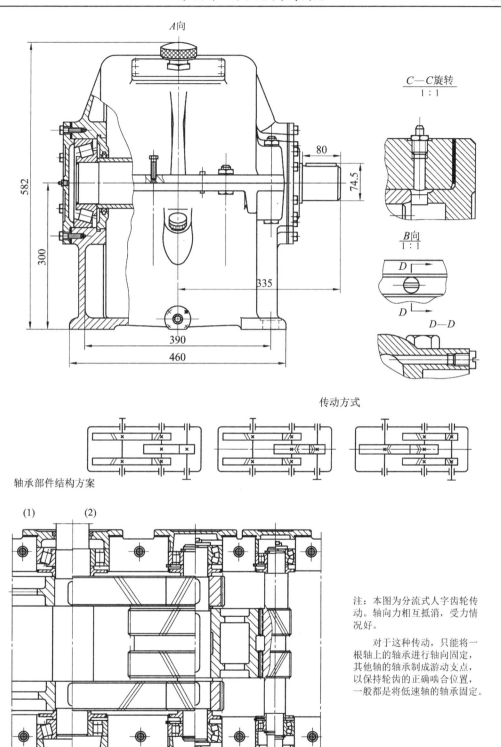

传动方式

轴承部件结构方案

圆柱齿轮减速器

注：本图为分流式人字齿轮传动。轴向力相互抵消，受力情况好。

对于这种传动，只能将一根轴上的轴承进行轴向固定，其他轴的轴承制成游动支点，以保持轮齿的正确啮合位置，一般都是将低速轴的轴承固定。

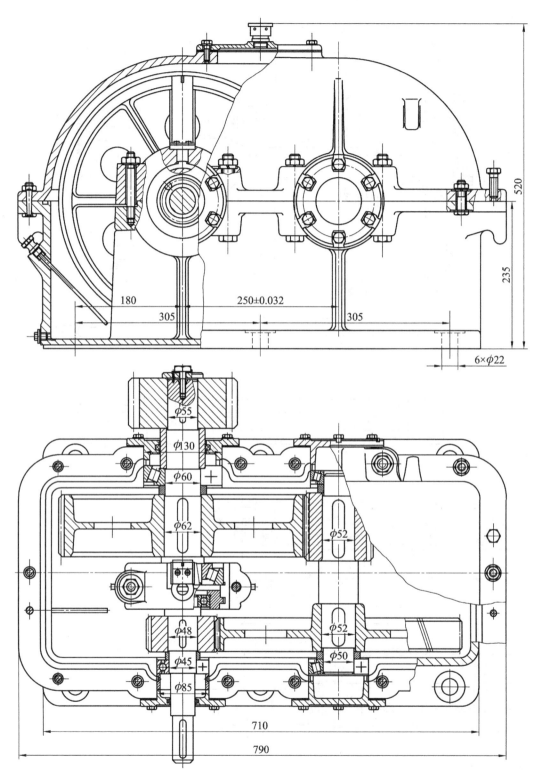

图 20-5 二级同轴式

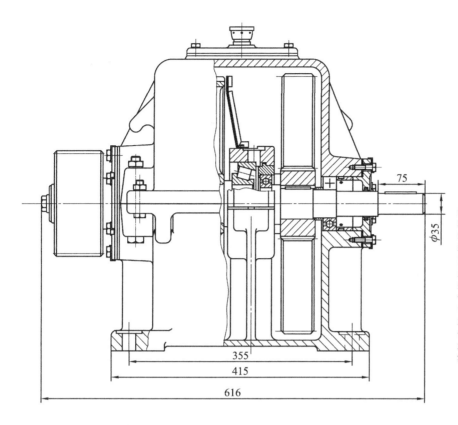

注：本图是同轴式结构，这种结构的中间轴承润滑比较困难，如果采用稀油润滑，必须设法将机体内的润滑油引导到中间轴承处。图中提供一些中间轴承部件结构及润滑方法。

中间轴承部件结构方案

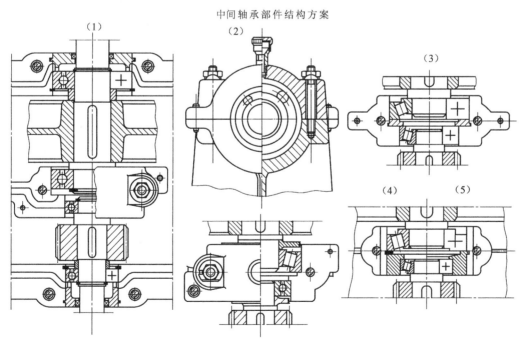

(1)　　(2)　　(3)　　(4)　　(5)

圆柱齿轮减速器

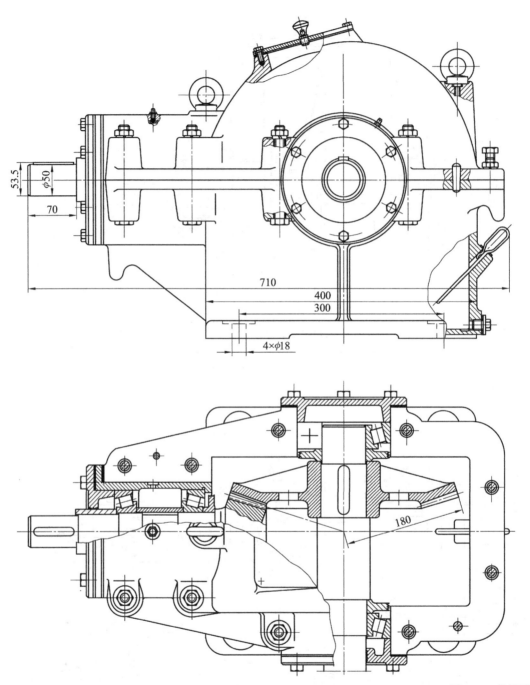

图 20-6　单级圆

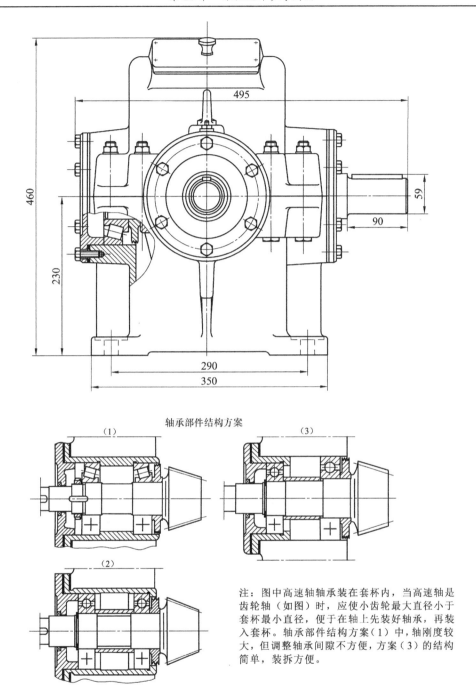

轴承部件结构方案

注：图中高速轴轴承装在套杯内，当高速轴是齿轮轴（如图）时，应使小齿轮最大直径小于套杯最小直径，便于在轴上先装好轴承，再装入套杯。轴承部件结构方案（1）中，轴刚度较大，但调整轴承间隙不方便，方案（3）的结构简单，装拆方便。

锥齿轮减速器

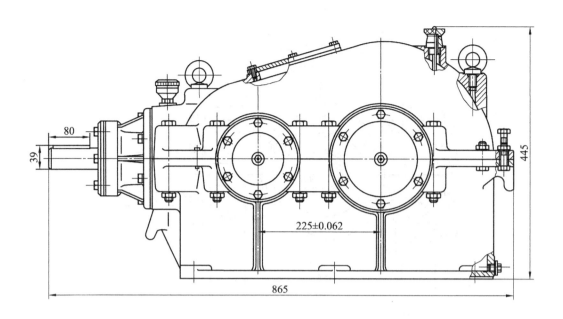

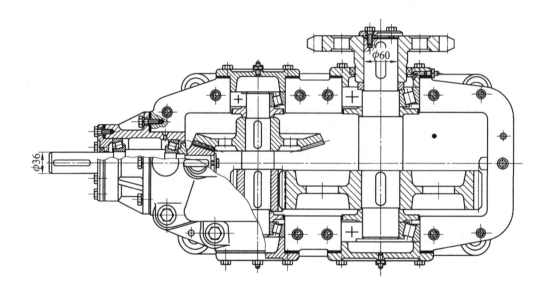

图 20-7　圆锥-圆

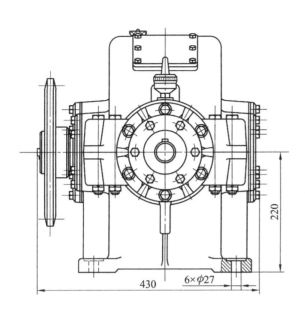

注：本图为圆锥-圆柱齿轮减速器的结构图，其结构特点是将高速轴的机体部分制成独立部件，使机体尺寸缩短，简化机体结构。同时增加了高速轴部件的刚度。图中低速轴外端装有链轮，为减小链轮的悬臂跨度，以提高轴的刚度，将链轮轮毂伸入端盖内。图中列有八种轴承部件结构方案。方案(1) 采用齿轮与轴分开的结构，因此安装拆卸较方案(2)方便。方案(3)的轴承结构采用零件 a 调整轴承间隙，零件 a 与轴用螺纹联接，转动 a 使轴承内圈轴向移动。调整后，将零件 a 用螺钉固定在轴端零件上，以免松动。方案(5)、(6)中的套杯左端没有端盖，尺寸紧凑、结构简单。但调整轴承比较困难，因此不宜用于单列圆锥滚子轴承。方案(6)中左端轴承靠套圈 b 固定，用螺钉调节套圈 b 的位置，右端轴承游动。这种结构当轴承磨损后便不能再调整。方案(7)、(8)采用短套杯式结构，左端轴承固定，右端轴承游动。

高速级圆锥齿轮轴承部件的结构方案

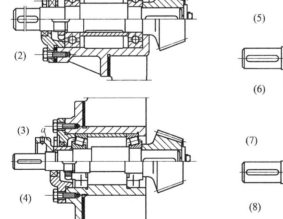

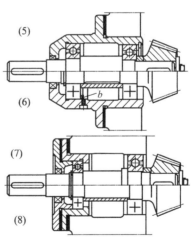

(1)

(2)

(3)

(4)

(5)

(6)

(7)

(8)

柱齿轮减速器

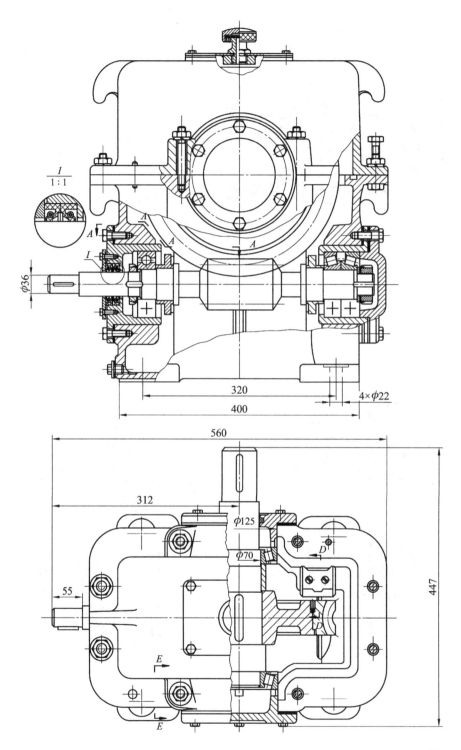

$\dfrac{I}{1:1}$

$\phi36$

320

400

$4\times\phi22$

560

312

$\phi125$

$\phi70$

D

55

E

E

447

图 20-8　蜗杆

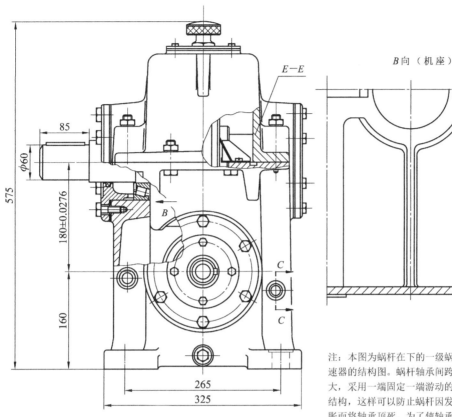

B 向（机座）

注：本图为蜗杆在下的一级蜗杆减速器的结构图。蜗杆轴承间跨度较大，采用一端固定一端游动的轴承结构，这样可以防止蜗杆因发热膨胀而将轴承顶死。为了使轴承尺寸相等，镗孔方便，保证孔的同轴度，在游动端应加一个套杯。蜗杆轴右端轴承盖与套杯之间有垫片，用以调整轴承间隙。蜗轮轴上轴承的端盖与机体间的垫片用以调整轴承间隙及蜗轮轴向位置，后者对蜗轮啮合质量有很大的影响。蜗杆轴上轴承旁的挡油板用以防止蜗杆旋转时的轴向力将油冲向轴承，剖分面上的两个刮油板将蜗轮端面上的油引入油沟，润滑蜗轮轴轴承。机体用剖分式，在轴承孔下部用内肋式，如 B 向所示，这种结构能增加机体刚度，而且表面光滑美观，在铸造上并不困难。但在高速时，油的阻力略大。油标采用如 C—C 剖视所示结构，共有两个，一个装在最高油面，另一个装在最低油面。

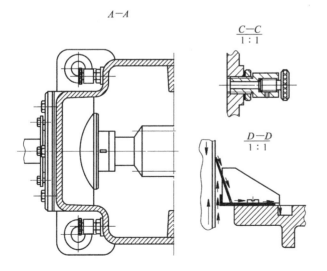

减速器

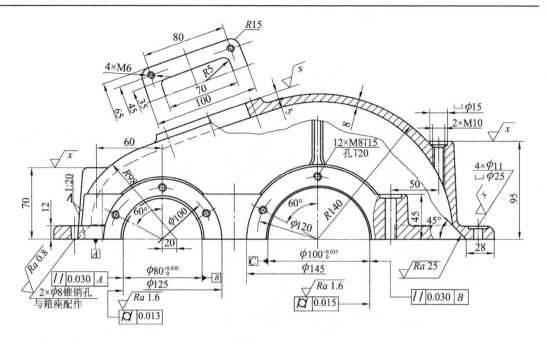

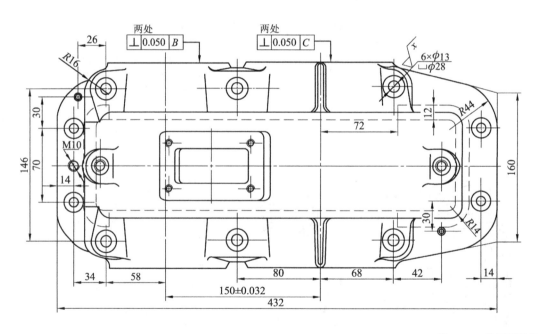

图 20-9　单级圆柱齿

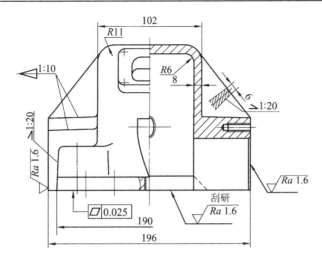

技术要求

1. 铸件应清砂、修毛刺,进行时效处理;

2. 与箱座合箱后,分箱面边缘应对齐,每边错位不大于2mm;

3. 分箱面应用0.05mm塞尺检验, 插入深度不应超过接合面宽度的1/3, 用涂色法检验时, 每平方厘米面积上应不少于一个接触斑点;

4. $\phi 80^{+0.030}_{0}$ 与 $\phi 100^{+0.035}_{0}$ 轴承座孔的轴心线在水平面内的平行度公差 $f_x \leqslant 0.05$mm; 在垂直面内的平行度公差 $f_y \leqslant 0.025$mm;

5. 未注明的铸造圆角为 $R5 \sim 10$; 未注明的倒角为C2;

6. 与箱座组装后配作定位销孔,打入定位销后镗轴承座孔。

$$\sqrt{x} = \sqrt{Ra6.3}$$

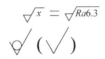

箱　　盖	图　号		比　例	
	材　料	HT200	数　量	1
设　计		年　月	机械设计	（校名）
绘　图			课程设计	
审　核				（班名）

轮减速器箱盖

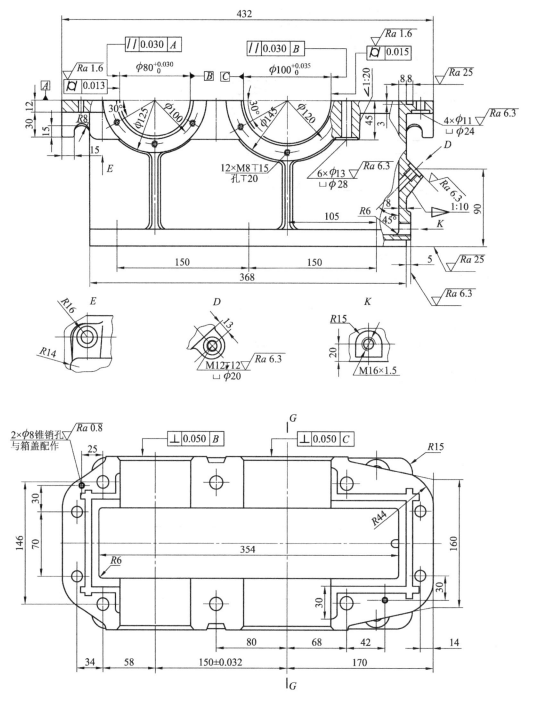

图 20-10 单级圆柱齿

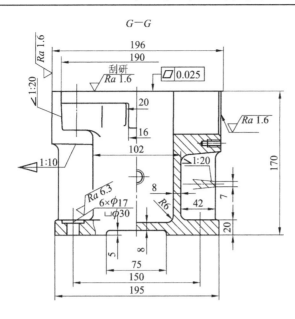

技术要求

1. 铸件应清砂、修毛刺，进行时效处理；

2. 与箱座合箱后，分箱面边缘应对齐，每边错位不大于 2mm；

3. 分箱面应用 0.05mm 塞尺检验，插入深度不应超过接合面宽度的 1/3，用涂色法检验时，每平方厘米面积上应不少于一个接触斑点；

4. $\phi80_0^{+0.030}$ 与 $\phi100_0^{+0.035}$ 轴承座孔的轴心线在水平面内的平行度公差 $f_x \leqslant 0.05mm$；在垂直面内的平行度公差 $f_y \leqslant 0.025mm$；

5. 未注明的铸造圆角为 $R5 \sim 10$；未注明的倒角为 $C2$；

6. 与箱座组装后配作定位销孔，打入定位销后镗轴承座孔。

箱　　座		图　号		比　例	
		材　料	HT200	数　量	1
设　计		年　月	机械设计	（校名）	
绘　图			课程设计		
审　核				（班名）	

轮减速器箱座

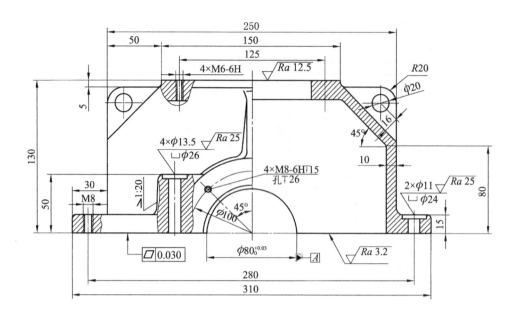

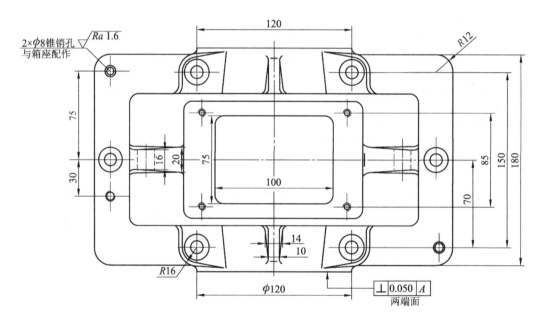

图 20-11 蜗杆

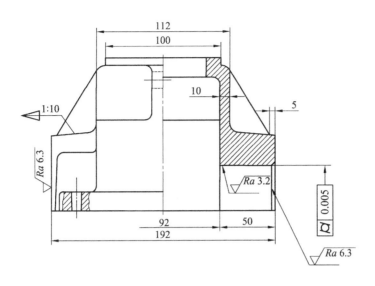

技术要求

1. 箱盖铸成后，应进行清砂，并进行时效处理；

2. 箱盖与箱座合箱后，边缘应对齐，相互错位每边不大于1mm；

3. 应仔细检查箱盖和箱座剖分面的密合性，用0.05mm塞尺塞进深度不大于剖分面宽度的1/3，
用涂色法检查时，达到每平方厘米不少于一个接触斑点；

4. 箱盖和箱座合箱后，先打上定位销，再联接后进行镗孔；

5. 轴承孔中心线与剖分面不重合应小于0.15mm；

6. 未注明的铸造圆角为$R5\sim10$；

7. 未注明的倒角为C2，表面粗糙度$Ra=25\mu m$。

箱　　　盖	图　号		比　例	
	材　料	HT200	数　量	1
设　计		年　月	机械设计	（校名）
绘　图			课程设计	
审　核				（班名）

减速器箱盖

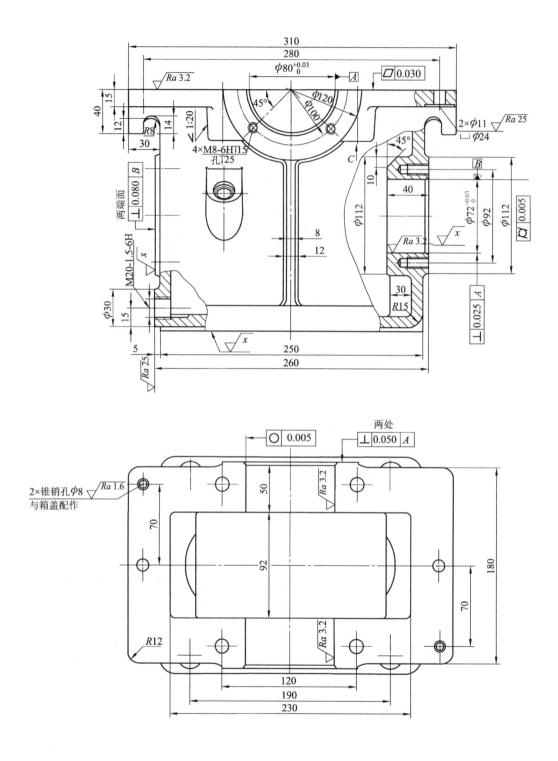

图 20-12　蜗杆

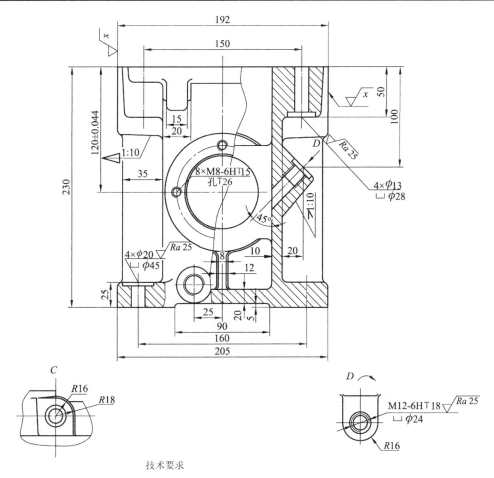

技术要求

1. 箱盖铸成后，应进行清砂，并进行时效处理；

2. 箱盖与箱座合箱后，边缘应对齐，相互错位每边不大于1mm；

3. 应仔细检查箱盖和箱座剖分面的密合性，用0.05mm塞尺塞进深度不大于剖分面宽度的1/3，
用涂色法检查时，达到每平方厘米不少于一个接触斑点；

4. 箱盖和箱座合箱后，先打上定位销，再联接后进行镗孔；

5. 轴承孔中心线与剖分面不重合度应小于0.15mm；

6. 未注明的铸造圆角为R5～10；

7. 未注明的倒角为C2，表面粗糙度Ra=25μm。

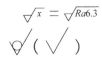

蜗杆减速器箱座	图 号		比 例	
	材 料	HT200	数 量	1
设 计		年 月	机械设计	（校名）
绘 图			课程设计	
审 核				（班名）

减速器箱座

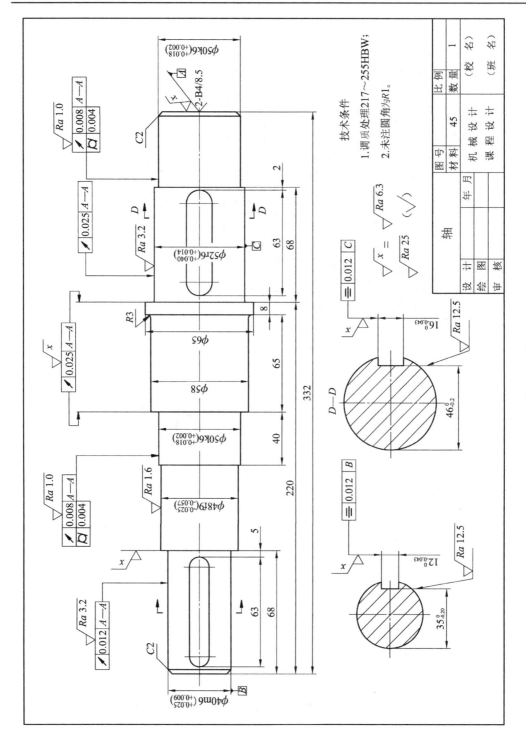

技术条件
1.调质处理217~255HBW;
2.未注圆角为R1。

图20-13　轴

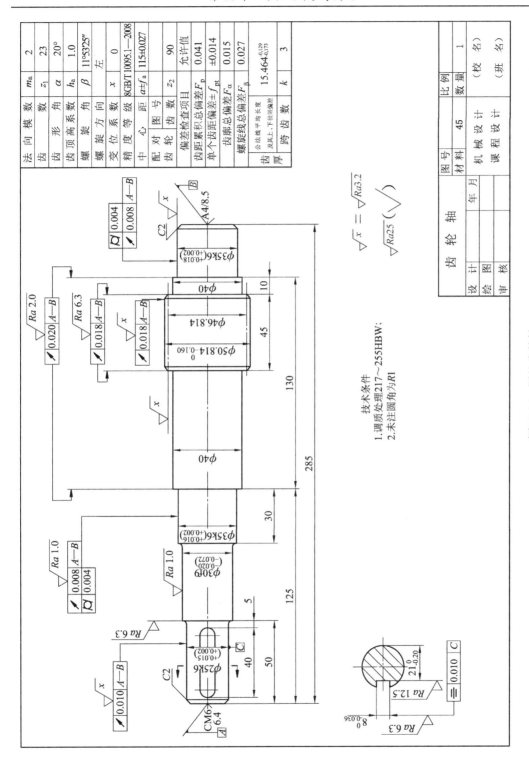

法 向 模 数	m_n	2
齿 数	z_1	23
齿 形 角	α	20°
齿 顶 高 系 数	h_a	1.0
螺 旋 角	β	11°5′32″
螺 旋 方 向		左
变 位 系 数	x	0
精 度 等 级		8GB/T 10095.1—2008
中 心 距	$a \pm f_a$	115±0.027
配 对 齿 轮 图 号		
	齿 数 z_2	90
检 查 项 目		允许值
齿距累积总偏差 F_p		0.041
单个齿距偏差±f_{pt}		±0.014
齿廓总偏差 F_a		0.015
螺旋线总偏差 $F_β$		0.027
齿 厚	公法线平均长度 及其上、下限偏差	$15.464^{-0.129}_{-0.173}$
	跨 齿 数 k	3

齿 轮 轴		
图 号		
材 料	45	
机 械 设 计		比 例 1
课 程 设 计		数 量
		(校 名)
设 计	年 月	(班 名)
绘 图		
审 核		

$$\sqrt{x} = \sqrt{Ra3.2}$$

$$\sqrt{Ra25} (\sqrt{\ })$$

技术条件
1.调质处理217~255HBW;
2.未注圆角为R1

图20-14 圆柱齿轮轴

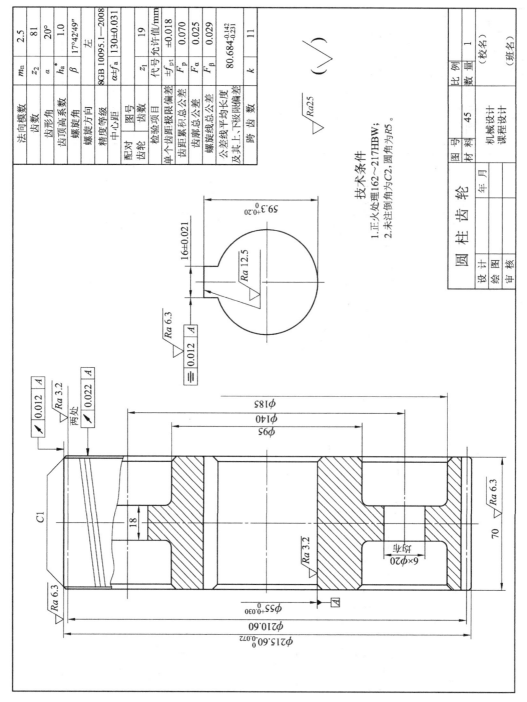

法向模数	m_n	2.5
齿数	z_2	81
齿形角	α	20°
齿顶高系数	h_a^*	1.0
螺旋角	β	17°42′49″
螺旋方向		左
精度等级	8GB 10095.1—2008	
中心距	$\alpha \mp f_a$	130±0.031

配对	图号	
齿轮	齿数	19

检验项目	代号	允许值/mm
单个齿距极限偏差	$\mp f_{pt}$	±0.018
齿距累积总公差	F_p	0.070
齿廓总公差	F_α	0.025
螺旋线总公差	F_β	0.029
公差线平均长度及其上、下极限偏差		$80.684^{-0.142}_{-0.231}$
跨 齿 数	k	11

技术条件
1.正火处理162～217HBW;
2.未注倒角为C2,圆角为R5。

$\sqrt{Ra25}$　$(\sqrt{\ })$

圆 柱 齿 轮	图号		比例	(校名)
	材料	45	数量	1
				(班名)
设 计	年 月	机械设计		
绘 图		课程设计		
审 核				

图20-15　圆柱齿轮

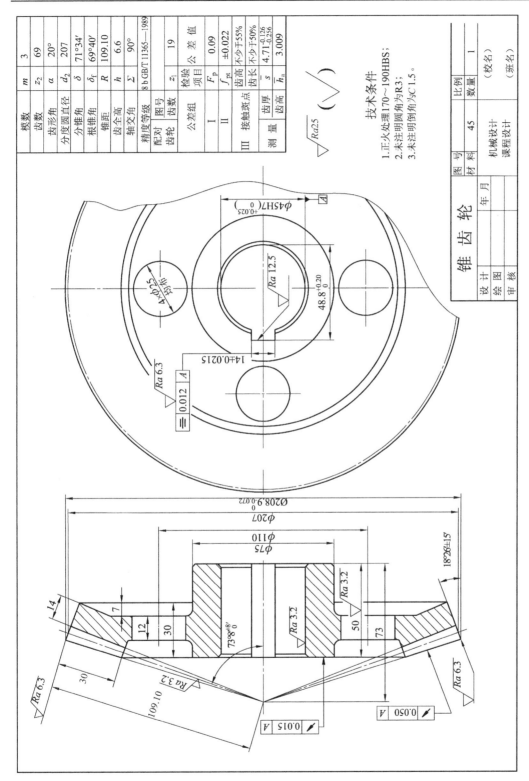

模数	m	3
齿数	z_2	69
齿形角	α	20°
分度圆直径	d_2	207
分锥角	δ	71°34′
根锥角	δ_f	69°40′
锥距	R	109.10
齿全高	h	6.6
轴交角	Σ	90°
精度等级		8 b GBT 11365—1989

| 配对齿轮 | 图号 | |
| | 齿数 | z_1 | 19 |

公差组	检验项目	公差值
I	F_p	0.09
II	f_{pt}	±0.022
III	接触斑点	齿高 不少于55% 齿长 不少于50%

| 测量 | 齿厚 | $\bar{s}$ | $4.71^{-0.126}_{-0.256}$ |
| | 齿高 | $\bar{h}_a$ | 3.009 |

$\sqrt{Ra25}\ (\sqrt{\ })$

技术条件

1.正火处理170～190HBS；
2.未注明圆角为R3；
3.未注明倒角为C1.5。

锥　齿　轮			比例		
			数量	1	
	图号		（校名）	
	材料	45	（班名）	
设计		机械设计	年 月	
绘图		课程设计		
审核				

图20-16　锥齿轮

$\phi45H7(^{+0.025}_{0})$

$\sqrt{Ra\ 12.5}$　$48.8^{+0.20}_{0}$

$4×\phi25$ 均布

$\sqrt{Ra\ 6.3}$　$14±0.0215$

| = | 0.012 | A |

$\phi208.9^{0}_{-0.072}$
$\phi207$
$\phi110$
$\phi75$

$18°26′±15′$

$\sqrt{Ra\ 3.2}$

14　7　12　30　50　73

$73°8′^{+8′}_{0}$

$\sqrt{Ra\ 3.2}$

$\sqrt{Ra\ 6.3}$　30　109.10

| ∠ | 0.015 | A |
| ∠ | 0.050 | A |

$\sqrt{Ra\ 6.3}$

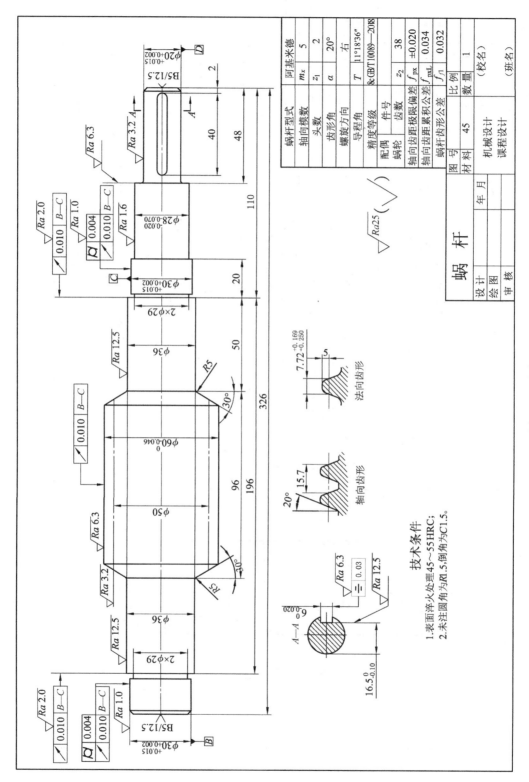

蜗杆型式		阿基米德	
轴向模数	m_x	5	
头数	z_1	2	
齿形角	α	20°	
螺旋方向		右	
导程角	T	11°18'36"	
精度等级		8c GB/T10089—2018	
配偶	件号		
蜗轮	齿数	z_2	38
轴向齿距极限偏差 f_{px}			±0.020
轴向齿距累积公差 f_{pxL}			0.034
蜗杆齿形公差 f_{fl}			0.032

比例	1	
数量		（校名）

$\sqrt{Ra25}(\sqrt{\ })$

技术条件
1. 表面淬火处理45～55HRC;
2. 未注圆角为R1.5,倒角为C1.5。

法向齿形

轴向齿形

	图号		（班名）
蜗　杆	材料	45	
		机械设计	
		课程设计	
设计			年 月
绘图			
审核			

图20-17　蜗杆

端面模数	m_t	5
齿形角	z_2	38
	α	20°
精度等级	8c GB/T 10089—2018	
蜗杆型式	阿基米德	
配对蜗杆	头数	z_1	2
	螺线方向		右
	导程角	γ	11°18'36"
	件号		
齿距累积公差	F_p	0.090
齿距极限偏差	f_{pt}	±0.028
齿形公差	f_{f2}	0.022
齿形角极限偏差	f_Σ	±0.019
蜗轮齿齿厚偏差		$7.85^{0}_{-0.140}$

技术条件

1. 轮缘与轮芯装配后切齿;
2. 未注倒角为C2;
3. 未注公差尺寸的公差等级为GB/T1804-m。

$\sqrt{Ra25}$ ($\sqrt{}$)

3	轮芯	1		HT200	
2	螺栓M6×25	6		8.8级	GB/T5782—2016
1	轮缘	1		ZQSn10-1	
序号	名称	数量	图号	材料	备注

蜗轮		机械设计 课程设计
设计		比例
绘图		数量
审核		(校名)
		(班名)

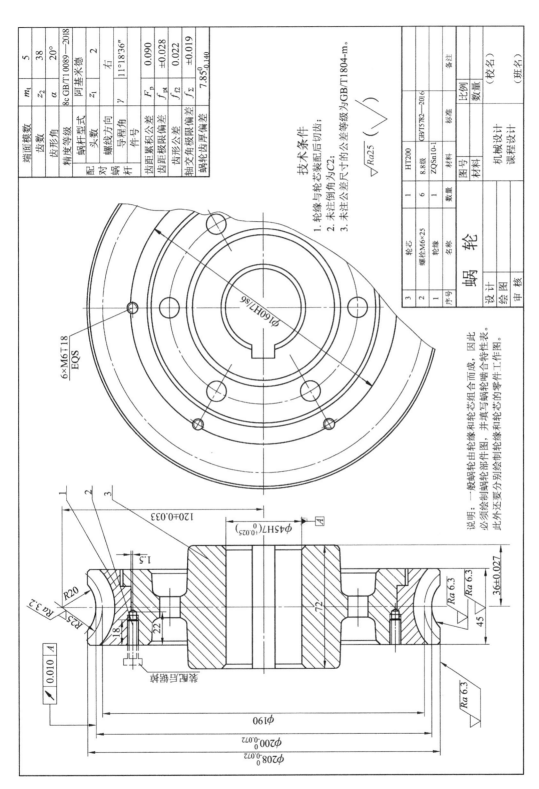

说明:一般蜗轮由轮缘和轮芯组合而成,因此必须绘制蜗轮部件图,并填写蜗轮轮缘齿合特性表。此外还要分别绘制轮缘和轮芯的零件工作图。

图20-18 蜗轮

第 21 章 课程设计题目

1. 课程设计题目类型(代号 T)

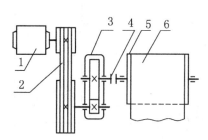

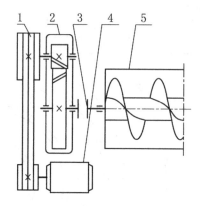

图 21-1 T1 带式输送机传动装置(S1)

1-电动机；2-带传动；3-减速器；4-联轴器；5-滚筒；6-运输带

图 21-2 T2 螺旋输送机传动装置(S2)

1-带传动；2-减速器；3-联轴器；4-电动机；5-螺旋输送机

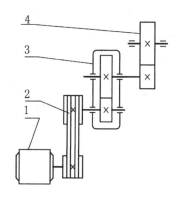

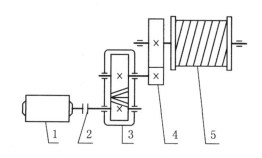

图 21-3 T3 输送传动装置(S3)

1-电动机；2-带传动；3-减速器；4-开式齿轮传动

图 21-4 T4 卷扬机传动装置(S4)

1-电动机；2-联轴器；3-减速器；4-开式齿轮传动；5-卷筒

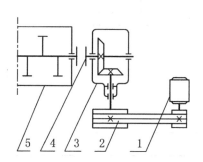

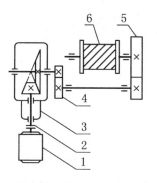

图 21-5 T5 混料机传动装置(S2)

1-电动机；2-带传动；3-减速器；4-联轴器；5-混料机

图 21-6 T6 电动绞车传动装置(S4)

1-电动机；2-联轴器；3-减速器；
4、5-开式齿轮传动；6-卷筒

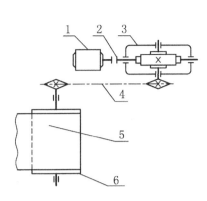

图 21-7　T7 带式输送机传动装置(S1)

1-电动机；2-联轴器；3-减速器；4-链传动；5-运输带；6-滚筒

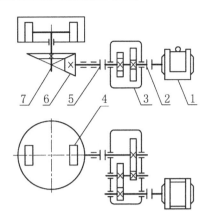

图 21-8　T8 磨盘机传动装置(S5)

1-电动机；2、5-联轴器；3-减速器；4-碾轮；
6-开式齿轮传动；7-主轴

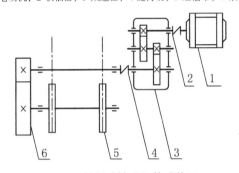

图 21-9　T9 链板式输送机传动装置(S6)

1-电动机；2、4-联轴器；3-减速器；5-链板；6-开式齿轮传动

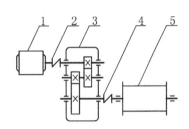

图 21-10　T10 电动绞车传动装置(S7)

1-电动机；2、4-联轴器；3-减速器；5-卷筒

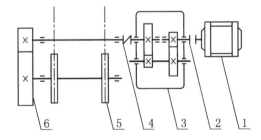

图 21-11　T11 链板式输送机传动装置(S6)

1-电动机；2、4-联轴器；3-减速器；5-链板；6-开式齿轮传动

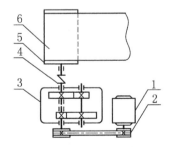

图 21-12　T12 带式输送机传动装置(S7)

1-电动机；2-带传动；3-减速器；4-联轴器；5-卷筒；6-输送带

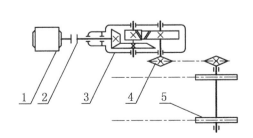

图 21-13　T13 链板式输送机传动装置(S6)

1-电动机；2-联轴器；3-减速器；4-链传动；5-链板

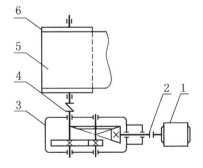

图 21-14　T14 带式输送机传动装置(S1)

1-电动机；2、4-联轴器；3-减速器；5-输送带；6-滚筒

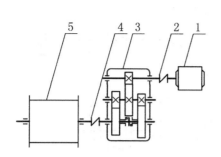

图 21-15　T15 电动绞车变速传动装置(S8)
1-电动机；2、4-联轴器；3-变速器；5-绞车

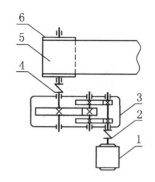

图 21-16　T16 带式输送机传动装置(S1)
1-电动机；2、4-联轴器；3-减速器；5-输送带；6-滚筒

2. 课程设计课题原始数据(代号 S)

S1

参数	方案											
	1	2	3	4	5	6	7	8	9	10	11	12
运输带曳引力 F/N	1500	2200	2300	2500	2600	2800	3300	3000	2500	3000	3000	3500
运输带速度 v/(m/s)	1.1	1.1	1.1	1.1	1.1	1.4	1.2	0.8	1.05	0.8	1.2	1.0
滚筒直径 D/mm	220	240	300	400	200	350	350	400	500	250	400	350

S2

参数	方案					
	1	2	3	4	5	6
减速器输出轴转矩 T/(N·m)	80	95	100	150	120	135
减速器输出轴转速 n/(r/min)	180	150	170	115	100	200

S3

参数	方案							
	1	2	3	4	5	6	7	8
输出轴功率 P/kW	3	4	4.8	5	4.2	3.9	5.3	5.5
输出轴转速 n/(r/min)	35	60	38	50	50	45	60	70

S4

参数	方案							
	1	2	3	4	5	6	7	8
卷筒圆周力 F/N	2300	2600	3000	3000	2800	4000	2500	3300
卷筒转速 n/(r/min)	70	75	65	60	75	60	80	70
卷筒直径 D/mm	350	450	450	500	460	300	400	450

S5

参数	方案					
	1	2	3	4	5	6
主轴转速 $n_{主}$ /(r/min)	40	40	32	32	45	50
电动机功率 $P_{电}$ /kW	4.0	7.5	7.5	5.5	5.5	4.0
电动机同步转速 $n_{电}$ /(r/min)	1500	1000	1000	1000	1500	1500

S6

参数	方案			
	1	2	3	4
链条曳引力 F/N	6000	5000	6000	6500
链条速度 v/(m/s)	0.35	0.4	0.3	0.3
链条节距 t/mm	125	150	150	125
链条齿数 Z	6	6	7	6

S7

参数	方案				
	1	2	3	4	5
卷筒轴所需扭矩 T/(N·m)	1300	1400	1500	1700	1800
运输带速度 v/(m/s)	0.48	0.55	0.62	0.6	0.5
卷筒直径 D/mm	300	350	400	380	365

S8

参数	方案				
	1	2	3	4	5
减速器输出轴功率 P/kW	3	3.4	4.5	5	5
输出轴第一转速 n_1/(r/min)	160	200	180	180	160
输出轴第二转速 n_2/(r/min)	112	140	125	112	100

附录

本任务书填好后裁下，编入设计说明书

机械设计课程设计任务书

设计任务
课题代号：T ☐
数据代号：S ☐—☐

学生__________ **学号**__________ **班级**__________

设计完成日期： ________ **年**____ **月**_____ **日**

任课教师____________ **指导教师**____________

设计题目： ________________________

传动简图：

原始数据：

参数				
数据				

工作条件：(平稳、轻微振动、冲击)载荷；(单向、双向)传动；(室内、室外)工作。

使用期限：(5、10、20)年；(1、2、3)班制 3；(长期使用)。

生产批量：(单件、成批)。

工作机速度(或转速)允许误差±5%。

设计工作量：1.减速器装配图 1 张(A0)；2.零件工作图：____________________

_____________共______张；3. 设计计算说明书 1 份。

参 考 文 献

陈铁鸣, 2015. 新编机械设计课程设计图册[M]. 3 版. 北京: 高等教育出版社.

成大先, 2016. 机械设计手册[M]. 6 版. 北京: 化学工业出版社.

大连理工大学图学教研室, 2013. 机械制图[M]. 7 版. 北京: 高等教育出版社.

德阳立达基础件有限公司, 中机生产力促进中心, 太原重工股份有限公司, 等, 2017. 弹性柱销联轴器: GB/T5014-201751[S]. 北京: 中国标准出版社.

龚溎义, 1990a. 机械设计课程设计图册[M]. 3 版. 北京: 高等教育出版社.

龚溎义, 1990b. 机械设计课程设计指导书[M]. 2 版. 北京: 高等教育出版社.

何建英, 阮春红, 池建斌, 等, 2016. 画法几何及机械制图[M]. 7 版. 北京: 高等教育出版社

乐清市联轴器厂, 中机生产力促进中心, 太原重工股份有限公司, 等, 2017. 弹性套柱销联轴器: GB/T 4323—2017[S]. 北京: 中国标准出版社.

李育锡, 2014. 机械设计课程设计[M]. 2 版. 北京: 高等教育出版社.

廖念钊, 2012. 互换性与测量技术基础[M]. 6 版. 北京: 中国质检出版社.

刘苏, 2017. 现代工程图学[M]. 2 版. 北京: 科学出版社.

洛阳轴研科技股份有限公司, 2012. 全国滚动轴承产品样本[M]. 2 版. 北京: 机械工业出版社.

濮良贵, 纪名刚, 2001. 机械设计学习指南[M]. 4 版. 北京: 高等教育出版社.

王伯平, 2013. 互换性与测量技术基础[M]. 4 版. 北京: 机械工业出版社.

王大康, 卢颂峰, 2015. 机械设计课程设计[M]. 3 版. 北京: 北京工业大学出版社.

吴宗泽, 高志, 2009. 机械设计[M]. 2 版. 北京: 高等教育出版社.

吴宗泽, 罗圣国, 2012. 机械设计课程设计手册[M]. 4 版. 北京: 高等教育出版社.

徐龙祥, 周瑾, 2008. 机械设计[M]. 北京: 高等教育出版社.

朱如鹏, 郭学陶, 1995. 机械设计课程设计[M]. 北京: 航空工业出版社.

中国机械工程学科教程研究组, 2008. 中国机械工程学科教程[M]. 北京: 清华大学出版社.

中机生产力促进中心, 2017a. 开槽平端紧定螺钉: GB/T 73—2017[S]. 北京: 中国标准出版社.

中机生产力促进中心, 2017b. 孔用弹性挡圈: GB 893—2017[S]. 北京: 中国标准出版社.

中机生产力促进中心, 2017c. 轴用弹性挡圈: GB/T 894—2017[S]. 北京: 中国标准出版社.

中机生产力促进中心, 2018a. 圆柱蜗杆、蜗轮精度: GB/T 10089—2018[S]. 北京: 中国标准出版社.

中机生产力促进中心, 2018b. 圆柱蜗杆、蜗轮图样上应注明的尺寸数据: GB/T 12760—2018[S]. 北京: 中国标准出版社.

中机生产力促进中心, 太原重工股份有限公司, 乐清市联轴器厂, 等, 2017. 联轴器轴孔和联结型式与尺寸: GB/T 3852—2017[S]. 北京: 中国标准出版社.